71 + 10 নতুন

সায়েন্স প্রোজেক্টস্

Dr C. L. Garg
Senior Scientist, DRDO
Ministry of Defence

Dr Amit Garg
PhD (Electronics)

Delhi • Bangalore • Mumbai • Patna • Hyderabad

Publishers
Pustak Mahal®

J-3/16, Daryaganj, New Delhi-110002
☎ 23276539, 23272783, 23272784 • *Fax:* 011-23260518
E-mail: info@pustakmahal.com • *Website:* www.pustakmahal.com

Sales Centre

- 10-B, Netaji Subhash Marg, Daryaganj, New Delhi-110002
  ☎ 23268292, 23268293, 23279900 • *Fax:* 011-23280567
  E-mail: rapidexdelhi@indiatimes.com
- **Hind Pustak Bhawan**
  6686, Khari Baoli, Delhi-110006, ☎ 23944314, 23911979

Branches

Bengaluru: ☎ 080-22234025 • *Telefax:* 080-22240209
E-mail: pustak@airtelmail.in • pustak@sancharnet.in
Mumbai: ☎ 022-22010941, 022-22053387
E-mail: rapidex@bom5.vsnl.net.in
Patna: ☎ 0612-3294193 • *Telefax:* 0612-2302719
E-mail: rapidexptn@rediffmail.com
Hyderabad: *Telefax:* 040-24737290
E-mail: pustakmahalhyd@yahoo.co.in

Illustrated by : **Manish (Innovator)**

ISBN 978-81-223-1092-4

Ist Edition : October 2009

Printed at : Unique Color Carton, Delhi

ভূমিকা

প্রোজেক্ট আর মডেলকে আজ বিজ্ঞানের শি া থেকে আলাদা করা যায় না। বিশেষ করে 9th, 10th, 11th এবং 12th ক্লাসের বিদ্যার্থীদের দ তাকে আরোও বাড়িয়ে তোলার জন্যে প্রোজেক্ট আর মডেল তৈরী করার এক গুত্বপূর্ণ ভূমিকা আছে। এই কারণেই কার্যশীল মডেল তৈরী করা অনেক স্কুলে ভৌতবিজ্ঞান, রসায়ন বিজ্ঞান, জীব বিজ্ঞান, বনস্পতি বিজ্ঞান এবং ইলেক্ট্রনিক্সের মত বিষয়গুলিকে অত্যাবশ্যক করে দিয়েছে। এই সমস্ত মডেলের ওপর কাজ করে বিদ্যার্থীরা প্রতিটি মডেলের কার্যকরীতার সাথে সম্পর্কিত বিজ্ঞানের মৌলিক নীতিগুলিকে খুব ভালভাবে এবং সহজেই বুঝতে পারে।

এই সমস্ত বিষয় গুলিকে বিবেচনা করে, খুবই কঠোর প্রচেষ্টার সাথে প্রতিটি বিদ্যার্থীর সিলেবাসের মানানসই হয়ে উঠতে পারেন এমন মডেল প্রোজেক্টগুলিকে তৈরী করার জন্যে আমরা নানাধরণের চিন্তাধারাকে একত্রিত করেছি, এই প্রোজেক্টগুলিকে আগে থেকেই সফলতাপূর্বক পরী া করে নেওয়া হয়েছে। এছাড়া, এখানে ব্যাবহার করা সমস্ত কম্পোনেন্টগুলি ভারতীয় বাজারে সহজেই উপলব্ধ করা যায়।

বৈজ্ঞানিক পদ্ধতি এবং তার নিয়মগুলিকে সহজভাবে বোঝানোই এই বইয়ের ল্য। বইটি আপনার আই কিউকে বাড়িয়ে তোলে। 15 তম সংস্করণে নতুন 10 টি প্রোজেক্টকে যুক্ত করা হয়েছে যা এই বইকে আরও তথ্যমূলক এবং আকর্ষণীয় করে তুলছে।

আমি সেই সমস্ত বই গুলির প্রতি আন্তরিক কৃতজ্ঞতা জানাচ্ছি যেগুলি থেকে এই বইটি লিখতে আমি সহায়তা পেয়েছি এবং তার সাথেই আমার ছেলে রাজীব গর্গকে এর মূল প্রতিলিপি তৈরী করতে তার সহায়তার জন্যে তাকে ধন্যবাদ জানাচ্ছি। আশা করি যে **এই নবীনতম র‍্যাপিডেক্স 71 + 10 নতুন সায়েন্স প্রোজেক্টস্** বিদ্যার্থী, এবং ভবিষ্যতের অন্যান্য বিজ্ঞানীদের জন্যে এক অমূল্য সাধনী হিসাবে কাজ করবে।

— Dr C.L. Garg

প্রোজেক্টস্

1. একটি ডাইভার (ডুবুরী) তৈরী করা এবং নিয়ন্ত্রণ করা

একটি ডাইভার হল এমন এক ব্যক্তি যে ডুব দিয়ে জলের তলার জগতকে আবিষ্কার করে। ডাইভারেরা (ডুবুরীরা) জলের গভীরে ডুব দিয়ে সাগর, হ্রদ, নদী আবিষ্কার করে। তারা ডাইভিং স্যুট, ব্রীদিং টিউব ইত্যাদির ব্যাবহার করে। ডাইভারেরা (ডুবুরীরা) নানা ধরণের গুরুত্বপূর্ণ কাজ করে যেমন সমুদ্রের তলদেশের উদ্ভিদ এবং প্রাণী জীবনের পরীক্ষা নিরীক্ষা করা, মিনারেল বার করা, অথবা লোকেদের ডুবে যাওয়া থেকে রক্ষা করা।

আপনার প্রয়োজন

- *চওড়া মুখের একটি কাঁচের বোতল*
- *একটি শক্ত ভাবে আটকানো ছিপি (কর্ক)*
- *প্লাস্টিকের একটি সমতল টুকরো*
- *একটি প্লাস্টিক টিউব*
- *আঠা*
- *পাতলা ওয়্যার*
- *কাঁচি*
- *মডেলিং-এর মাটি (প্লাস্টিন)*

কি করতে হবে

- একটি শক্তভাবে আটকানো ছিপি (কর্ক)-এর সাথে একটি খালি কাঁচের বোতল নিন। যদি ছিপিটি (কর্কটি) শুষ্ক এবং দৃঢ় হয় তাহলে যতক্ষণ না তা নমনীয় হয়ে যাচ্ছে ততক্ষণ তাকে জলের মধ্যে রেখে দিন যাতে সেটি বোতলের মুখের মধ্যে ঠেলে ঢোকানো যেতে পারে।
- একটি সমতল প্লাস্টিক শীট নিন আর ফিগারে দেখানো অনুযায়ী ডাইভারের (ডুবুরীর) আউটলাইন আঁকুন। শীটটি যেন খুব পাতলা হয় যাতে কাঁচের বোতলে লাগানো যায়। কাঁচি দিয়ে ডাইভারকে তার আকার অনুযায়ী কাটুন।
- একটি পুরোনো বল-পয়েন্ট পেন থেকে প্লাস্টিক টিউবের একটি ছোট টুকরো নিন। মডেলিং ক্লে (মাটি) অথবা প্লাস্টিসিন দিয়ে তার যে কোন একটি প্রান্তকে আটকে দিন। অন্য দিকটি যেন খোলা থাকে। ডায়গ্রামে দেখানো অনুযায়ী আঠা (কুইকফিক্স) দিয়ে ডাইভারে এই টিউবটিকে আটকে দিন। টিউবের মধ্যে বাতাস ডাইভারকে দোলাতে থাকবে।
- ডাইভারের পায়ে কিছু ওয়্যার জড়িয়ে দিন। এই ওয়্যারের ওজন একে জলের মধ্যে সোজা রাখতে সাহায্য করবে। পর্যপ্ত ওয়্যার ব্যাবহার করুন যাতে ডাইভার ডুবে যায়। তারপর ওয়্যারের কয়েকটি পাককে খুলে দিন যাতে ডাইভার যেন নীচে ভাসতে থাকে।

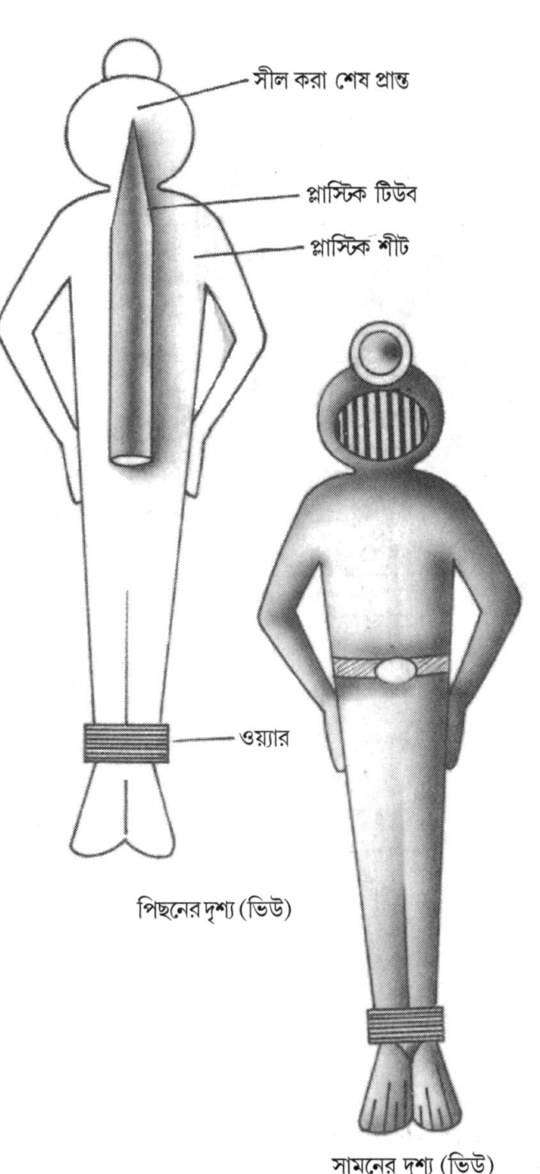

পিছনের দৃশ্য (ভিউ)

সামনের দৃশ্য (ভিউ)

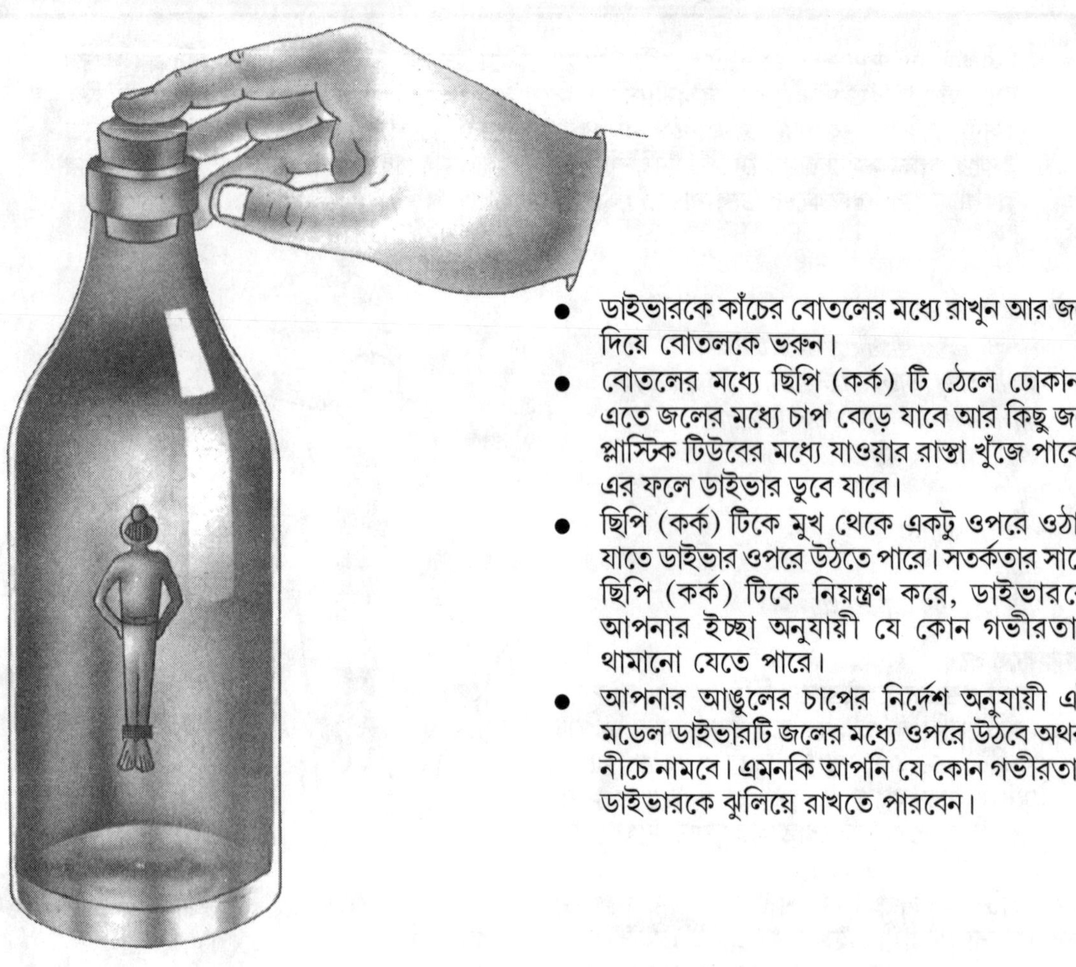

- ডাইভারকে কাঁচের বোতলের মধ্যে রাখুন আর জল দিয়ে বোতলকে ভরুন।
- বোতলের মধ্যে ছিপি (কর্ক) টি ঠেলে ঢোকান। এতে জলের মধ্যে চাপ বেড়ে যাবে আর কিছু জল প্লাস্টিক টিউবের মধ্যে যাওয়ার রাস্তা খুঁজে পাবে। এর ফলে ডাইভার ডুবে যাবে।
- ছিপি (কর্ক) টিকে মুখ থেকে একটু ওপরে ওঠান যাতে ডাইভার ওপরে উঠতে পারে। সতর্কতার সাথে ছিপি (কর্ক) টিকে নিয়ন্ত্রণ করে, ডাইভারকে আপনার ইচ্ছা অনুযায়ী যে কোন গভীরতায় থামানো যেতে পারে।
- আপনার আঙুলের চাপের নির্দেশ অনুযায়ী এই মডেল ডাইভারটি জলের মধ্যে ওপরে উঠবে অথবা নীচে নামবে। এমনকি আপনি যে কোন গভীরতায় ডাইভারকে ঝুলিয়ে রাখতে পারবেন।

আপনি কি জানেন...

বাস্তব জীবনে, ডাইভারেরা যে গতিতে সার্ফেসে ফিরে আসে সেই গতি সম্বন্ধে তাদের অসম্ভব সতর্ক থাকতে হয় যাতে "বেন্ডস্ অথবা কেইসন্ রোগ" কে এড়ানো যায়। যদি কোন ডাইভার খুব তাড়াতাড়ি ওপরে উঠে আসে তাহলে কমে যাওয়া জলের চাপ তার রক্তস্রোতে নাইট্রোজেন বাবল্ (বুদবুদ) সৃষ্টি করে। যার ফলে সাংঘাতিক ব্যাথা, প্যারালিসিস অথবা কখনো কখনো মৃত্যুও হতে পারে। খুব ধীরে ধীরে উঠে এলে, ডাইভারেরা এই পরিস্থিতিকে এড়াতে পারে।

2. একটি অ্যাবাকাস তৈরী করা

অ্যাবাকাস একটি এমন ডিভাইস (উপকরণ) যা কোন এক সময়ে হিসাব করার জন্যে খুব বেশী ব্যাবহার করা হত। একটি অ্যাবাকাসে বীডস্ থাকে যা দড়ির ওপর ডানদিক এবং বাঁদিকে সরানো যায় এবং একটি ফ্রেমের মধ্যে বাঁধা থাকে। নীচের দিকের দড়ির ওপরের বীড গুলি এককের মূল্যকে প্রদর্শন করে। দ্বিতীয় দড়ির ওপরের বীড গুলিতে আছে দশকের মূল্য। তৃতীয় দড়ির ওপরের বীডগুলি শতককে প্রদর্শন করে এবং এইভাবে চলতে থাকে। দড়ির ওপর বীডগুলিকে বিভিন্নভাবে চালনা করে একজন ব্যক্তি অ্যাবাকাসে দক্ষ হতে পারে। একবার অ্যাবাকাসে দক্ষ হয়ে গেলে, সে সুতোর ওপর বীডগুলিকে সরিয়ে তাড়াতাড়ি যোগ, বিয়োগ, গুণ, ভাগ করতে পারবে।

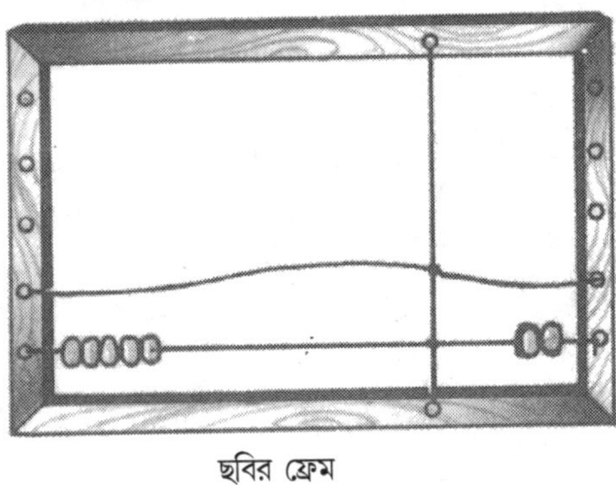

ছবির ফ্রেম

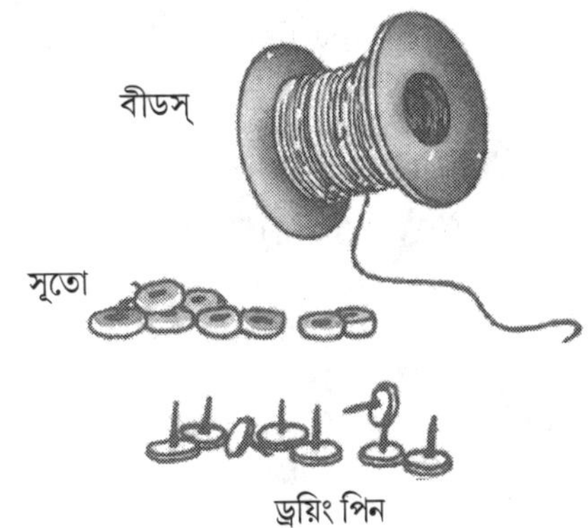

ড্রয়িং পিন

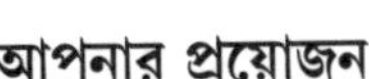

আপনার প্রয়োজন

- *ছবির ফ্রেম*
- *দড়ি*
- *থাম ট্যাক অথবা ড্রয়িং পিন*
- *বীড অথবা বাটন*

কি করতে হবে

- 30 সেমি লম্বা এবং 22 সেমি চওড়া একটি ছবির ফ্রেম নিন।
- দড়িটিকে 5 টুকরো করুন এবং এমন লম্বা মাপের করুন যাতে ছবির ফ্রেমকে ক্রস্ করতে পারে আর প্রতিটি প্রান্তে গিঁট বাঁধার জন্যে 7.5 সেমি অতিরিক্ত লম্বা রাখুন।
- ফ্রেমের প্রতিটি দিকে সমান ব্যাবধানে 5 টি ড্রয়িংপিংন লাগান।
- প্রতিটি দড়িতে 7 টি বীড অথবা বাটন ঢোকান।
- ফ্রেমের যে কোন দিকে একটি দড়ির শেষপ্রান্তকে প্রথম পিন দিয়ে বাঁধুন। এইভাবে দড়িগুলিকে বাঁধতে থাকুন যতক্ষণ পর্যন্ত না আপনি ফ্রেমের সাথে পাঁচটিকেই বেঁধে দিচ্ছেন।
- সমস্ত দড়িগুলির ওপর, 5 টি বীডকে ফ্রেমের বাঁদিকে এবং 2 টিকে ডানদিকে সরান।
- অ্যাবাকাসে ডিভাইডিং স্ট্রিং তৈরী করার জন্যে, এখন ফ্রেমের দ্বিগুণের থেকে বেশী চওড়া সুতোর এক অতিরিক্ত টুকরো নিন। এই টুকরোটিকে ফ্রেমের একেবারে ওপরে প্রায় মাঝামাঝি ঘুরিয়ে বাঁধুন, যেরকম ফিগারে দেখানো হয়েছে।
- ফ্রেমের ওপরের দিকে বাঁধা ডিভাইডিং স্ট্রিং-এর সাথে, এটিকে পরবর্তী দড়ির কাছে নিয়ে আসুন এবং একটি গিঁট বাঁধুন। এইভাবেই নীচের দিকে নামিয়ে পরবর্তী দড়ির কাছে নিয়ে যান আর আরোও একটি গিঁট বাঁধুন, ফ্রেমের নীচের দিকেও একইরকম ভাবে করতে থাকুন যতক্ষণ পর্যন্তনা গিঁট গুলি সমস্ত দড়ির সাথে বাঁধা হচ্ছে। তারপরে দড়িটিকে ফ্রেমের নীচের দিকে ঘুরিয়ে বাঁধুন। এখন আপনি অ্যাবাকাসের ডিভাইডিং লাইন (স্ট্রিং) পাবেন।

এখন আপনার অ্যাবাকাসে যেন 5 টি দড়ি থাকে যা বাঁদিক থেকে ডান দিকে থাকবে, ডিভাইডিং স্ট্রিং এর বাঁদিকে পাঁচটি বীড এবং ডানদিকে দুটি বীডের সাথে, ঠিক যেরকম প্রোজেক্ট A-এর ফিগার 2B-তে দেখানো হয়েছে।

■■

3. হিসাব করার জন্যে আপনার অ্যাবাকাসকে ব্যাবহার করা

আপনার সামনে অ্যাবাকাসকে ধরুন। একেবারে নীচের দড়িটি প্রদর্শন করছে একক কে। বাঁদিকের পাঁচটি বীডের প্রত্যেকটির মূল্য হল 1, ডানদিকের দুটি বীডের প্রতিটির মূল্য হল 5।
দ্বিতীয় দড়িটি দশকের মূল্যকে প্রদর্শন করছে। বাঁদিকের প্রতিটি বীড প্রদর্শন করছে 10 ইউনিট। ডানদিকের প্রতিটি বীড প্রদর্শন করছে 50 ইউনিট।
পরবর্তী দড়িটি প্রদর্শন করছে শতক-কে, চতুর্থ দড়িটি সহস্র-কে, এবং পঞ্চম দড়িটি 10,000 কে, ঠিক যেরকম ফিগার A-তে দেখানো হয়েছে।

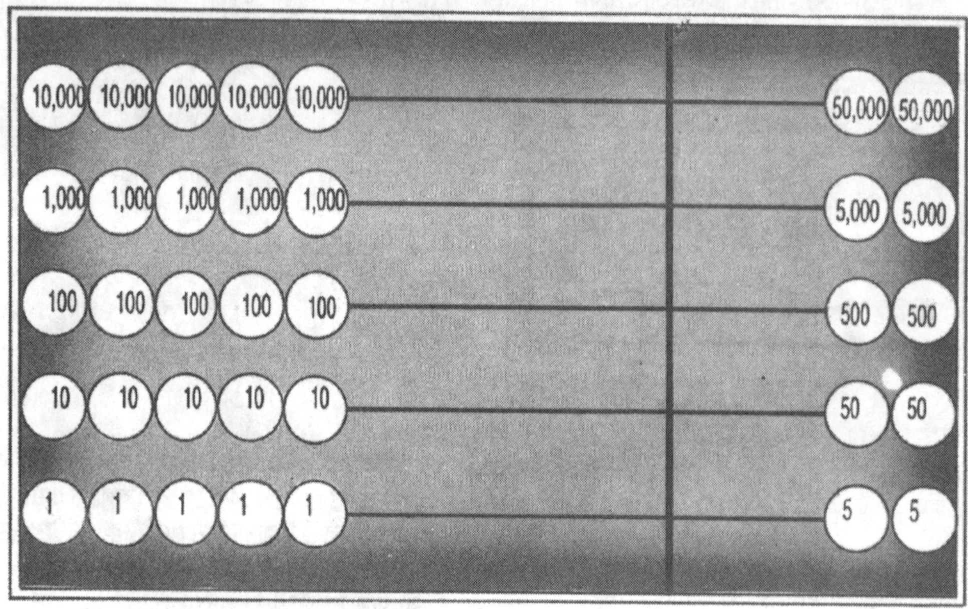

(ফিগ A)

হিসাব করার জন্যে অ্যাবাকাস কেমন করে ব্যাবহার করবেন

এইভাবে তৈরী করা অ্যাবাকাসটি এখন ব্যাবহার করার জন্যে প্রস্তুত। আপনি নিম্নলিখিত হিসাবগুলি করে দেখতে পারেন।

- আপনার অ্যাবাকাসের ওপর 4 গুনুন: 4 গোণার জন্যে নীচের দড়ির বাঁদিক থেকে 4 টি বীডকে মাঝখানে ঠেলুন (ফিগার B)।

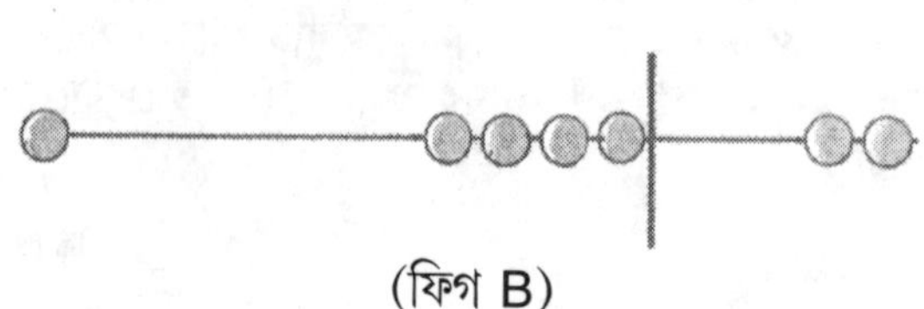

(ফিগ B)

- এখন 4 এবং 5 যোগ করুন। এটি করার জন্যে, নীচের বাঁদিক থেকে 4 টি বীড মাঝখানে ঠেলুন (ফিগ B), 5 যোগ করার জন্যে, ডানদিক থেকে একটি বীডকে মাঝখানে ঠেলুন (ফিগ C), তাহলে আপনার কাছে আছে: 4 + 5 = 9।

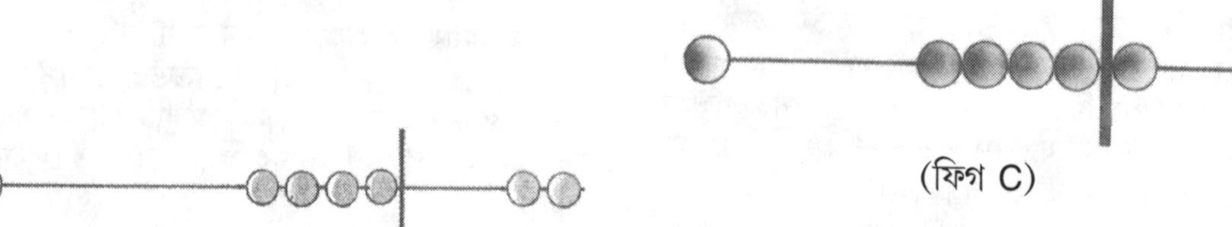

(ফিগ C)

- এখন 6 বিয়োগ করুন। মাঝখানে থেকে 5 ইউনিট বীডকে ডানদিকে ফ্রেমের ধার পর্যন্ত সরিয়ে দিয়ে এবং এক ইউনিট বীডকে বাঁদিকে ফ্রেমের ধার পর্যন্ত

সরিয়ে দিয়ে এটি করুন। (ফিগ D) তাহলে আপনার কাছে আছে: 9-6=3।

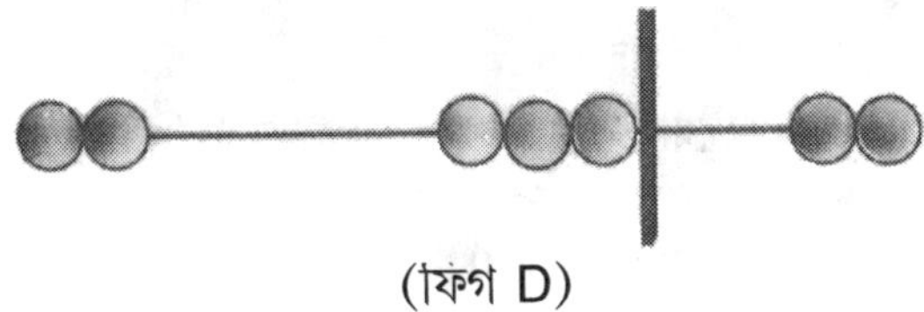

(ফিগ D)

- এখন 8 যোগ করুন। এটি করার জন্যে, 5-ইউনিট বীডকে ডানদিক থেকে মাঝখানে সরিয়ে নিয়ে যান এবং তিনটি 1-ইউনিট বীডকে বাঁদিকে থেকে মাঝখানে নিয়ে যান। আপনি দেখতে পাবেন যে সরানোর জন্যে শুধু দুটি পড়ে আছে, সেগুলিকে সরান। আপনার অ্যাবাকাস ফিগ E-তে যেরকম দেখানো হয়েছে সেরকম দেখতে লাগবে।

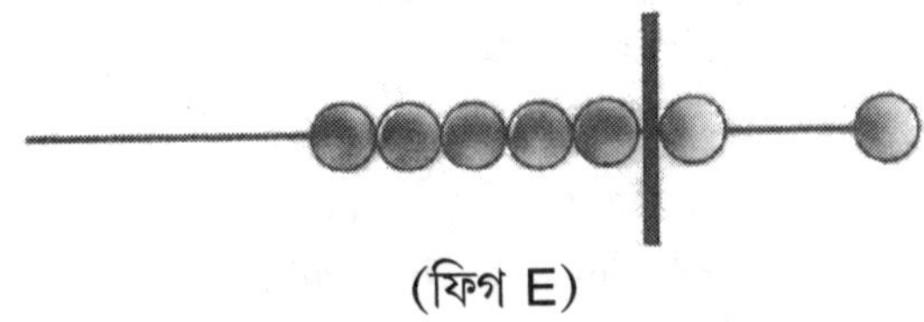

(ফিগ E)

- আপনার কাছে 10-এর ভ্যালু আছে। পাঁচটি 1-ইউনিট বীডকে বাঁদিকে ফ্রেমের কাছে সরিয়ে নিয়ে যান এবং একটি 5-ইউনিট বীডকে ডানদিকে ফ্রেমের কাছে ফিরিয়ে নিয়ে যান। দ্বিতীয় দড়ির একটি 10-ইউনিট বীডকে বাঁদিক থেকে মাঝখানে সরিয়ে এনে তাদের 10-এর ভ্যালুকে বদল করুন। এখনও আপনার কাছে একটি 10-এর ভ্যালু আছে। এখন একটি 1-ইউনিট বীডকে মাঝখানে সরান (ফিগ F)। আপনার কাছে আছে মোট 11 (3+8=11)।

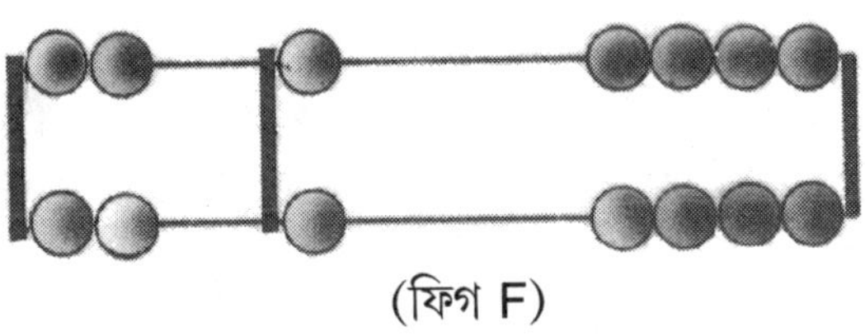

(ফিগ F)

- এখন যোগ করুন 295, এটি করার জন্যে, একটি 5-ইউনিট বীডকে ডানদিক থেকে মাঝখানে সরিয়ে

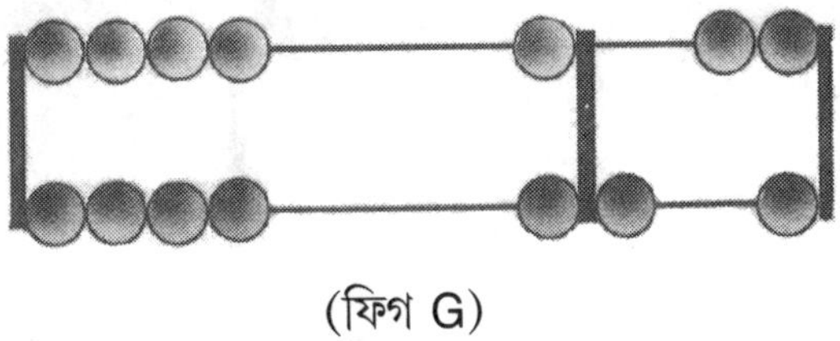

(ফিগ G)

এনে প্রথম 5 যোগ করুন (ফিগ G) এরপরে। দ্বিতীয় দড়ি থেকে একটি 50-ইউনিট বীডকে ডানদিকে সরিয়ে এবং চারটি 10-ইউনিট বীডকে বাঁদিকে সরিয়ে দিয়ে 90 যোগ করুন।

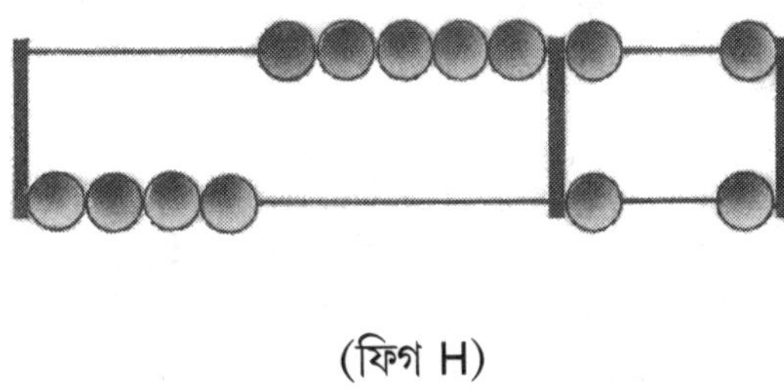

(ফিগ H)

- শেষে, তৃতীয় দড়ির দুটি 100 ইউনিট বীডকে সরিয়ে দিয়ে 200 যোগ করুন। এখন আপনার কাছে আছে মোট 306, যা ফিগ I-এতে দেখানো হয়েছে।

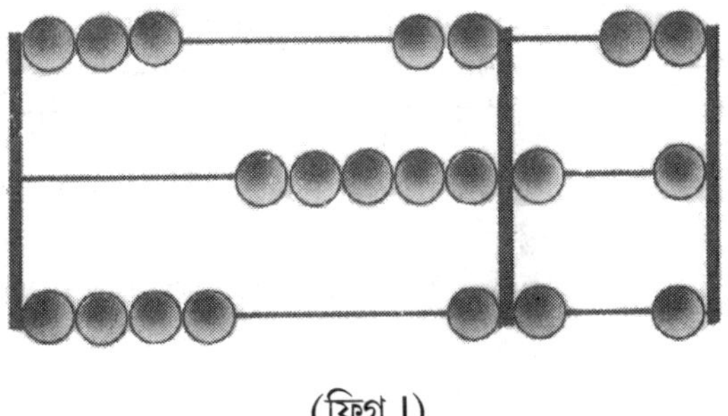

(ফিগ I)

- যেহেতু দ্বিতীয় দড়ির ভ্যালু 100-এর সমান, তাই বীড গুলিকে ফ্রেমের ধারের দিকে সরিয়ে দিয়ে অ্যাবাকাসকে নিয়ন্ত্রণ করা যেতে পারে এবং তৃতীয়

দড়ি থেকে একটি 100-ইউনিট বীড সরিয়ে তাদের ভ্যালুকে বদল করে ও নিয়ন্ত্রণ করা যেতে পারে।

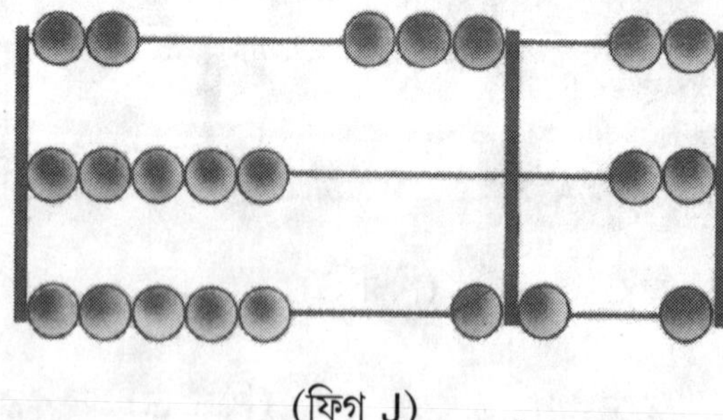

(ফিগ J)

- আপনি আরোও কিছু হিসাব করে দেখতে পারেন। কয়েকবার অভ্যাস করার পরে, আপনি খুব তাড়াতাড়ি এবং সঠিকভাবে অ্যাবাকাসকে ব্যাবহার করতে পারবেন।

আপনার অ্যাবাকাসের সাহায্যে নিম্নলিখিত গুলি করে দেখুন

(i) 1 এবং 3 যোগ করুন অর্থাৎ 1+3=4

(ii) এখন এতে 5 যোগ করুন অর্থাৎ 4+5=9

(iii) এখন এতে 2 যোগ করুন অর্থাৎ 9+2=11

(iv) এতে 256 যোগ করুন অর্থাৎ 11+256=267

(v) এখন এর থেকে 50 বিয়োগ করুন অর্থাৎ 267-50=217

সমাধান:

(i) নীচের দড়ির বাঁদিক থেকে একটি বীড এবং তারপরে তিনটি বীড মাঝখানে সরান, তাহলে আপনার কাছে থাকবে 1+3=4।

(ii) এতে 5 যোগ করার জন্যে, একটি 5 ইউনিট বীডকে ডানদিক থেকে মাঝখানে সরান, তাহলে আপনার কাছে থাকবে 4+5=9।

(iii) এতে 2 যোগ করার জন্যে, আরোও একটি 5 ইউনিট বীডকে ডানদিক থেকে মাঝখানে এবং তারপরে তিনটি একক বীডকে ফ্রেমের ধারের দিকে ফিরিয়ে নিয়ে যান। তাহলে আপনার কাছে থাকবে 9+5-3=11।

(iv) 256 যোগ করার জন্যে দুটি 5 বীডকে ফিরিয়ে নিয়ে যান এবং একটি 10 বীডকে মাঝখানে সরিয়ে দিন যাতে আপনার কাছে আবার থাকে মোট 11-এর 9। এখন দুটি 100 বীড, একটি 50 বীড, একটি 5 বীড এবং এক ইউনিট বীডকে মাঝখানে সরান, তাহলে আপনার কাছে থাকবে 11+256=267।

(v) 50 বিয়োগ করার জন্যে, আপনি 50-এর বীড কে ফিরিয়ে নিয়ে যান, তাহলে আপনার কাছে থাকবে 267-50=217।

■■

আপনি কি জানেন...

1946 সালে, একজন জাপানী ক্লার্ক, একজন অ্যাবাকাস অপরেটার এবং একজন আমেরিকাবাসীর মধ্যে একটি ইলেক্ট্রনিক ক্যালকুলেটার ব্যাবহার করে একটি প্রতিযোগীতা হয়েছিল। আর সত্যিই খুব আশ্চর্যের বিষয় যে জাপানী ব্যাক্তিটি প্রতিযোগীতায় জিতে গিয়েছিল।

4. একটি স্ট্রোবোস্কোপ তৈরী করা

একটি স্ট্রোবোস্কোপ হল এমন একটি যন্ত্র যাকে যে হারে কোন বস্তু ঘোরে অথবা কাঁপে তা মাপার জন্যে ব্যাবহার করা হয়। এছাড়াও যখন কোন বস্তু গতিশীল থাকে তখন তার অধ্যয়ন করার জন্যে এটিকে ব্যাবহার করা হয়। স্ট্রোবোস্কোপ আলোর উজ্জ্বল ঝলক প্রদান করে। কোন চাকা কি হারে ঘুরছে তা মাপার জন্যে স্ট্রোবোস্কোপকে চাকার ওপর আলো বিকীর্ণ করার জন্যে নির্দেশ দেওয়া হয়। যতক্ষণ পর্যন্ত না চাকাটি থেমে যাচ্ছে ততক্ষণ পর্যন্ত স্ট্রোবোস্কোপের ঝলকের হারকে নিয়ন্ত্রণ করা হয়। নিম্নলিখিত সহজ প্রোজেক্টের দ্বারা এই প্রভাবকে দেখানো যেতে পারে।

আপনার প্রয়োজন

- *4" ব্যাসের (ডায়ামিটারের) একটি কার্ডবোর্ড ডিস্ক*
- *একটি হ্যান্ড ড্রিল*
- *একটি পেরেক*

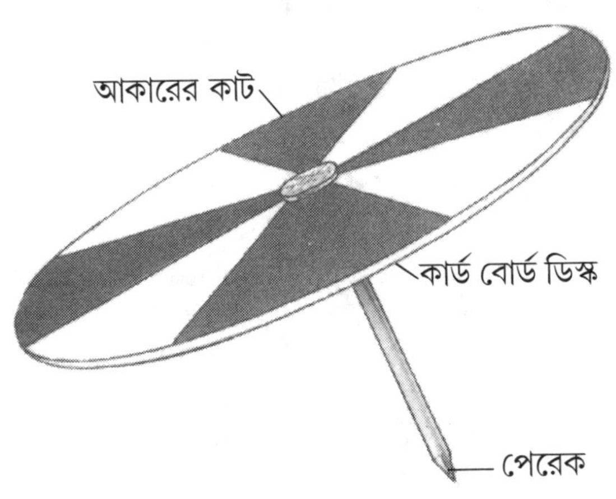

কি করতে হবে

- একটি 4" ব্যাসের (ডায়ামিটারের) কার্ডবোর্ড নিন। সার্কেলকে আটটি সমান পাই আকারের ভাগে বিভক্ত করুন। এটিকে সার্কেলের মাঝখান থেকে একটি লাইন টেনে আর তারপরে এর মধ্যে দিয়ে সমকোণে আর একটি লাইন টেনে করা যেতে পারে। এটি সার্কেলকে চারটি সমান অংশে বিভক্ত করে। এখন এই চারটি অংশের প্রত্যেকটিকে অর্ধেকে বিভক্ত করুন। এই ভাবে আটটি ভাগ তৈরী হবে। একটি ভাগকে সাদা রেখে, পরেরটিকে রঙ করুন। এই ভাবে আপনি পাবেন চারটি সাদা ভাগ আর চারটি রঙিন ভাগ।
- এখন এই গোলাকার ডিস্কের মধ্যে দিয়ে এমনভাবে একটি পেরেককে ঢোকান যাতে আপনি যতক্ষণ না পেরেকটি ঘোরাচ্ছেন ততক্ষণ কার্ডবোর্ডটি ঘুরতে পারবে না। প্রয়োজন হলে আপনি পেরেকটি আঠা দিয়ে আটকে দিতে পারেন।
- পেরেকটিকে হ্যান্ড ড্রিলের চাক (Chuck)এর মধ্যে ঢোকান। এখন ড্রিলের হ্যান্ডেলটি ঘোরান। আপনি যখন ড্রিলের গতির পরিবর্তন করবেন, তখন ডিস্কটি দেখে মনে হবে যেন সেটি একেবারে স্থির হয়ে দাঁড়িয়ে আছে। যদি আপনি গতিকে একটু কমিয়ে এই অবস্থায় নিয়ে আসেন, তাহলে ডিস্কটি পিছনদিকে ঘুরে যাবে। যদি আপনি গতি বাড়িয়ে দেন, তাহলে ভাগটি খুব তাড়াতাড়ি আগে এগোতে থাকবে। এটি স্ট্রোবোস্কোপিক প্রভাবকে বর্ণনা করে।

■ ■

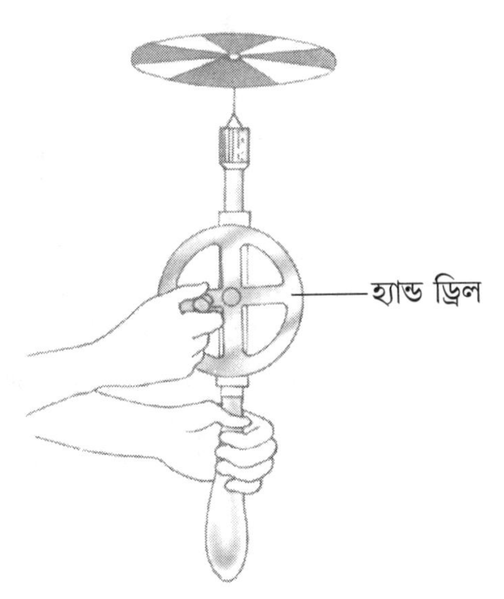

5. একটি আবহাওয়া ইঙ্গিতকারী ফুল তৈরী করা

বাতাসে আর্দ্রতার পরিমাণকে আবহাওয়ার পূর্বাভাসের ভিত্তি হিসাবে ব্যাবহার করা যেতে পারে। যখন আর্দ্রতা বেশী থাকে তখন বৃষ্টি হওয়ার সম্ভাবনা থাকে, আর কম আদ্রর্তা সাধারণতঃ শুষ্ক পরিস্থিতিকে ইঙ্গিত করে। বাতাসের আর্দ্রতা দ্বারা কোবাল্ট ক্লোরাইডে তৈরী হওয়া রঙের পরিবর্তনের ওপর ভিত্তি করে এই প্রোজেক্টটি করা হয়েছে।

আপনার প্রয়োজন

- *কোবাল্ট ক্লোরাইড, প্রায় 20 গ্রাম*
- *ব্লটিং পেপার*
- *সূতো*
- *একটি সরু কাঠের লাঠি প্রায় 3 মিমি পুরু এবং 15 সেমি লম্বা*
- *কাঁচি*

কি করতে হবে

- ব্লটিং পেপারের একটি ছোট শীট নিন এবং একটি ফুলের আকারে তাকে কাটুন, যেমন ফিগারে দেখানো আছে।
- কাপড়ের সুতো এবং সেলাই করার ছুঁচ দিয়ে তাকে পাতলা কাঠের লাঠির সাথে বাঁধুন।
- এখন একজন কেমিকেল সাপ্লায়ার অথবা আপনার ল্যাবরেটরী থেকে প্রায় 20 গ্রাম কোবাল্ট ক্লোরাইড নিন এবং জলের মধ্যে তার এক দৃঢ় দ্রবণ তৈরী করুন।
- ব্লটিং পেপারের ফুলকে এই দ্রবণের মধ্যে ডোবান, তারপর ফুলটিকে শুকনো করার জন্যে একটি গরম জায়গায় রাখুন।
- এখন আপনার আবহাওয়া ইঙ্গিতকারী ফুলটি ব্যাবহার করার জন্যে প্রস্তুত। যদি কোন দিন ফুলের রঙ গোলাপী হয়ে যায়, তাহলে তা ঝড়ের ইঙ্গিত করে, যদি রঙ নীলচে গোলাপী হয়ে যায়, তাহলে তা বৃষ্টির ইঙ্গিত করে, এবং যদি রঙ হালকা নীল হয়ে যায়, তাহলে তা শুষ্ক আবহাওয়ার ইঙ্গিত করে।

নোট: *এছাড়াও আপনি উপরে উল্লেখ অনুযায়ী একটি ব্লটিং পেপারের টুকরোকে ব্যাবহার করে এবং তাকে একইভাবে কোবাল্ট ক্লোরাইড দ্রবণের মধ্যে ভিজিয়ে এক আবহাওয়া ইঙ্গিতকারক তৈরী করতে পারেন।*

আবহাওয়া ইঙ্গিতকারী ফুল

■■

6. কি করে মেঘ তৈরী হয় তা ব্যাখ্যা করা

বায়ুমণ্ডলে, যখন বাতাসের জলীয় বাষ্প ঠান্ডা হয়ে যায় তখন মেঘ তৈরী হয়। ঠান্ডা বাতাস বেশী পরিমাণ জলীয় বাষ্প ধরে রাখতে পারে না, তাই কিছু বাষ্প ঘনীভূত হয়ে মেঘ তৈরী করে। এই প্রোজেক্টটি দেখাচ্ছে যে একটি কাঁচের জারে মেঘ তৈরী করে এই বায়ুমণ্ডল সংক্রান্ত ঘটনাকে কি করে উদ্দীপিত করা যায়।

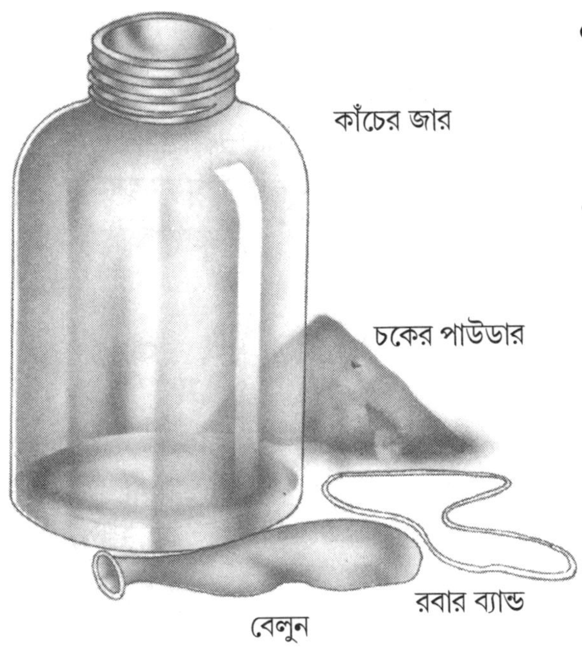

আপনার প্রয়োজন

- *একটি বড় কাঁচের জার*
- *সূক্ষ্ম চকের গুঁড়ো*
- *একটি বেলুন থেকে কাটা পাতলা রবার শীট*
- *রবার ব্যান্ড*

কি করতে হবে

- একটি বড় পরিষ্কার জার নিন আর তার মধ্যে একটু জল ঢালুন। একটি ঢাকনা দিয়ে জারকে ঢাকুন এবং প্রায় 15 মিনিট ধরে ওইভাবে রেখে দিন। কিছুটা জল বাষ্পীভূত হয়ে এক অদৃশ্য বাষ্প তৈরী করবে।
- ঢাকনাটি সরান এবং জারের মধ্যে কিছু চক পাউডার অথবা ট্যালকাম পাউডার ছড়িয়ে দিন। একটি বড় বেলুন থেকে একটি পাতলা রবার শীট কেটে তা দিয়ে জারটিকে ঢেকে দিন এবং জারের মুখের চারপাশে একটি রবার ব্যান্ড লাগিয়ে দিন।
- এখন আপনার হাতের মুঠো দিয়ে রবারকে চাপ দিয়ে জারের মধ্যে বাতাসকে ঢোকান। বাতাস গরম হয়ে যাবে এবং আরোও বেশী জলীয় বাষ্প শুষে নেবে। 15 মিনিটপরে, রবারকে ছেড়ে দিন। বাতাস ঠান্ডা হয়ে যাবে। কিছু জলীয় বাষ্প চকের গুঁড়োর ওপর ঘনীভূত হয়ে যাবে এবং জলের ছোট ছোট ফোঁটার এক ছোট মেঘ তৈরী করবে।

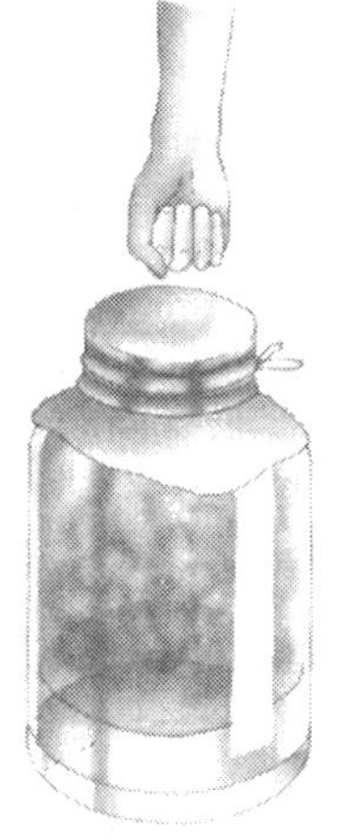

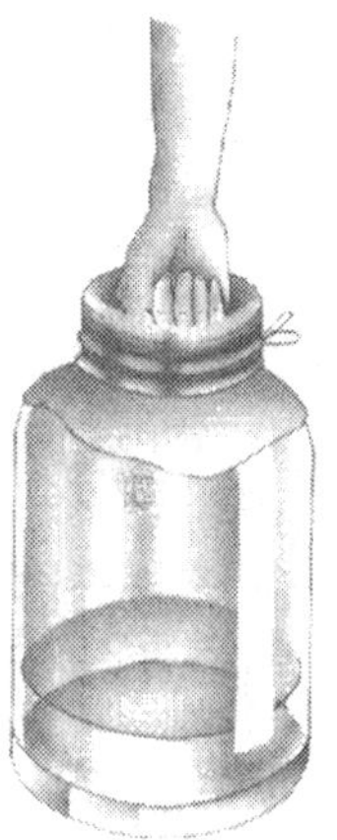

■■

7. একটি সাইফন ফাউন্টেন তৈরী করা

একটি সাইফন হল অসমান দৈর্ঘ্যের হাতলের সাথে একটি বেঁকানো টিউব। তরল পদার্থকে একটি পাত্র থেকে অন্যপাত্রে নিচু স্তরে স্থানান্তরিত করার জন্যে এটি খুবই কার্যকরী (ডিভাইস) উপকরণ সাধারণতঃ একটি রবার অথবা প্লাস্টিক টিউবকে একটি সাইফন হিসাবে ব্যাবহার করা হয়। অপেক্ষাকৃত ছোট হাতলের সাথে টিউবের শেষপ্রান্তকে একটি পাত্রের মধ্যে রাখা হয় এবং তরলপদার্থকে টিউবের মধ্যে শুষে নেওয়া হয়। টিউবের খোলা প্রান্তে একটি আঙুল রাখা হয়। টিউবের এক প্রান্তকে তরল পদার্থের ওপর রেখে, তারপর খোলা প্রান্তকে দ্বিতীয় পাত্রের মধ্যে রাখা হয়, যাকে প্রথম পাত্র থেকে নীচু স্তরে রাখতে হবে। তখন বাতাসের চাপ তরল পদার্থকে প্রথম পাত্র থেকে দ্বিতীয় পাত্রে প্রবাহিত হওয়ার জন্যে জোর দেয়। এইভাবে সাইফন কাজ করে। এই প্রোজেক্টটি আমাদের শেখায় যে কি করে একটি সাইফন কে কার্যকরী করা যায় এবং কি করে একটি ফাউন্টেন তৈরী করার জন্যে সাইফন প্রিন্সিপালকে ব্যাবহার করা যায়।

আপনার প্রয়োজন

- *একটি পরিষ্কার প্লাস্টিক বোতল*
- *একটি ছিপি অথবা রবার স্টপার*
- *দুটি প্লাস্টিক অথবা কাঁচের টিউব*
- *দুটি মগ*
- *প্লাস্টিসিন (খেলনার মাটি)*

কি করতে হবে

- প্রায় 8 থেকে 10 ইঞ্চি উচ্চতার একটি পরিষ্কার প্লাস্টিক বোতল এবং তার মধ্যে খুব শক্ত ভাবে আটকায় এমন একটি ছিপি অথবা রবার স্টপার নিন ছিপির মধ্যে দিয়ে দুটি গর্ত করুন যার মধ্যে প্লাস্টিক অথবা কাঁচের টিউবকে খুব শক্তভাবে আটকানো যেতে পারে। একটি টিউব ছিপির মধ্যে দিয়ে বোতলে এক ইঞ্চি, আর অন্যটি ছয় ইঞ্চি বেরিয়ে থাকবে। প্রয়োজন হলে, টিউবের চারপাশে এয়ার টাইট সীল নিশ্চিত করার জন্যে আঠা ব্যাবহার করুন এবং প্লাস্টিসিন দিয়ে টিউবের প্রান্ত গুলিকে আটকে দিন।
- দুটি প্লাস্টিক মগ নিন, একটি খালি এবং অন্যটি অর্ধেকজলে ভরা। জল ভরা মগটিকে খালি মগের প্রায় 6" থেকে 12" ওপরে একটি টুলের ওপরে রাখতে হবে।
- খুব সাবধানে বোতলটিকে ওল্টান যাতে বোতলের মধ্যে সবথেকে দূরে যে টিউবটি দেখা যাচ্ছে, সেটা যেন অর্ধেক জল ভরা মগের ওপরে থাকে।

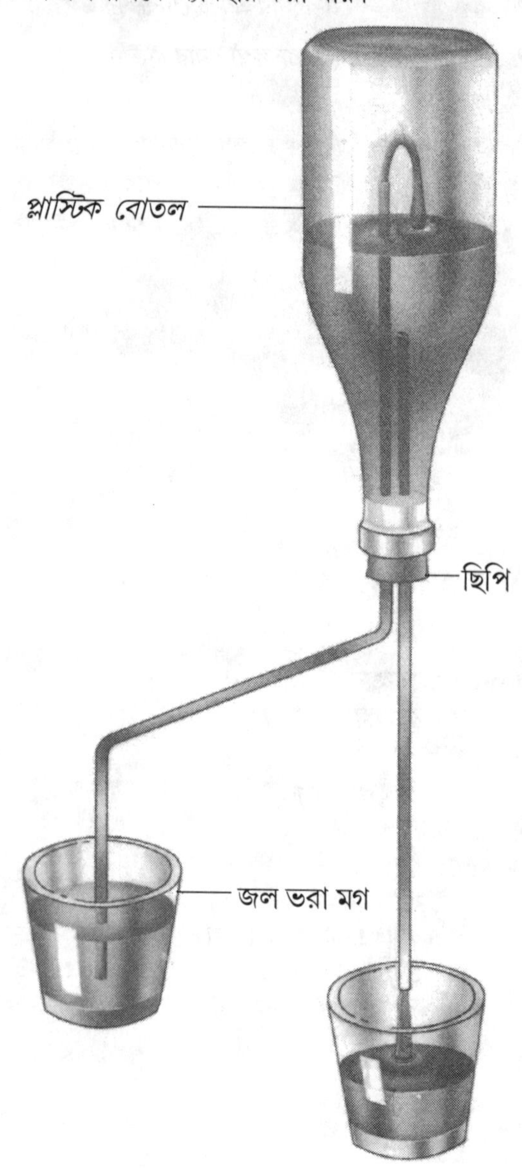

- অর্ধেক জল ভরা মগের ওপরের টিউব থেকে সীল সরিয়ে দিন এবং সাথে সাথে টিউবের শেষপ্রান্তকে জলের সার্ফেসের তলায় নামিয়ে দিন। মগের মধ্যে জলের মাত্রা যেন বেড়ে যায়, আর বোতলের মধ্যে জলের মাত্রা কমে যায়। কিছু সেকেন্ড পরে জলের এই প্রবাহ যেন বন্ধ হয়ে যায়।
- যদি এখন টিউবের উভয় প্রান্তকেই বোতলের মধ্যের জলের সার্ফেসের ওপরে দেখতে পাওয়া যায়, তাহলে হয় কোন ছিদ্র আছে অথবা খুব ছোট বোতল ব্যাবহার করা হয়েছে। যে কোন ক্ষেত্রেই আপনাকে আবার শুরু করতে হবে। যদি কোন টিউবকেই বোতলের মধ্যে জলের সার্ফেসের ওপরে দেখতে না পাওয়া যায় তাহলে তৎক্ষণাৎ জলের মগ থেকে টিউবকে তুলে নিয়ে বোতলের মধ্যে একটু বাতাসকে আসতে দিতে দিবে।
- এখন খালি মগের ওপরে টিউব থেকে সীল সরিয়ে দিন। ভর্তি মগ থেকে বোতলে জল খুব তাড়াতাড়ি প্রবাহিত হবে, এবং একটি ফাউন্টেন তৈরী করবে আর তারপরে নীচে খালি জারে চলে যাবে।

নোট: *আপনি নিম্নলিখিত ভাবে একটি সহজ সাইফন তৈরী করতে পারেন:*

- *এক বালতি জল নিন আর একটি টেবিলের ওপর রাখুন। আর একটি খালি বালতি নিন আর তাকে মেঝের ওপর রাখুন।*
- *ওপরের বালতির মধ্যে লম্বা রবার টিউবিং এর-একটিপ্রান্ত রাখুন এবং অন্যদিক থেকে শুষতে থাকুন যতক্ষণ পর্যন্ত না টিউবটি জলে ভরে যায়।*
- *টিউবের একটি প্রান্তকে জলের মধ্যে রাখুন আর অন্য প্রান্তে আপনার আঙুল রাখুন। টিউবের এই প্রান্তকে মেঝের ওপরের খালি বালতির মধ্যে রাখুন। টিউব থেকে আঙুল সরিয়ে দিলে জল নীচের বালতির মধ্যে পড়তে শুরু করবে। যতক্ষণ টিউবের ওপরের প্রান্ত জলের তলায় থাকবে ততক্ষণ তা পড়তেই থাকবে। এটি সাইফনের প্রাথমিক প্রণালীকে ব্যাখ্যা করে।*

■■

৪. একটি এলিভেটারের মডেল তৈরী করা

সাধারণতঃ লোকেরা উঁচু বিল্ডিং-এ এলিভেটার অথবা লিফ্‌টের মাধ্যমে ওপরে ওঠে। একটি এলিভেটার কারকে একটি উইন্ডল্যাস (Windlass) দ্বারা ওপরে তোলা হয় যা একটি ইলেক্ট্রিক মোটর দ্বারা ঘোরে, ট্র্যাকগুলি কারকে সোজা লাইনে ঘুরতে সাহায্য করে। একটি ওয়েট (ভার) কারের ওজনের ভারসাম্যকে বজায় রাখে যাতে এটি সহজে কারকে ওপরে তুলতে পারে। এলিভেটারের মোটর উইন্ডল্যাস (Windlass) কে যে কোনদিকে ঘোরাতে পারে। এটি কেবল (Cable) কে জড়িয়ে কারকে ওপরে তোলে। এটি কেবল (Cable)-এর পাক খুলে কার কে নীচে নামাতে পারে। ইলেক্ট্রিক ওয়্যারগুলি কার থেকে মোটরে যায়। কারের মধ্যে কোন ব্যক্তি কারের সুইচ ব্যাবহার করে ওপরে উঠতে, নীচে নামতে অথবা কারকে থামাতে পারে। আপনি নিম্নলিখিত ভাবে একটি এলিভেটারের মডেল তৈরী করতে পারেন।

আপনার প্রয়োজন

- *একটি প্লাইবোর্ড শীট প্রায় 24" × 12"*
- *ছয়টি কাপড়ের সুতোর রীল*
- *ছয়টি পেরেক*
- *একটি কার্ডবোর্ড বক্স*
- *দড়ি*
- *একটি ছোট ওয়েট (ভার)*
- *একটি খেলনা ছেলে এবং একটি খেলনা মেয়ে*

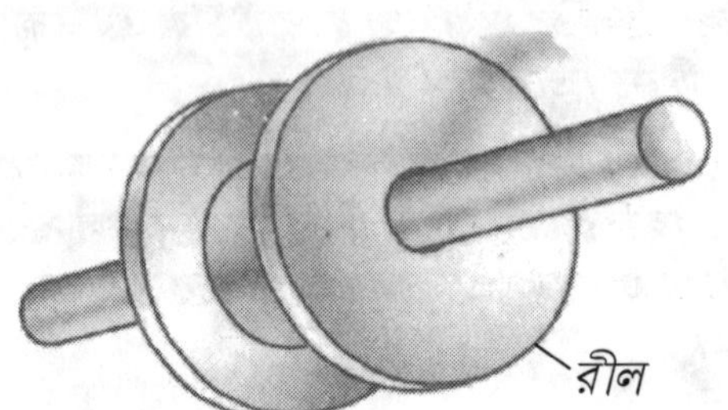

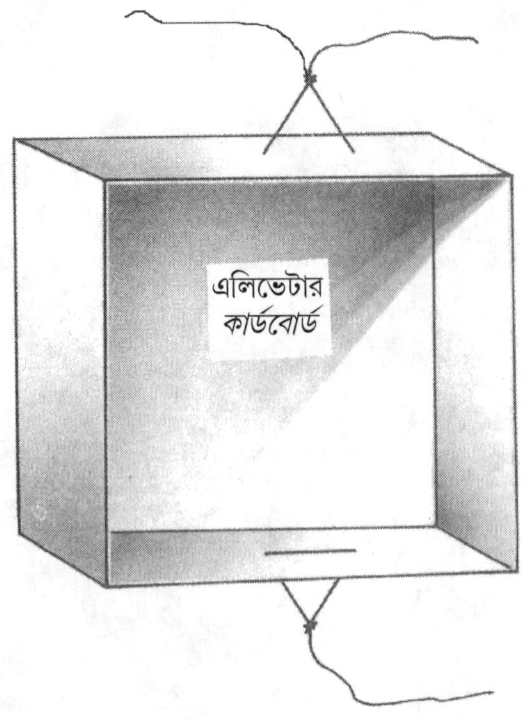

কি করতে হবে

- একটি কার্ডবোর্ড বক্স নিন, যেমন ঢাকনা ছাড়া একটি জুতোর বক্স। একটি দড়ি দিয়ে বক্সের নীচে বাঁধুন এবং দুটি দড়ি দিয়ে বক্সের ওপরটা বাঁধুন। এই বক্সটি এলিভেটারের কার হিসাবে কাজ করবে।
- কাঠের বোর্ডের মধ্যে স্পুলস্-এর মাধ্যমে পেরেকগুলি ঢোকান, যেরকম ফিগারে দেখানো হয়েছে।
- ফিগারে 4, 3, 2 এবং 1 চিহ্নিত করা স্পুলের ওপরে কারের নীচের দড়িকে ঢুকিয়ে দিন। স্পুল 2-এর চারপাশে দড়িটিকে অনেকবার জড়ান। বক্সের ওপরে এর অন্য প্রান্তকে বাঁধুন।
- বক্সের ওপরে থেকে স্পুলস্ 5 এবং 6 এর ওপর দ্বিতীয় দড়িটি ঘোরান এবং অবশেষে এটিকে প্রায় 100 গ্রাম এক ওয়েটের (ভারের) সাথে বাঁধুন যাতে কারের ওজনের ভারসাম্য রক্ষা করা যায়।

- আপনার আঙুল দিয়ে উইন্ডল্যাস (স্পুল 2) কে ঘোরান, কারটি ওপরে উঠবে এবং নীচে নামবে। আপনি যাত্রী হিসাবে একটি ছেলে এবং অন্যটি মেয়ে খেলনা রাখতে পারেন।
- আপনি কার্ডবোর্ড দিয়ে তৈরী করা একটি মডেল বিল্ডিং এর মধ্যে এটিকে রেখে এই মডেলকে আরোও আকর্ষণীয় করে তুলতে পারেন।

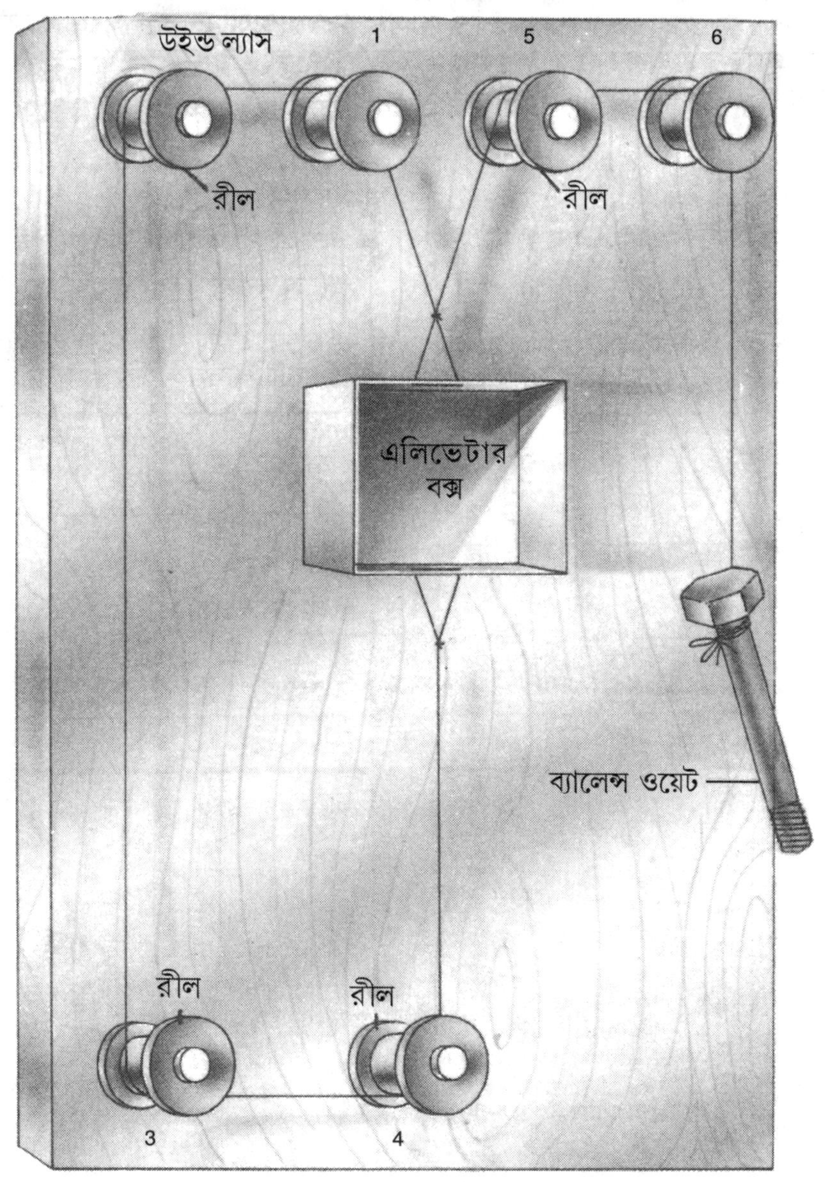

নোট: পৃথিবীর সবথেকে দ্রুত লিফ্ট জাপানের "সানশাইন 60" বিল্ডিং-এ লাগানো আছে। এর গতি (স্পীড) হল 36.56 কিমি/ঘন্টা।

9. জলের সার্ফেস টেনশন নির্ধারণ করা

সার্ফেস টেনশন হল এক (ফোর্স) শক্তি, যা তরলপদার্থের সার্ফেসে দেখতে পাওয়া যায়। কোন তরল পদার্থের (মলিকিউল) অণু গুলিকে নীচের দিকে টানার জন্যে, তার সার্ফেস এক বিস্তারিত ইলাস্টিক মেমব্রেনের মত কাজ করে। এই মেমব্রেন হালকা বস্তুগুলিকে তুলে ধরতে পারে। যেমন, একটি ব্লেড জলের সার্ফেসের ওপর ভাসতে পারে। আপনি এই সহজ প্রোজেক্টের মাধ্যমে সার্ফেস টেনশনকে মাপতে পারেন।

আপনার প্রয়োজন

- *একটি পাতলা প্লাস্টিক শীট 5সেমি × 5সেমি × 3মিমি*
- *সূতো*
- *একটি কাঠের ব্লক l0সেমি × 10সেমি × 2সেমি*
- *দুটি কাঠের ফালি প্রতিটি 25সেমি × 1.5সেমি × 1সেমি*
- *লোহার পেরেক, প্রায় 5সেমি ব্যাসের একটি লোহার রিং, একটি পিন*
- *এক বাটি জল*

কি করতে হবে

- সার্ফেস টেনশন মাপার জন্যে, আপনাকে একটি ব্যালেন্স ডিভাইস তৈরী করতে হবে, যেরকম ফিগারে দেখানো হয়েছে। দাঁড়ি পাল্লা তৈরী করার জন্যে, একটি কাঠের ব্লক নিন এবং তার মাঝখানে একটি কাঠের ফালিকে আঠা দিয়ে লাগান, আর একটি কাঠের ফালি ব্যাবহার করে এবং একটি পিনকে পিভট হিসাবে ব্যাবহার করে দাঁড়িপাল্লার বীম তৈরী করুন।

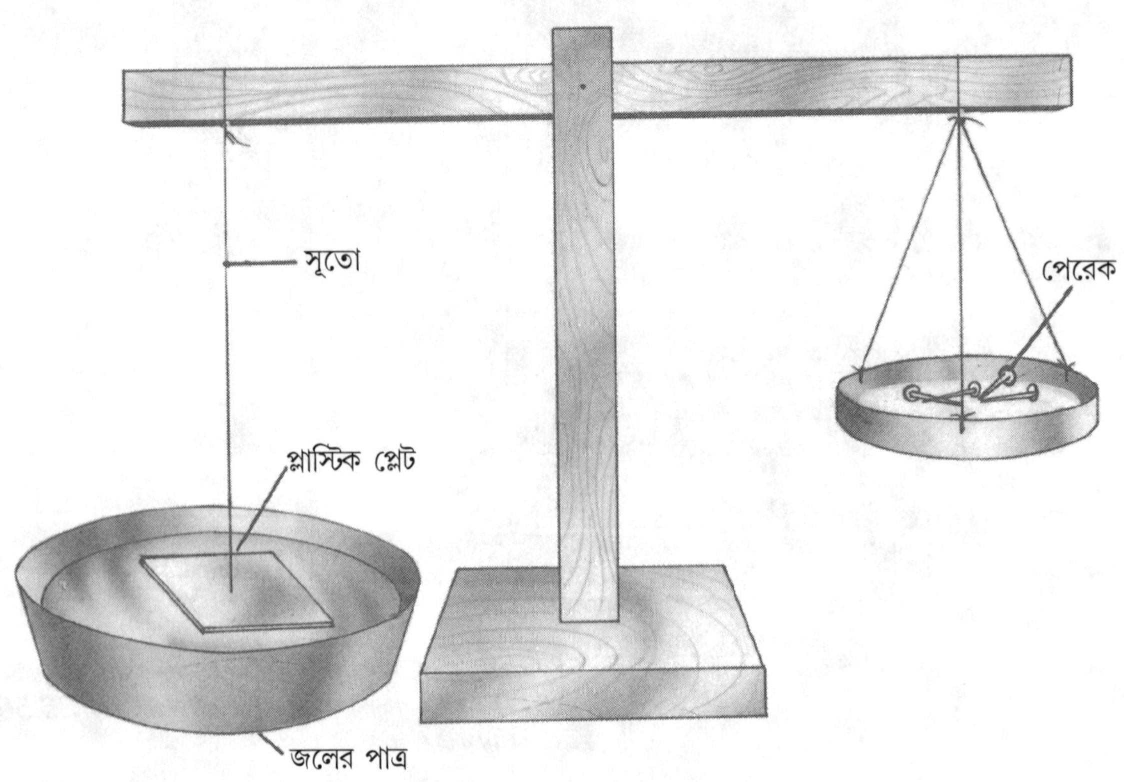

কাঠের ফালি থেকে তৈরী করা দাঁড়িপাল্লা

- লোহার রিং নিন আর কাপড়ের ছোট একটি ব্যাগ তৈরী করুন। দাঁড়িপাল্লার একটি প্যান তৈরী করার জন্যে যেভাবে ফিগারে দেখানো হয়েছে সেইভাবে তিনটি সূতোকে বাঁধুন।
- প্লাস্টিক শীট নিন আর একটি ছুঁচ দিয়ে মাঝখানে একটি ছোট্ট গর্ত করুন। একটি সূতোর মধ্যে গিঁট বাঁধুন এবং এটিকে ফিগারে দেখানো অনুযায়ী দাঁড়িপাল্লার একটি প্রান্ত থেকে প্লাস্টিক শীট ছাড়ার জন্যে ব্যাবহার করুন।
- প্লাস্টিক শীটের ভারসাম্য রক্ষা করার জন্যে অন্য প্রান্তে ছোট পেরেকগুলিকে ব্যাবহার করুন।
- এখন এক বাটি ভর্তি জল নিয়ে আসুন আর তাকে এমনভাবে প্লাস্টিক শীটের নীচে রাখুন যে যাতে সেটা শুধু জলের সার্ফেসকে ছুঁয়ে থাকে। আপনি দেখতে পাবেন যে দাঁড়িপাল্লাটি বিশৃঙ্খল হয়ে গেছে।
- এখন প্যানের মধ্যে ছোট পেরেকগুলি রাখতে থাকুন যতক্ষণ পর্যন্ত না প্লাস্টিক শীটটি হঠাৎ জলের সার্ফেস থেকে ভেঙে যাচ্ছে। এই অতিরিক্ত ওজনটি হল শুধুমাত্র জলের সার্ফেস টেনশনের একটি মাপ একটি শক্তি যার সাহায্যে এটি প্লাস্টিককে আকর্ষণ করে।
- আপনি জলের বদলে সরষের তেল, কেরোসিন তেল, অ্যালকোহল ব্যাবহার করে পরীক্ষাটির পুনরাবৃত্তি করতে পারেন এবং তাদের নিজ নিজ সার্ফেস টেনশন মাপতেও পারেন।

সার্ফেস টেনশনের কিছু উদাহরণ

- একটি রেজার ব্লেড অথবা একটি সেলাইয়ের ছুঁচকে জলের সার্ফেসে ভাসানো যেতে পারে, যদিও এগুলি জলের থেকে ভারী। একটি ব্লটিং পেপারের টুকরোর ওপর ব্লেড অথবা ছুঁচ রাখুন এবং তারপর একটি গ্লাসের মধ্যে জলের সার্ফেসের ওপর তাকে খুব ধীরে ধীরে রাখুন। ব্লটিং পেপারটি তক্ষুণী জলের মধ্যে ডুবে যাবে এবং ব্লেড অথবা ছুঁচ জলের সার্ফেসের ওপর ভাসতে থাকবে। এটি সার্ফেস টেনশনের কারণে হয়।

- সার্ফেস টেনশনের কারণে জলের ফোঁটাগুলি গোলকাকার হয় বলে মনে করা হয়।
- কিছু কীটপতঙ্গ তাদের পা না ভিজিয়েই জলের সার্ফেসের ওপর দিয়ে দৌড়তে পারে। এটি জলের সার্ফেস টেনশনের কারণে হয়।
- কৈশিকতা (Capillarity) এর কারণে একটি ব্লটিং পেপার কালি শুষে নেয় যা সার্ফেস টেনশন সম্পর্কিত আর একটি ঘটনা।
- একটি পেনের নিবের মুখটি লম্বা লম্বি ভাবে কাটা থাকে যাতে সার্ফেস টেনশন দ্বারা কালির ক্রমাগত প্রবাহ হতে পারে।
- কৈশিকতা-এর কারণে মাটিতে আর্দ্রতা বজায় থাকে।

■■

10. একটি স্পিনিং (ঘূর্ণায়মান) স্নোম্যান তৈরী করা

এটি একটি সায়েন্স টয়, যা জলের সার্ফেস টেনশনের ঘটনার ওপর কাজ করে। এতে মথব লকে ব্যাবহার করা হয় যা তাদের কাছাকাছি জলের সার্ফেস টেনশনের টানকে দূর্বল করে দেয়। প্রতিটি মথবলের সামনে সার্ফেস টেনশনের জোরালো টান, লাঠিকে টেনে ধরে এবং স্নোম্যান একটি সার্কেলে ঘুরতে থাকে।

আপনার প্রয়োজন

- *জলের জন্যে একটি প্লাস্টিক টব*
- *একটি বড় ছিপি*
- *হালকা কাঠের চারটি আয়তক্ষেত্রাকার স্ল্যাব (1"x 1" × 0.25')*
- *চারটি কাঠের লাঠি প্রায় 8 থেকে 10 মিমি পুরু*
- *চারটি মথবল*
- *কাগজ*
- *কাঁচি*
- *আঠা অথবা টেপ*

কি করতে হবে

- যেরকম ফিগারে দেখানো আছে সেভাবে কাগজের ওপর একটি ছোট স্নোম্যান আঁকুন, তাকে রঙ করুন এবং কাটুন।
- প্রায় 1" পুরু করে ছিপির এক অংশ কাটুন এবং হালকা কাঠের চারটি আয়তক্ষেত্রাকার টুকরো বার করুন। প্রতিটি কাঠের টুকরোর মধ্যে একটি ছোট খাঁজ করুন। প্রতিটি খাঁজে একটি মথবলকে এমনভাবে আঠা দিয়ে আটকান যাতে তাদের সার্ফেস টেনশন জলের সাথে স্পর্শ করে থাকে।
- ছিপিতে এমনভাবে চারটি লাঠি লাগান যাতে তারা ফিগারে দেখানো অনুযায়ী একটি ক্রুসের আকারে থাকে। এই সব লাঠিগুলির খোলা প্রান্ত গুলিতে, ফিগারে দেখানো অনুযায়ী একটি কাঠের টুকরোকে আঠা দিয়ে লাগান।
- ছিপির ফালিতে স্নোম্যানকে আটকে দিন।
- একটি প্লাস্টিক টব নিন আর তা জল দিয়ে ভরুন। এখন স্নোম্যানকে জলের টবের মধ্যে বসান আর লক্ষ্য করতে থাকুন। সম্পূর্ণ জোড়া লাগানো অংশগুলি সার্ফেস টেনশনের জন্যে গোল করে ঘুরতে থাকবে।

■■

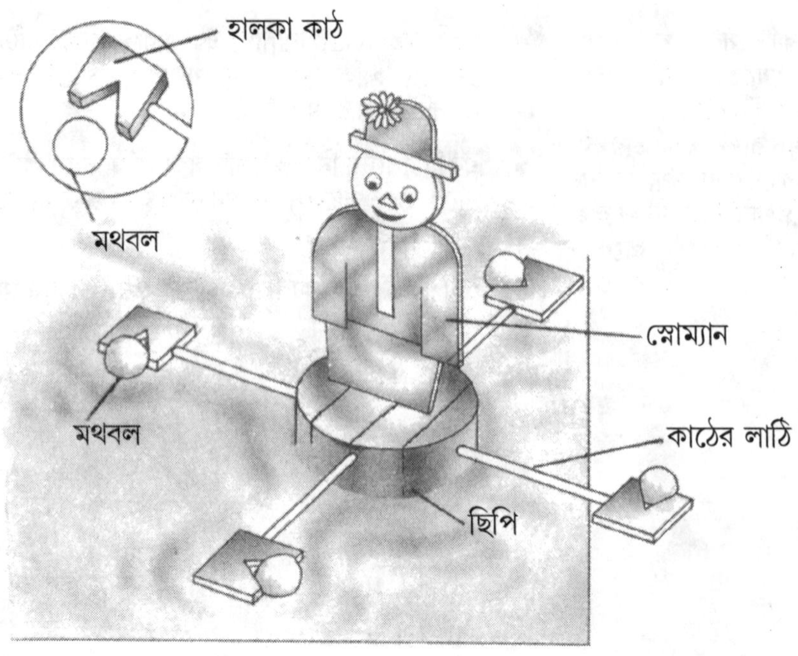

11. একটি হোভারক্রাফ্‌ট তৈরী করা

একটি হোভারক্রাফ্‌ট হল একটি বাহন যা জল এবং স্থল দুটি জায়গাতেই সহজে সমানভাবে চলতে পারে। এটিকে রাডার সহ একটি এরোপ্লেনের মতো একটি প্রপেলার এবং স্টিয়ার্ড-এর মাধ্যমে আগে ঠেলা হয়। আসলে, একটি হোভারক্রাফ্‌ট স্থল অথবা জলকে স্পর্শ করে না। এটি এয়ার কুশনের ওপর ঘুরে বেড়ায়। একটি বিশাল ফ্ল্যাটফ্যান দ্বারা এয়ার কুশন তৈরী করা হয় যা বাতাসকে এত জোরে নীচের দিকে প্রবাহিত করায় যে এটি ক্রাফ্‌টকে স্থল অথবা জল থেকে ওপরে তুলে দেয়। এয়ার কুশন ক্রাফ্‌টকে তুলে ধরে যাতে তার আর সার্ফেসের মধ্যে য়েন কোন সংস্পর্শ না থাকে। এতে কোন চাকা থাকে না এবং ক্রাফ্‌টটি স্থল অথবা জলের ওপর যাতায়াত করতে পারে। এই প্রোজেক্টে হোভারক্রাফ্‌টের দুটি সহজ মডেল তৈরী করা সম্বন্ধে বর্ণনা করা হয়েছে।

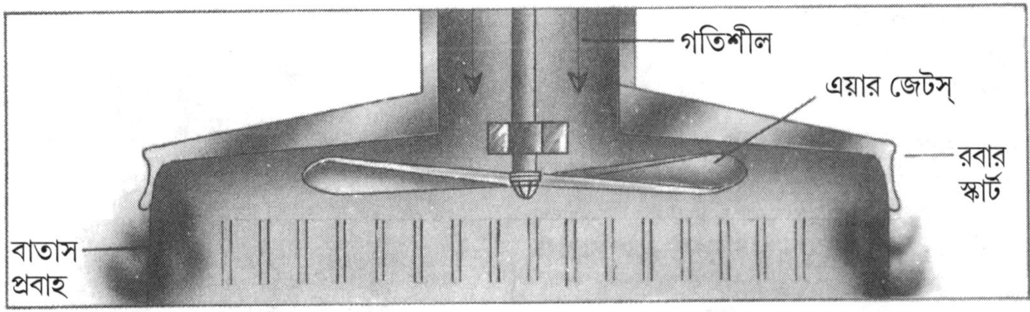

বাতাসের গদি (Air Cushion)

হোভার ক্রাফ্‌ট

আপনার প্রয়োজন

- *10সেমি × 8সেমি × 0.5সেমি মাপের একটি আয়তক্ষেত্রাকার কাঠের বোর্ড*
- *কোয়ার্টার ইঞ্চি একটি গর্তের সাথে প্রায় 3" লম্বা একটি মেটাল টিউব*
- *রবার টিউবিং*
- *একটি রবারের ক্যাপ সহ হেয়ার ড্রায়ার, যার একটি গর্ত আছে*

কি করতে হবে

- 10সেমি × 8সেমি × 0.5সেমি মাপের একটি কাঠের বোর্ড নিন এবং তার মাঝখানে প্রায় এক মিলিমিটার ব্যাসের একটি গর্ত করুন। আঠা দিয়ে এই গর্তের ওপর একটি মেটাল টিউব (একটি 6 মিমি ব্যাসের গর্তের সাথে প্রায় 3" লম্বা) লাগান।
- এখন একটি রবার অথবা প্লাস্টিক টিউবিং দ্বারা হেয়ার ড্রায়ারের রবার ক্যাপে মেটাল টিউব যুক্ত করুন।

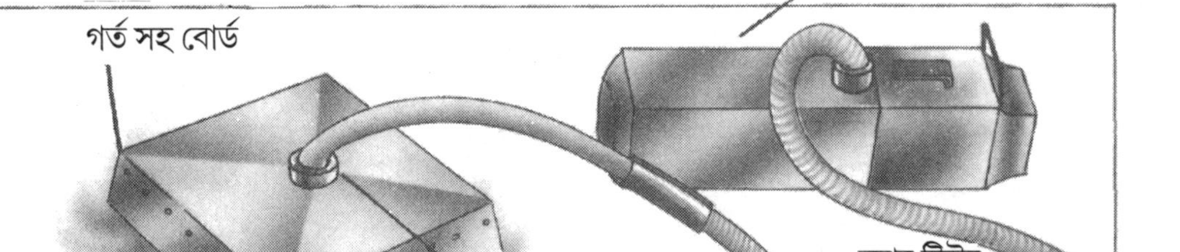

- হেয়ার ড্রায়ারের সুইচ অন করুন। যেহেতু বাতাস বোর্ডের গর্তের মধ্যে দিয়ে ঠেলতে থাকে, তাই এটি একটু ওপরে উঠে যায়। এখন আপনার আঙুল দিয়ে কাঠের বোর্ডকে একটু ঠেলুন। এটি ঘুরতে থাকবে।

একটি বিকল্প সহজ মডেল

আপনার প্রয়োজন

- *প্রায় 10 সেমি ব্যাসের এবং 2 মিমি পুরু একটি মেটাল অথবা প্লাস্টিক ডিস্ক*
- *একটি দৃঢ় প্লাস্টিক টিউব*
- *একটি বেলুন*
- *একটি ছুঁচ*

কি করতে হবে

- প্রায় 10 সেমি ব্যাসের এবং 2 মিমি পুরু একটি মেটাল অথবা প্লাস্টিক ডিস্ক নিন। এর মাঝখানে একটি ছুঁচ দিয়ে খুব সূক্ষ্ম একটি গর্ত (অর্ধেক মিমি ব্যাসের) করুন।
- এই গর্তের ওপরে প্লাস্টিক টিউবকে আঠা দিয়ে লাগান এবং তা শুকতে দিন।

- এখন বেলুনে বাতাস ভরুন, এবং টিউবের ওপর রাখুন। বাতাস ডিস্কের সূক্ষ্ম ছিদ্র দিয়ে প্রবাহিত হবে এবং তার নীচে একটি এয়ার কুশন প্রদান করবে। আপনার আঙুলের ডগা দিয়ে ডিস্ককে একটু ঠেলুন। সেটি ঘুরতে থাকবে। এই মডেলটি শুধুমাত্র একটি মসৃণ সার্ফেসেই কাজ করবে।

■■

12. একটি ক্লিনোমিটার তৈরী করা

ক্লিনোমিটার এমন একটি যন্ত্র যা কোন বিল্ডিং-এর উচ্চতা মাপার জন্যে ব্যাবহার করা হয়। এটি একটি প্রয়োজনীয় যন্ত্র যা সার্ভেয়ার এবং সিভিল ইঞ্জিনিয়ারেরা ব্যাবহার করে। এর দ্বারা একটি প্লাম্ বব সম্পর্কিত (বক্রতার কোণ কে) অ্যাঙ্গেল অফইনক্লিনেশন মাপা যায়। এই যন্ত্রে, একটি প্লামবব অথবা ভার (ওয়েট) কে দড়ির একটি টুকরোর সাথে যুক্ত করা হয় যা সাইটিং ডিভাইস (Sighting Device) থেকে ঝুলতে থাকে। বিল্ডিং-এর ওপরের অংশ দেখার জন্যে যখন ডিভাইসকে ওপরের দিকে ঝোঁকানো হয়, তখন দড়িটি একটি প্রট্র্যাক্টরের মত মুখের মধ্যে দিয়ে যায় এবং অ্যাঙ্গেল অফ ইনক্লিনেশনকে (বক্রতার কোণকে) ইঙ্গিত করে। এই প্রোজেক্টে আপনি একটি সহজ ক্লিনোমিটার তৈরী করতে পারেন এবং কোন বিল্ডিং অথবা গাছের উচ্চতা মাপতে পারেন।

আপনার প্রয়োজন

- *একটি প্রট্র্যাক্টর*
- *এক টুকরো সূতো*
- *প্রায় 1" দৈর্ঘ্যের একটি পেরেক এবং একটি লগ টেবিল*

কি করতে হবে

- একটি প্রট্র্যাক্টর, এক টুকরো সূতো এবং একটি পেরেক নিন। প্রথমে প্রট্র্যাক্টরের ওপর বেসলাইনের মাঝখানে একটি ছোট গর্ত করুন। সূতোটিকে গর্তের মধ্যে দিয়ে ঢোকান। সূতোর এক প্রান্তে একটি গিঁট বাঁধুন এবং অন্য প্রান্তে পেরেকটিকে বাঁধুন।

একটি বিল্ডিং-এর উচ্চতা মাপা হচ্ছে

- যখন প্রট্র্যাক্টরের সোজাসুজী প্রান্তকে সমতল ভাবে এবং ওপরের দিক করে রাখা হয়, তখন যেন পেরেকটি 90° চিহ্নে বেঁকা প্রান্তের ঠিক নীচে ঝুলতে থাকে, ঠিক যেরকম ফিগারে দেখানো হয়েছে।

ক্লিনোমিটার এখন প্রস্তুত এবং নিম্নলিখিত অনুযায়ী যে কোন বিল্ডিং-এর উচ্চতা খুঁজে বার করার জন্যে ব্যাবহার করা যেতে পারে।

কোন বিল্ডিং-এর উচ্চতা খুঁজে বার করা

- ক্লিনোমিটারের ওপরের প্রান্তটি দেখুন, এবং তাকে ঝুঁকিয়ে কোনো বিল্ডিং-এর ওপরের অংশে নিয়ে যান। যেভাবে ফিগারে দেখানো আছে সেভাবে সূতোটিকে স্কেলের চারপাশে অবাধে ঘুরতে দিন।
- সূতোটিকে স্কেলের ওপর চাপুন, আর তারপরে যার মাধ্যমে এটি ঘুরছে সেই অ্যাঙ্গেলটি পড়ুন। এটি সেই অ্যাঙ্গেলের সমান হবে যা হরাইজন (Horizon) এর সাথে বিল্ডিংকে তৈরী করছে।
- এখন, যেখানে আপনি দাঁড়িয়ে আছেন সেই জায়গা থেকে বিল্ডিং এর মূলদেশের (নীচের) দূরত্বকে মাপুন।
- এই দূরত্বকে আপনার মাপা অ্যাঙ্গেলের ট্যানজেন্ট দ্বারা গুণ করে বিল্ডিং-এর উচ্চতাকে মাপা যেতে পারে। ধরুন, বিল্ডিং-এর উচ্চতা হল h, এবং আপনার মাপার জায়গা এবং বিল্ডিং-এর মূলদেশের মধ্যবর্তী দূরত্ব হল এবং θ সেই অ্যাঙ্গেলকে চিহ্নিত করে যাকে আপনি মেপেছেন। তাহলে,

$$h = d \tan \theta$$

$\tan \theta$'র ভ্যালুকে ট্রিগোনোমেট্রিক লগ টেবিল থেকে দেখা যেতে পারে।

নোট: *আপনি একটি কার্ডবোর্ড শীটকে একটি রাইট অ্যাঙ্গেল ট্র্যাঙ্গেলের (45°, 45°, 90°) আকারে কেটে আর এক ধরণের সহজ ক্লিনোমিটার তৈরী করতে পারেন। এর জন্যে প্রয়োজন একটি প্লাম লাইভ, এবং একটি মাপার টেপ। কোন গাছ অথবা খুঁটি অথবা বিল্ডিং-এর ওপরের অংশের সাথে ত্রিকোণ কার্ডের সবথেকে বিশাল দিককে এক লাইনে করে, যাতে প্লাম লাইন একেবারে ছোট দিকের সাথে ঝুলতে থাকে, আপনি এই সমস্ত বস্তুর উচ্চতার হিসাব করতে পারেন। যতক্ষণ পর্যন্ত না এটি ঘটছে, ততক্ষণ পর্যন্ত আপনাকে গাছের দিকে অথবা গাছের থেকে দূরে হাঁটতে হবে, এখন নিজের এবং গাছের গোড়ার মধ্যবর্তী দূরত্বকে মাপুন। সেই দূরত্ব এবং আপনার নিজের উচ্চতার যোগফল হল এর উচ্চতা।*

■■

13. টাইম ইন্ডিকেটারের সাথে একটি অটোম্যাটিক রেন-গজ তৈরী করা

রেন-গজ হল এমন এক যন্ত্র যা বৃষ্টিপাত মাপার জন্যে ব্যাবহার করা হয়। এটি আবহাওয়া পূর্বাভাসের জন্যে একটি খুবই প্রয়োজনীয় যন্ত্র। এই প্রোজেক্টে, বৃষ্টিপাত মাপার জন্যে একটি রেন-গজ এবং তার সাথে বৃষ্টির সময় দেওয়া হয়েছে।

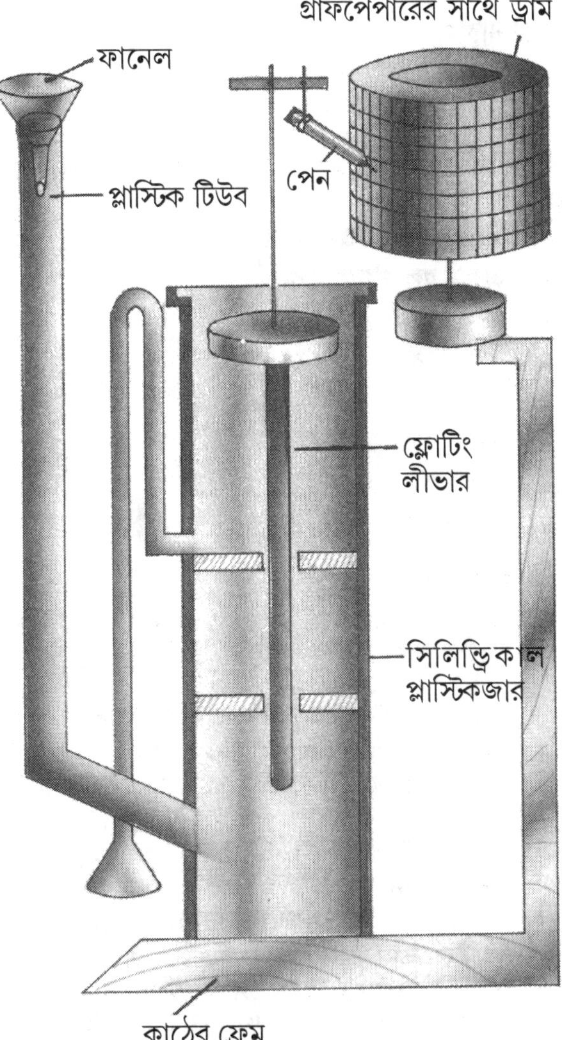

আপনার প্রয়োজন

- *একটি সিলিন্ড্রিকাল প্লাস্টিক জার*
- *প্লাস্টিক টিউবিং*
- *একটি ঘড়ি*
- *গ্রাফ পেপার*
- *একটি ফাউন্টেন পেন*
- *একটি ফানেল*
- *একটি ফ্লোটিং লীভার*

কি করতে হবে

- একটি সিলিন্ড্রিকাল প্লাস্টিক জার নিন এবং দুটি গর্ত করুন, একটি নীচের অংশে এবং অন্যটি প্রায় মাঝখানে। নীচের গর্তে একটি ফানেলের সাথে একটি প্লাস্টিক টিউব এবং ওপরের গর্তে আরেকটি প্লাস্টিক টিউব আটকান। অত্যধিক বৃষ্টিপাত হলে অতিরিক্ত জল বার করে দেওয়ার জন্যে এই টিউব প্রদান করা হয়।
- এমন একটি জারের মধ্যে একটি ফ্লোটিং ইন্ডিকেটার রাখুন যার ওপরের অংশে একটি সিগনেচার পেন যুক্ত আছে। বৃষ্টিপাতের পরিমাণকে চিহ্নিত করার জন্যে ফিগারে দেখানো অনুযায়ী, পেনটি যেন গ্রাফ পেপারের সংস্পর্শে থাকে।
- সময় নির্ধারণ করার জন্যে গ্রাফ পেপারকে একটি ঘড়ির সাথে ক্যালিব্রেট করা যেতে পারে।

■■

14. একটি অ্যানিমোমিটার তৈরী করা

অ্যানিমোমিটার এমন একটি যন্ত্র যা বাতাসের বেগ মাপার জন্যে ব্যাবহার করা হয়। সবথেকে সহজ অ্যানিমোমিটারে তিনটি অথবা চারটি কাপ থাকে যা একটি ভার্টিকাল (লম্বালম্বি) পাইপের সাথে যুক্ত থাকে। বাতাস কাপগুলি ধরে এবং তাদের চারধারে ঘোরাতে থাকে। একটি নির্দিষ্ট সময়ে কাপগুলি চারধারে যতবার ঘোরে তার দ্বারা বাতাসের গতিকে মাপা হয়, এরোপ্লেন পাইলট এবং নাবিকদের বাতাসের গতির সম্বন্ধে জানার প্রয়োজন হয়। একজন মেটেরোলজিস্ট, আবহাওয়ার পূর্বাভাস জানার জন্যে অ্যানিমোমিটারের ব্যাবহার করে।

আপনার প্রয়োজন

- *একটি জুতোর বক্স*
- *চারটি কাগজের কাপ*
- *শক্ত ওয়্যার*
- *টেপ*
- *কাঠের দুটি পাতলা ফালি*
- *একটি বল-পয়েন্ট পেন*
- *একটি ড্রয়িং পিন*
- *একটি পিন*
- *সুতো*
- *একটি ছোট রোলার*
- *একটি স্টপ ওয়াচ*
- *একটি ছোট ওয়েট (ভার)*

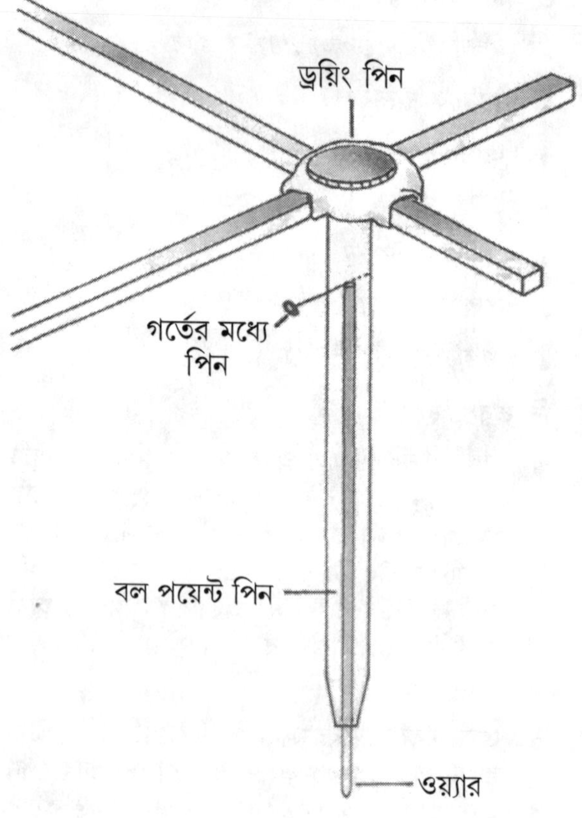

কি করতে হবে

- এক ফুট দৈর্ঘ্যের একটি শক্ত ওয়্যার নিন এবং একটি ফাঁসের আকারে এর একটি প্রান্তকে বেঁকান। ফিগারে যেরকম দেখানো হয়েছে সেইভাবে টেপের সাহায্যে জুতোর বক্সের নীচে এই প্রান্তটিকে লাগান।
- বক্সের মধ্যে কিছু পাথরের টুকরো রাখুন যাতে তা দৃঢ়ভাবে থাকতে পারে এবং ওয়্যারের জন্যে একটি গর্ত তৈরী করে তার ওপরে ঢাকনা রাখুন।
- কাঠের দুটি পাতলা ফালি নিন এবং একটি ক্রস তৈরী করুন। সার্কেলের দিকে মুখ করে কাঠের ক্রসের শেষপ্রান্তে চারটি কাগজের কাপকে ঠেলে ঢোকান।
- একটি ড্রয়িং পিন এবং টেপের সাহায্যে ক্রসের মাঝখানকে একটি খালি বল পয়েন্ট পেন টিউবের সাথে আটকান।
- টিউবের পাশে ছোট গর্তের মধ্যে দিয়ে একটি পিন ঢোকান এবং তাকে ওপরের দিক করে ওয়্যারের ওপর রাখুন। যাতে এটি পিনের ওপরে খুব সহজে ঘুরতে পারে।
- টিউবের পাশে একটি কাপড়ের সুতোকে একটি পিনের সাথে বাঁধুন এবং তাকে ধার দিয়ে নিয়ে গিয়ে রোলারের ওপর এগিয়ে নিয়ে যান। ফিগারে দেখানো অনুযায়ী এটিকে টেবিলের পাশে ঝুলতে দিন। একটি ছোট (ভারকে) ওয়েটকে সুতোর অন্য প্রান্তে বাঁধুন, এবং তা যেন শুধুমাত্র মাটি স্পর্শ করে থাকে।

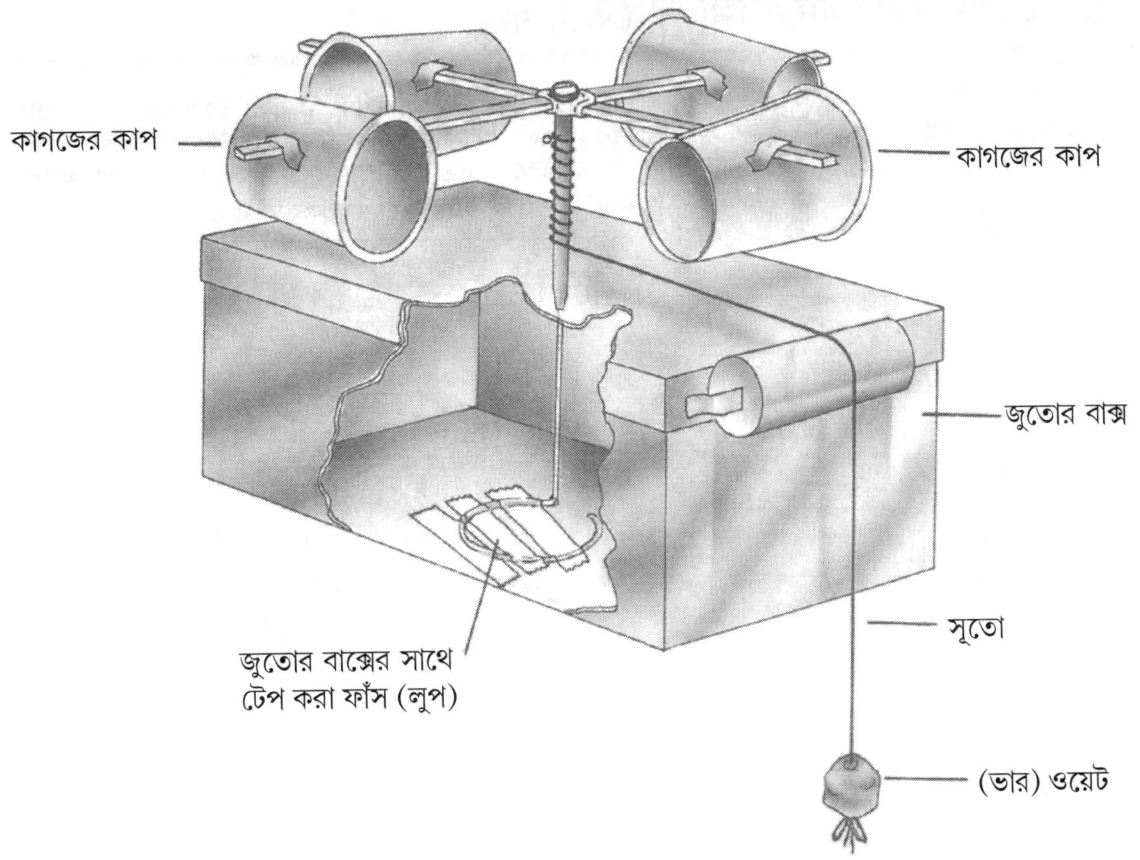

- এখন এই সম্পূর্ণ জিনিসটিকে একটি বাতাসবহুল জায়গায় রাখুন এবং কাপগুলিকে যেতে দিন। তারা যেন বাতাসের মধ্যে ঘুরতে থাকে। একটি ঘড়ির সাহায্যে সময়কে নোট করুন যে, (ভার) ওয়েট-এর মাটি থেকে টেবিলের ধার পর্যন্ত যেতে কত সময় লেগেছে। এখন এই দৈর্ঘ্যকে, লাগা সময় দিয়ে ভাগ করুন আর আপনি পাবেন, বাতাসের বেগ।

নোট: আপনি নিম্নলিখিত অনুযায়ী একটি পোর্টেবল অ্যানিমোমিটার তৈরী করতে পারেন:

- এক টুকরো পুরু কার্ডের একটি স্কেল আঁকার জন্যে একটি প্রট্র্যাক্টার এবং কম্‌পাস্‌ ব্যাবহার করুন।
- কার্ডের একটি ফালিতে অর্ধেক টেনিস বল টেপ দিয়ে লাগান এবং একটি জানলা কাটুন যাতে আপনি ফিগারে যেরকম দেখানো আছে সেইভাবে স্কেল কে পড়তে পারেন।
- কার্ডের সাথে ফালিটিকে পিন দিয়ে আটকান এবং স্কেলকে চিহ্নিত করুন

অ্যাঙ্গেল	80	60	40	20
কিমি/ঘন্টা	13	24	34	52

■■

15. একটি এয়ারথার্মোমিটার তৈরী করা

সাধারণতঃ তাপমাত্রা মাপার জন্যে থার্মোমিটারে তরল পদার্থ (মার্কারী অথবা অ্যালকোহল)-এর সম্প্রসারণের ব্যাবহার করা হয়। কিন্তু একটি এয়ার থার্মোমিটারে তাপমাত্রা মাপার জন্যে বাতাস সম্প্রসারণের ব্যাবহার করা হয়। বাতাসের তাপমাত্রা বৃদ্ধি হওয়ার ফলে বাতাস সম্প্রসারিত হয়ে যায়, যার ফলে তরল পদার্থ একটি টিউবের মধ্যে ঢুকে যায়। একটি টিউব যা তাপমাত্রার স্কেলের চিহ্নের সাথে ক্রমাঙ্ককে নির্ণয় করে, সেটি একটি নির্দিষ্ট সময়ে তাপমাত্রাকে ইঙ্গিত করে।

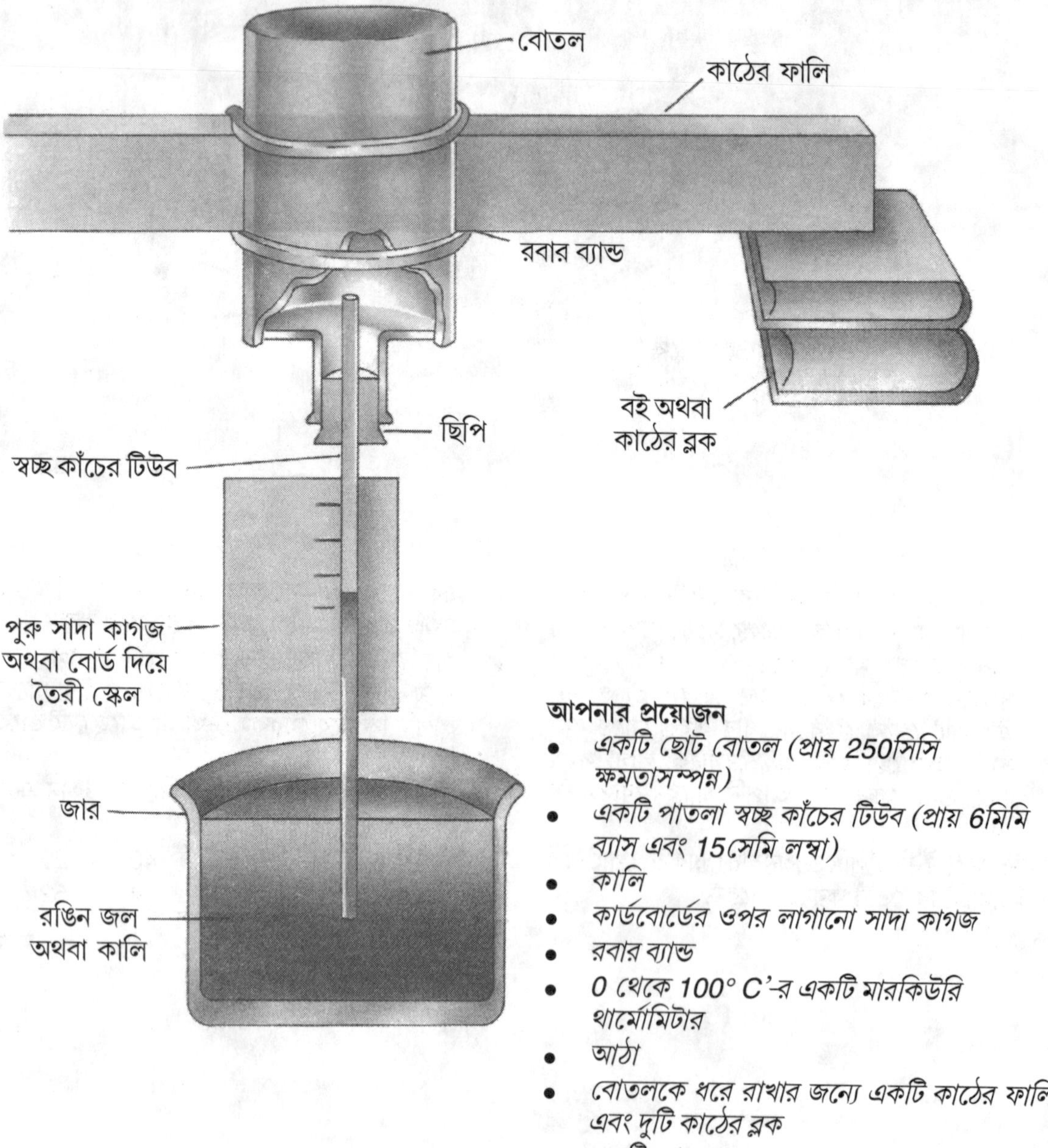

আপনার প্রয়োজন

- *একটি ছোট বোতল (প্রায় 250সিসি ক্ষমতাসম্পন্ন)*
- *একটি পাতলা স্বচ্ছ কাঁচের টিউব (প্রায় 6মিমি ব্যাস এবং 15সেমি লম্বা)*
- *কালি*
- *কার্ডবোর্ডের ওপর লাগানো সাদা কাগজ*
- *রবার ব্যান্ড*
- *0 থেকে 100° C'-র একটি মারকিউরি থার্মোমিটার*
- *আঠা*
- *বোতলকে ধরে রাখার জন্যে একটি কাঠের ফালি এবং দুটি কাঠের ব্লক*
- *একটি জার*

কি করতে হবে

- একটি শক্ত করে আটকানো ছিপি এবং একটি ছোট পাতলা কাঁচের টিউব সহ প্রায় 250সিসি-এর একটি ছোট বোতল নিন।
- একটি পেরেক দিয়ে ছিপির মধ্যে দিয়ে একটি গর্ত করুন এবং সেই গর্তের মধ্যে কাঁচের টিউবকে শক্ত করে আটকান এবং ছিপিটিকে বোতলের মুখের মধ্যে ঠেলুন, ফিগারে যেমনভাবে দেখানে আছে ঠিক সেই ভাবে।

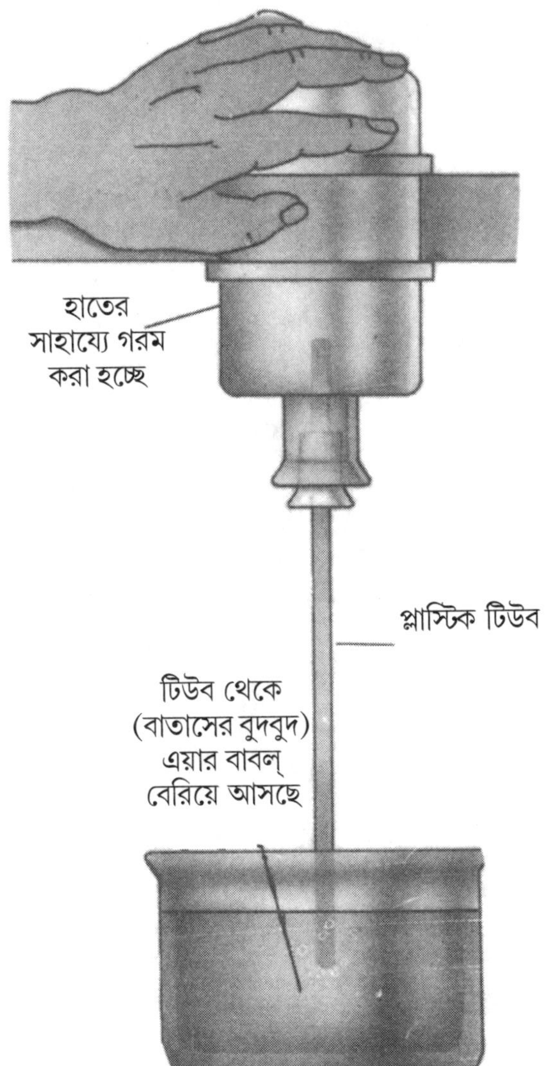

- একটি জার নিয়ে তার মধ্যে একটু জল এবং একটু কালি ঢালুন যাতে জলকে রঙিন করা যায়। জারকে একটি টেবিলের ওপর রাখুন এবং তার ওপরে কাঠের ব্লক এবং কাঠের ফালির ওপর রবার ব্যান্ডের সাহায্যে বোতলটিকে রাখুন। ফিগারে দেখানো অনুযায়ী টিউবের কিছু অংশ যেন জারের রঙিন জলের মধ্যে ডুবে থাকে।
- টিউবে কাগজ লাগানো কার্ডবোর্ডকে আঠা দিয়ে লাগান।
- বাতাসকে সম্প্রসারিত করার জন্যে একটি হেয়ার ড্রায়ার দিয়ে বোতলটিকে গরম করুন। কিছু বাতাস জলের মাধ্যমে বুদবুদ তৈরী করবে। ঠান্ডা হয়ে গেলে, জার থেকে জল কাঁচের টিউবে উঠতে থাকবে। আর আপনার এয়ার থার্মোমিটারটি প্রস্তুত হয়ে যাবে।
- এই এয়ার থার্মোমিটারের ক্রমাঙ্ক নির্ণয় করার জন্যে, জোড়া লাগানো সম্পূর্ণ জিনিসটিকে মারকিউরি থার্মোমিটারের সাথে সূর্যের তলায় রাখুন। যখন তাপমাত্রা স্থায়ী হয়ে যাবে, তখন কাগজ লাগানো কার্ডবোর্ডের ওপর তরলের (মাত্রায়) লেভেলে একটি লাইন চিহ্নিত করুন এবং মারকিউরি থার্মোমিটার থেকে তাপমাত্রার রীডিং কে রেকর্ড করুন। এখন, এয়ার থার্মোমিটারকে একটি ঠান্ডা ঘরে রাখুন আর কাগজ লাগানো কার্ডবোর্ডের ওপরে আর একটি লাইন চিহ্নিত করুন। দুটি চিহ্নিত করা লাইনের মধ্যবর্তী জায়গাটিকে সমান ভাগে ভাগ করুন এবং স্কেলে চিহ্নিত করুন। এখন আপনি এই থার্মোমিটারকে দিনে এবং রাতের সময় ঘরের বিভিন্ন তাপমাত্রাকে মাপার জন্যে ব্যাবহার করতে পারেন।

নোট: *গ্যাস থার্মোমিটারের লিক্যুইড থার্মোমিটারের থেকে নিম্নলিখিত সুবিধাগুলি আছে:*

(*a*) *যেহেতু বিভিন্ন ধরণের তাপমাত্রায় গ্যাসের বৈশিষ্ট্যগুলির পরিবর্তন হয় না, তাই তাপমাত্রার বিভিন্ন ধরণের জন্যে একটি লিক্যুইড থার্মোমিটারের থেকে একটি গ্যাস থার্মোমিটার অনেক বেশী উপযুক্ত।*

(*b*) *যেহেতু গ্যাস তরলের থেকে অপেক্ষাকৃত বেশী সম্প্রসারিত হয়, তাই এয়ার থার্মোমিটার-লিক্যুইড থার্মোমিটারের থেকে অনেক বেশী অনুভূতিপূর্ণ।*

■■

16. একটি ওয়েভ মেশিন তৈরী করা

ওয়েভ মেশিন হল খুব সহজ এক মেশিন যা জলের সার্ফেসের ওপর তরঙ্গের গতি (ওয়েভ মোশন) অধ্যয়ন করার জন্যে ব্যাবহার করা হত। একটি মোটর ঘোরার ফলে, জলের সার্ফেসের ওপর তরঙ্গ (ওয়েভ) সৃষ্টি হয়, এবং তাদের গতি (মোশন) কে পরীক্ষা করা হয়।

আপনার প্রয়োজন

- *12 ভোল্ট সাপ্লাই-এর জন্যে একটি ছোট ইলেক্ট্রিক মোটর*
- *9 ভোল্টের একটি ব্যাটারী*
- *একটি কাঠের বোর্ড*
- *স্ক্রু অথবা রবার ব্যান্ড*
- *একটি খালি সূতোর স্পুল (রীল)*
- *কাগজের ছোট টুকরো*
- *হুক সহ একটি ছোট কাঠের রড*
- *একটি দড়ি*
- *একটি ছিপি*

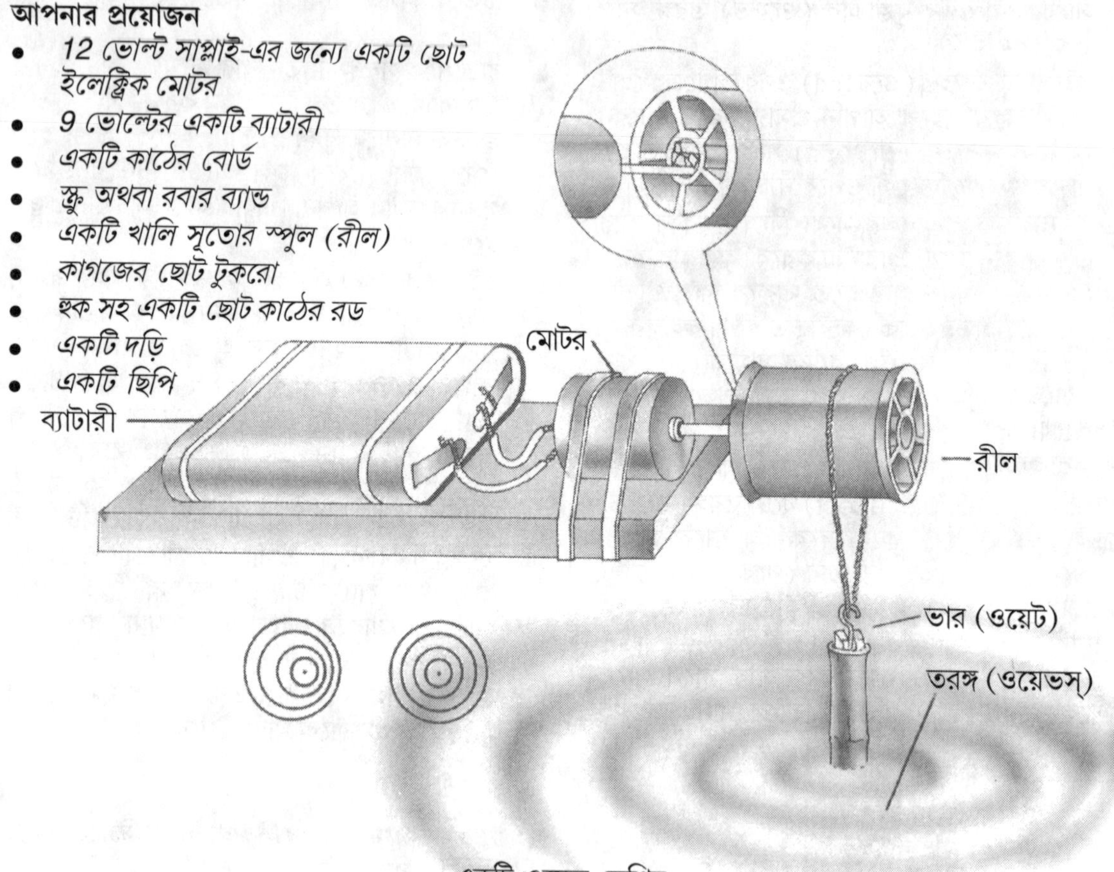

একটি ওয়েভ মেশিন

কি করতে হবে

- একটি ছোট ইলেক্ট্রিক মোটর নিন আর 9 ভোল্ট অথবা তার থেকেও কম ভোল্ট এর একটি ব্যাটারীর সাথে তাকে যুক্ত করুন।
- ফিগারে দেখানো অনুযায়ী স্ক্রু অথবা রবার ব্যান্ডের সাহায্যে কাঠের প্ল্যাটফর্মের (পাটাতনের) ওপর মোটরটিকে লাগান।
- খালি সূতোর স্পুলের গর্তের মধ্যে মোটর স্পিন্ডলকে ঠেলুন। কাগজের ছোট টুকরো দিয়ে তাকে শক্ত করে আটকান।
- ছোট কাঠের রডকে একটি দড়ির ফাঁসের ওপর ঝুলিয়ে দিন যা স্পুল এর মধ্যে দিয়ে এবং ছোট কাঠের রডের হুকের মধ্যে দিয়ে যাচ্ছে।
- মোটরটির সুইচ অন করুন। মোটরটিযেন যথেষ্ট ধীরে চলে, যাতে স্পুল কেঁপে ওঠে আর রডটি জলের মধ্যে ঝাঁকুনি দিয়ে ওপর নীচ করে।

কি করে (ওয়েভ) তরঙ্গ তৈরী করা যায় এবং তা অধ্যয়ন করা যায়

- একটি বাথ টব অথবা ট্রে নিন এবং তার অর্ধেক গভীর পর্যন্ত জল দিয়ে ভর্তি করুন। ট্রে-এর ওপর ওয়েভ মেশিনটি ধরুন যাতে রডটি জলের মধ্যে ডুবে থাকে। রডের ওপরে এবং নীচের গতি, জলের সার্ফেসের ওপর বৃত্তাকার (ওয়েভ) তরঙ্গ সৃষ্টি করবে।
- এই সমস্ত তরঙ্গের (ওয়েভের) ওপর কাগজের ছোট ছোট টুকরো রেখে আপনি প্রমাণ করতে পারেন যে জল, তরঙ্গের (ওয়েভের) সাথে প্রবাহিত হয় না বরং তার গতি শুধু ওপরে নীচ হতে থাকে।
- এখন রডটিকে জলের মধ্যে দিয়ে ঢোকান আর এটি ঝাঁকুনি দিয়ে ওপর নীচ করবে। বৃত্তাকার তরঙ্গ (ওয়েভ) তখনও সৃষ্টি হতে থাকবে কিন্তু প্রতিটি বৃত্তাকার বিভিন্ন দিকে কেন্দ্রীভূত হবে। ফলস্বরূপ, তরঙ্গগুলি (ওয়েভগুলি) রডের সামনে চেপে যায় (এক সঙ্গে মিশে যায়) এবং তার পিছনে ছড়িয়ে পড়ে।

এই তরঙ্গের (ওয়েভের) ধরণটি প্রদর্শন করে যে কেন ডপলার এফেক্ট (Dopler effect) ঘটে। তরঙ্গ (ওয়েভ) রডের পিছনের যে কোন দিকে যে হারে অথবা ফ্রীকোয়েন্সীতে প্রবাহিত হয় তার থেকে অনেক বেশী হারে অথবা ফ্রীকোয়েন্সীতে এগুলি রডের সামনের যে কোন দিকে প্রবাহিত হতে থাকে। শব্দ তরঙ্গের (সাউন্ড ওয়েভের) ক্ষেত্রে, এটি ফ্রীকোয়েন্সীর সাথে সাথে মাত্রাকেও (পিচকেও) বাড়িয়ে তোলে। সেই জন্যেই ট্রেন যখন চলে তখন তার হুইস্‌লের মাত্রাও অনেক বেশী বলে মনে হয়।

একই রকম তরঙ্গের (ওয়েভের) ধরণ, দ্রত গতিশীল এয়ারক্রাফ্‌টের সামনেও সৃষ্টি হয়। দ্রুত গতির সময়, তরঙ্গ (ওয়েভ) গুলি একসঙ্গে মিলে এক শক ওয়েভ তৈরী করে। একটি ওয়েভ মেশিন ব্যাবহার করে এই প্রভাবকে উদ্দীপিত করার চেষ্টা করুন।

নোট: একটি ওয়েভ মেশিন দ্বারা জলের সার্ফেসের ওপর তৈরী হওয়া (ওয়েভ) তরঙ্গ গুলি সম্ভবতঃ সবথেকে পরিচিত ধরণের তরঙ্গ (ওয়েভ)। কিন্তু আমাদের চারপাশে আরোও অন্য ধরণের তরঙ্গ (ওয়েভ) আছে, যেমন তরঙ্গ (ওয়েভ) দ্বারা শব্দ উৎপন্ন হয়। লোকেদের শব্দ, তরঙ্গের (ওয়েভের) দ্বারা আমাদের কানে এসে পৌঁছোয়। শব্দ তরঙ্গ হল লন্‌জিটিউড্‌ ওয়েভস্‌। রেডিও এবং টেলিভিশন প্রোগ্রামগুলি ইলেক্ট্রোম্যাগনেটিক ওয়েভসের আকারে আমাদের বাড়ীতে এসে পৌঁছোয়, লাইট রেজ এবং এক্স-রেজ তরঙ্গের (ওয়েভের) মধ্যে দিয়ে চলাচল করে। এগুলি হল ইলেক্ট্রোম্যাগনেটিক ওয়েভস্‌।

শব্দ তরঙ্গের চলাচলের জন্যে বস্তুগত মাধ্যমের প্রয়োজন কিন্তু ইলেক্ট্রোম্যাগনেটিক ওয়েভস্‌ কোনরকম বস্তুগত মাধ্যম ছাড়াই চলাচল করতে পারে। সমস্ত ধরণের তরঙ্গ (ওয়েভ) গুলি তাদের সাথে এনার্জী বহন করে। সমস্ত মিউজিকাল ইন্সট্রুমেন্ট (বাদ্যযন্ত্র) গুলি বিভিন্ন ফ্রীকোয়েন্সীর তরঙ্গ (ওয়েভ) সৃষ্টি করে।

■■

17. একটি ক্যালাইডোস্কোপ তৈরী করা

এটি একটি দৃষ্টি সংক্রান্ত যন্ত্র যা খুব সুন্দর নকশা তৈরী করে। এতে দুটি আয়না থাকে যা 60° কোণে মিলিত হয়। আয়নার কাছে রাখা রঙিন বস্তু গুলি থেকে আলো নানাধরণের প্রতিফলন তৈরী করার জন্যে তাদের নিজেদের মধ্যে ঠিকরে ফিরে আসে। ক্যালাইডোস্কোপের সবথেকে সুন্দর বিষয় হল এই যে আপনি কখনোই একই নকশাকে আর একবার পাবেন না। ওয়ালপেপার এবং ফ্যাব্রিকের ডিজাইনারেরা নতুন নকশার ধারণা পাওয়ার জন্যে এই যন্ত্রটির ব্যাবহার করে।

আপনার প্রয়োজন

- *একই মাপের দুটি আয়তক্ষেত্রকার আয়না (8" লম্বা এবং 2" চওড়া)*
- *আয়নার সমান মাপের একটি কার্ডবোর্ড শীট*
- *টেপ*
- *ট্রেসিং পেপার*
- *স্বচ্ছ প্লাস্টিক পেপার*
- *চুড়ি অথবা রঙিন কাঁচের ছোট ছোট টুকরো*
- *আঠা*

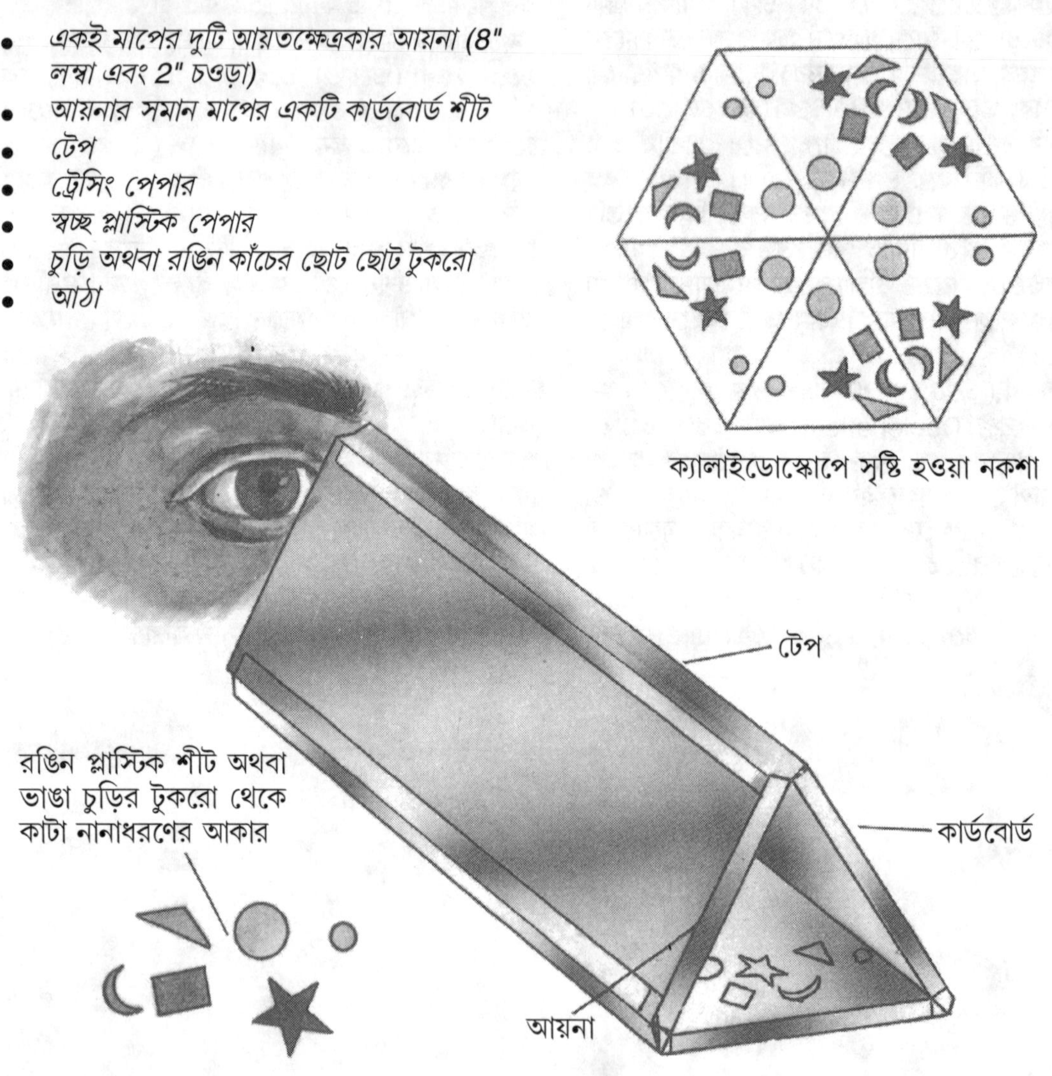

ক্যালাইডোস্কোপে সৃষ্টি হওয়া নকশা

কি করতে হবে

- প্রায় 8 ইঞ্চি লম্বা এবং 2 ইঞ্চি চওড়া মাপের সমান আয়নার দুটি আয়তক্ষেত্রাকার ফালি নিন। আয়নার মপের সমান একটি কার্ডবোর্ডের টুকরো নিন একটি লম্বা ত্রিকোণ টিউব তৈরী করার জন্যে আয়না এবং কার্ডবোর্ডকে একসঙ্গে যুক্ত করুন। আয়নার রূপোলী দিকটি যেন ভেতরের দিকে মুখ করে থাকে। তাদের মধ্যে 60° কোণ হতে হবে। এই কোণটি ছটি সমান নকশা তৈরী করবে।
- ট্রেসিং পেপার অথবা প্লাস্টিক পেপরের একটি টুকরো কাটুন যাতে তা ত্রিকোণ টিউবের একটি প্রান্তের ওপর লাগানো যায় এবং আঠা অথবা টেপ দিয়ে তাকে সেই জায়গায় লাগান।
- প্রায় 7-8 টুকরো বিভিন্ন ধরণের চুড়ি নিন। টিউবের মধ্যে এই সমস্ত রঙিন টুকরোগুলিকে রাখুন। তারপর টিউবটিকে সোজা করে ধরুন যাতে টুকরোগুলি ট্রেসিং পেপারের ওপর থাকে।
- টিউবের মধ্যে নীচু হয়ে তৈরী হওয়া নকশাগুলি দেখুন। চোখের কাছে ত্রিকোণ টিউবের শেষপ্রান্তকে একটি স্বচ্ছ প্লাস্টিক শীট অথবা কাঁচের শীট দিয়ে বন্ধ করা যেতে পারে।
- নকশাটিতে 6 টি সমান ভাগ আছে। নকশাগুলিকে বদল করার জন্যে ক্যালাইডোস্কোপকে নাড়ান।

একটি ক্যালাইডোস্কোপ তৈরী করার বিকল্প পদ্ধতি

- আপনি একই মাপের তিনটি সাধারণ আয়না ব্যাবহার করেও একটি ক্যালাইডোস্কোপ তৈরী করতে পারেন এবং তাদের একটি ত্রিকোণ নকশায় সুব্যাবস্থিত করতে পারেন।
- এই সমস্ত আয়নার একটি প্রান্তকে ট্রেসিং পেপার অথবা গ্রাউন্ড গ্লাস প্লেট দিয়ে এবং অন্যপ্রান্তকে একটি কার্ডবোর্ড দিয়ে ঢাকুন। কার্ডবোর্ডের মধ্যে একটি গর্ত করুন যাতে তারমধ্যে দিয়ে দেখা যায় এবং রঙিন চুড়ি অথবা প্লাস্টিকের টুকরোকে তার ভেতরে ঢোকান। একটি আলোর উৎসের দিকে সেই প্রান্তটিকে রাখুন। আপনি খুব সুন্দর নকশা দেখতে পাবেন। যখন আপনি ক্যালাইডোস্কোপ ঘোরাবেন, তখন রঙিন টুকরোগুলি তাদের অবস্থান বদল করবে এবং নতুন নকশা তৈরী হবে।
- আপনি কি জানেন যে ক্যালাইডোস্কোপ স্যার ডেভিড ব্রিউস্টার, একজন স্কটিশ ফিজিসিস্ট 1817 সালে আবিষ্কার করেছিলেন?

■■

18. একটি পেরিস্কোপ তৈরী করা

একটি পেরিস্কোপ হল একটি দৃষ্টি সংক্রান্ত যন্ত্র যার সাহায্যে একজন ব্যক্তি কোণা এবং অন্যান্য প্রতিবন্ধকতার চারপাশে দেখতে পারেন। এতে একটি লম্বা টিউব আছে যার প্রতিটি প্রান্তে একটি প্রতিফলনকারী আয়না অথবা প্রিজম আছে। প্রতিফলনকারী সার্ফেসগুলি একে অন্যের সাথে সমান্তরাল। এগুলিকে টিউবের ভেতরে 45° কোণে রাখা হয়। পেরিস্কোপ খুব প্রয়োজনীয় যন্ত্র যা সাবমেরিন এবং ট্যাঙ্কে ব্যাবহার করা হয়। এছাড়া এগুলিকে যুদ্ধক্ষেত্রে সৈনিকেরাও ব্যাবহার করে।

আপনার প্রয়োজন

- *একটি লম্বা কার্ডবোর্ড অথবা প্লাস্টিক টিউব*
- *দুটি ছোট আয়না*
- *একটি ছোট হ্যাকস্য*
- *আঠা*

কি করতে হবে

- একটি কার্ডবোর্ড টিউব এবং দুটি ছোট আয়না নিন। টিউবের প্রতিটি প্রান্তের কাছের একটি ভাগকে কাটার জন্যে একটি ছোট হ্যাকস্য ব্যাবহার করুন। প্রথমে টিউবের ব্যাসের প্রায় 3/4 অংশে সমতল ভাবে একবার কাটুন। তারপর 45° -তে সমতল ভাবে দুবার কাটুন। এইরকম কাটার সময় সহায়তার জন্যে একটি 45° সেট স্কোয়্যারের ব্যাবহার করুন। এই প্রণালীটি ফিগার থেকে পরিষ্কার ভাবে বোঝা যাবে।
- আয়নাটিকে সেই জায়গায় আঠা দিয়ে লাগান যেখানে ঢালুভাবে কাটা আছে। আয়নার রূপোলী সার্ফেস গুলি যেন একে অপরের দিকে মুখ করে থাকে যাতে ফিগারে দেখানো অনুযায়ী আলো যন্ত্রটির মধ্যে দিয়ে প্রবাহিত হতে পারে।

■■

নোট: সাধারণ আয়না ব্যাবহার করার বদলে আপনি 90° প্রিজম ব্যাবহার করতে পারেন।

19. একটি স্লাইড প্রোজেক্টার তৈরী করা

স্লাইড প্রোজেক্টার একটি দৃষ্টি সংক্রান্ত যন্ত্র যা একটি বিশাল ইমেজে একটি স্ক্রীনের ওপর স্লাইড দেখার জন্যে ব্যাবহার করা হয়। এতে খুব ভালমানের ম্যাগ্নিফায়ার এবং একটি আলোর উৎসের ব্যাবহার করা হয় যখন আলো স্লাইডের ওপর পড়ে, তখন তার বিশাল ইমেজ স্ক্রীনের ওপর পড়ে। এই সহজ প্রোজেক্টটি প্রোজেকশানের নীতিকে ব্যাখ্যা করে।

আপনার প্রয়োজন

- *প্রায় 50 সেমি ফোকাল লেন্থ এবং 3" ব্যাসের একটি ম্যাগনিফাইং লেন্স*
- *একই মাপের দুটি কার্ডবোর্ড বক্স*
- *পুরু কার্ডবোর্ডের একটি টুকরো*
- *একটি সাদাটে বাল্ব (প্রায় 60 Watt)*
- *একটি গ্রাউন্ড গ্লাস প্লেট*
- *আঠা*
- *কিছু স্লাইড*

কি করতে হবে

- প্রায় 3" ব্যাস এবং 50 সেমি ফোকাল লেন্থ-এর একটি ম্যাগনিফাইং লেন্স নিন।
- একটি উঁচু ঢাকনা সহ এবং লেন্সের ফোকাল লেন্থের সমান উচ্চতার একটি কার্ডবোর্ড নিন। বক্সের অন্যান্য আয়তন গুলি গুরুত্বপূর্ণ নয়।
- কার্ডবোর্ড বক্সের ঢাকনার মাঝখানে লেন্সটি লাগানোর জন্যে একটি গর্ত করুন। তারপর ঠিকজায়গায় আঠা দিয়ে লেন্সটিকে লাগান।
- বক্সের নীচের মাঝখানে আপনার স্লাইড থেকে একটু বড় একটি গর্ত করুন।
- প্রোজেক্টারের পিছনের অংশের জন্যে, দ্বিতীয় বক্সটি নিন আর সামনের বক্সের গর্তের মাপের সমান একই মাপের গর্ত এই বক্সের নীচে করুন। যখন বক্সগুলি পাশাপাশি রাখা থাকবে তখন দুটি গর্ত যেন একে অপরের সাথে একই দিকে থাকে।

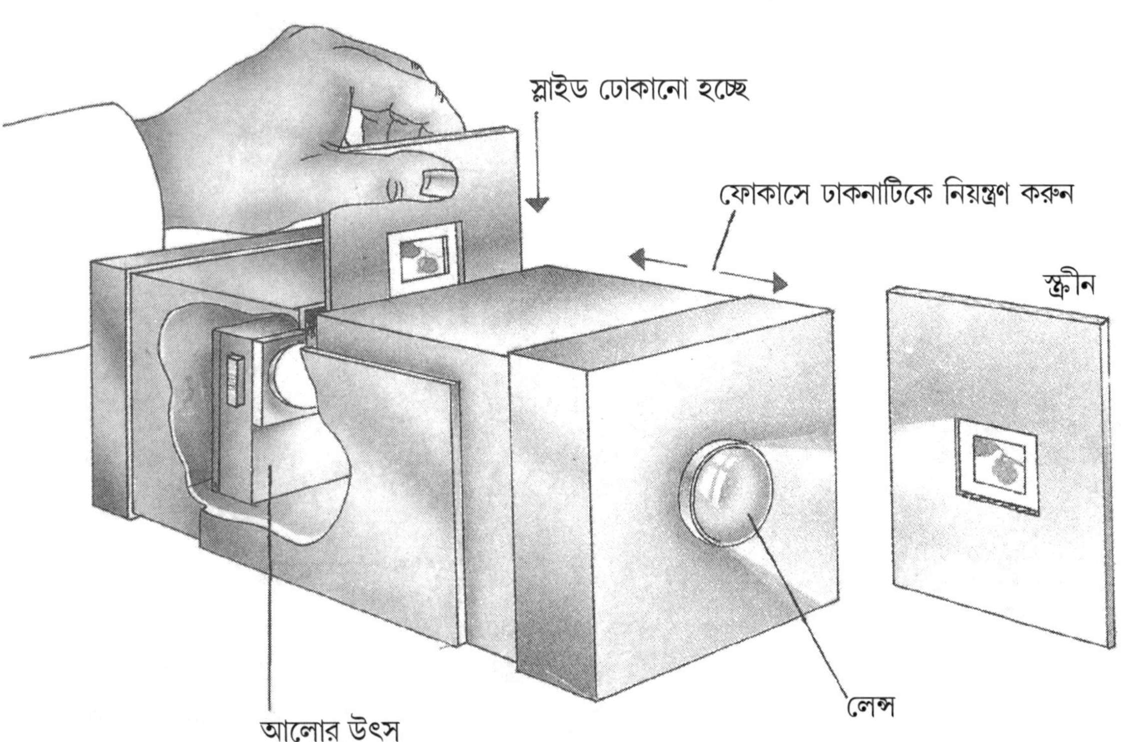

- দুটি বক্সের প্রান্তগুলিতে কার্ডবোর্ডের টুকরোগুলিকে আঠা দিয়ে লাগিয়ে যুক্ত করুন। স্লাইড ক্যারিয়ারের জন্যে বক্সগুলির মধ্যে ছোট একটু ব্যাবধান রাখুন।
- পুরু কার্ডবোর্ডের একটি টুকরো থেকে স্লাইড হোল্ডার তৈরী করুন। এটি ফিগারে দেখানো অনুযায়ী বক্সগুলির গর্তের মাঝখানে একটি স্লাইড রাখার জন্যে ব্যাবহার করা হয়।
- পিছনের বক্সে প্রায় 60 watt-এর একটি সাদাটে বাল্ব লাগান, একটি স্লাইডকে ক্যারিয়ারের মধ্যে উল্টোকরে ঢোকান, এবং এটিকে প্রোজেক্টারের মধ্যে ঠেলে ঢোকান। একটি অন্ধকার ঘরে, বাল্বকে জ্বালিয়ে একটি সাদা কাগজ অথবা সাদা দেওয়ালের ওপর স্লাইডকে প্রোজেক্ট করুন। খুব তীক্ষ্ণ ছবি পাওয়ার জন্যে, সেই গভীর ঢাকনাটিকে ওপরে টেনে উঠিয়ে অথবা ঠেলে দিয়ে ফোকাসকে নিয়ন্ত্রণ করুন যেটি লেন্সকে ধরে আছে।

■■

আপনি কি জানতেন...

এমনকি ফটোগ্রাফিক ফিল্মের আবিষ্কারের আগেও স্লাইড শো ছিল। সেই সময়ে প্রোজেক্টার গুলিকে বলা হত, "জাদুর লন্ঠন (ম্যাজিক ল্যান্টার্ন)", কারণ এগুলি সেইসব লোকেদের কাছে প্রায় জাদুর মতো মনে হত যারা আগে কখনো এইরকম জিনিস দেখে নি। সেই সময়ের প্রোজেক্টারে একটি আধুনিক প্রোজেকশন বক্সের মতো একটি বক্সের ভেতরে একটি উজ্জ্বল তেলের বাতি থাকত, কিন্তু ফিল্ম স্লাইডের বদলে হাতে আঁকা কাঁচের প্লেটকে স্লাইড হিসাবে ব্যাবহার করা হত। কিছু স্লাইড গুলিকে, গতিবিধি প্রদর্শন করার জন্যে কব্জায় আটকে রাখা হত স্লাইডের হাতল যখন ঘোরান হত তখন দেখে মনে হত যে তারা যেন দেখাতে চাইছে যে একটি কুকুর লেজ নাড়ছে, অথবা কোন নৌকো পাল তুলে যাচ্ছে, উদাহরণ হিসাবে।

20. একটি অ্যাস্ট্রোনমিকাল টেলিস্কোপ তৈরী করা

অ্যাস্ট্রোনমিকাল টেলিস্কোপ হল একটি দৃষ্টি সংক্রান্ত যন্ত্র যা চাঁদ এবং নক্ষত্রের মতো স্বর্গীয় বস্তু দেখার জন্যে ব্যাবহার করা হত। এটি কখনোই সূর্য্যকে দেখার জন্যে ব্যাবহার করা হত না কারণ শক্তিশালী সূর্য্যরশ্মি চোখের সাংঘাতিক ক্ষতি করে। এতে দুটি কনভেক্স লেন্স-এর ব্যাবহার করা হয়, একটি ছোট ব্যাসের এবং অন্যাটি বড় ব্যাসের। ছোট লেন্সকে বলা হয় আইপীস এবং বড় লেন্সকে বলা হয় অব্‌জেক্টিভ লেন্স। দুটি লেন্সের মধ্যে ব্যাবধান যেন তাদের ফোকাল লেন্থ-এর সমষ্টির সমান হয়।

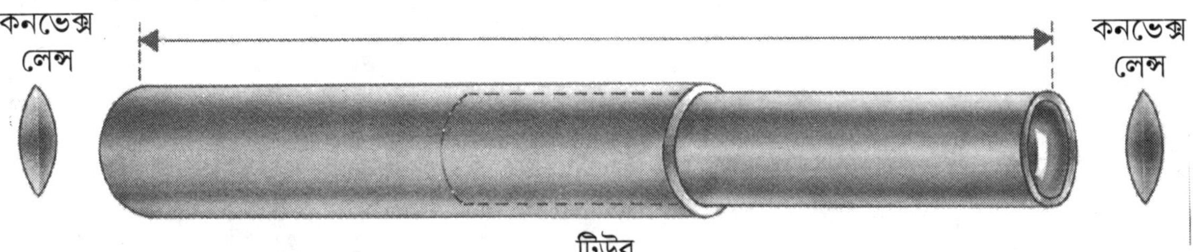

আপনার প্রয়োজন

- *দুটি কনভেক্স লেন্স একটি 2.5 সেমি ছিদ্র এবং 10 সেমি ফোকাল লেন্থ-এর সাথে আর অন্যাটি 3.8 সেমি ছিদ্র এবং 50 সেমি ফোকাল লেন্থ-এর সাথে।*
- *দুটি কার্ডবোর্ড অথবা দৃঢ় প্লাস্টিক টিউব একে অপরের সাথে আটকানো*
- *আঠা*

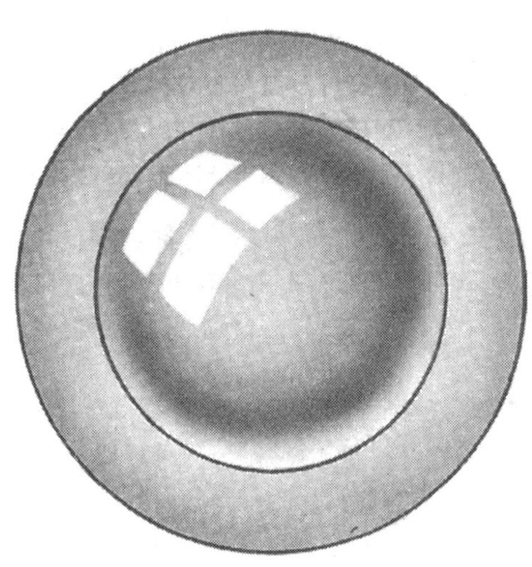

লেন্স মাউন্ট

কি করতে হবে

- দুটি কার্ডবোর্ড অথবা দৃঢ় প্লাস্টিক টিউবের সাথে টেলিস্কোপের কাঠামোটি তৈরী করুন। যার একটি অপরের মধ্যে খুব সুন্দরভাবে যেন ঢুকে যায়। একটি টিউবের ব্যাস যেন আইপীসের ব্যাস থেকে একটু কম হয় এবং অন্যটির ব্যাস যেন অবজেক্টিভ লেন্স থেকে একটু কম হয়। যদি টিউব গুলি খুব শক্তভাবে না আটকায়, তাহলে আরও ভালভাবে আটকানোর জন্যে ছোট ব্যাসের টিউবের চারপাশে কাগজ মুড়ে দিন। প্রতিটি টিউবের দৈর্ঘ্য যেন তীক্ষ্ণ ইমেজ তৈরী করার জন্যে লেন্সের মাঝখানে প্রয়োজনীয় দূরত্বের প্রায় দুই তৃতীয়াংশ হয়।
- দুটি কনভেক্স লেন্স নিন আর টিউবের দুই প্রান্তে সেগুলিকে আঠা দিয়ে লাগিয়ে দিন। যদি লেন্সগুলি টিউবের প্রান্তগুলি থেকে ছোট হয়, তাহলে ফিগারে দেখানো অনুযায়ী কার্ডবোর্ড রিং-এ লেন্স গুলিকে আটকান।
- টেলিস্কোপকে দূরের বস্তুর দিকে পয়েন্ট করুন এবং টিউবটিকে ভেতরে এবং বাইরের দিকে সরাতে থাকুন যতক্ষণ না তীক্ষ্ণ ইমেজ দেখতে পাওয়া যায়। এই পরিস্থিতিতে সর্বাঙ্গীন দৈর্ঘ্য, দুটি লেন্সের ফোকাল লেন্থের সমষ্টির সমান হবে। আপনি বস্তুটির এক উল্টো ইমেজ দেখতে পাবেন।

নোট: *বস্তুটির সোজা ইমেজ পাওয়ার জন্যে আপনাকে দুটি লেন্সের মাঝখানে একটি সমকোণ প্রিজমের ব্যাবহার করতে হবে।*

■■

21. একটি গ্যালিলীয়ন টেলিস্কোপ তৈরী করা

একটি গ্যালিলীয়ন টেলিস্কোপে থাকে অপেক্ষাকৃত বড় ছিদ্রের একটি কনভেক্স লেন্স এবং বড় ফোকাল লেন্থ যা অবজেক্টিভ লেন্স হিসাবে কাজ করে অপেক্ষাকৃত ছোট ছিদ্রের একটি কনকেভ লেন্স এবং ছোট ফোকাল লেন্থ যা আইপীস হিসাবে কাজ করে। দুটি লেন্সই দুটি টিউবের শেষ প্রান্তে লাগান হয় যাতে একে অপরের মধ্যে ঢুকে যেতে পারে। অবজেক্টিভ লেন্স বস্তুর থেকে আলোকে বেঁকিয়ে অকিউলার লেন্সের ওপর এক পরিষ্কার, তীক্ষ্ণ ইমেজ দেয়। আইপীস ইমেজকে আরোও বড় করে তোলে। দুটি লেন্সের মধ্যের ব্যাবধানকে দুটি লেন্সের আলাদা আলাদা ফোকাল লেন্থের সাথে নিয়ন্ত্রণ করা হয়, এটি একটি সোজা ইমেজ তৈরী করে এবং স্থলজ বস্তু দেখার জন্যে ব্যাবহার করা হয়।

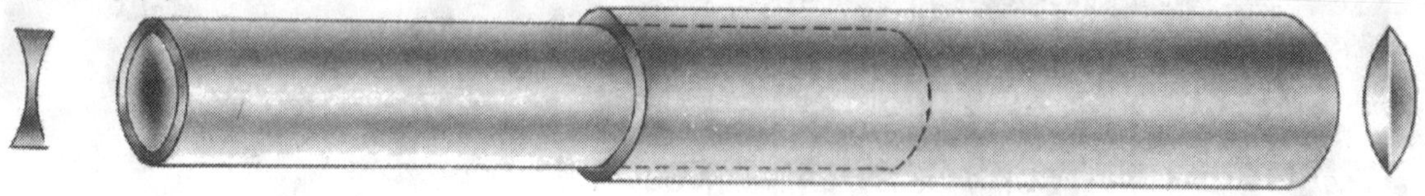

কনকেভ লেন্স

কনভেক্স লেন্স

প্লাস্টিক টিউব

আপনার প্রয়োজন

- *দুটি কার্ডবোর্ড অথবা প্লাস্টিক টিউব একে অপরের সাথে লাগানো।*
- *3.8 সেমি ব্যাসের এবং 50 সেমি ফোকাল লেন্থের একটি কনভেক্স লেন্স।*
- *2.5 সেমি ব্যাস এবং 5 সেমি ফোকাল লেন্থের একটি কনকেভ লেন্স*
- *টেপ অথবা আঠা*

কি করতে হবে

- একটি কার্ডবোর্ড অথবা প্লাস্টিক টিউব নিন এবং টেপ অথবা আঠা দিয়ে এর একটি প্রান্তে কনভেক্স লেন্সটি লাগান।
- একইভাবে আর একটি কার্ডবোর্ড অথবা প্লাস্টিক টিউব নিন এবং টেপ অথবা আঠা দিয়ে এর একটি প্রান্তে কনকেভ লেন্সটি লাগান।
- অপেক্ষাকৃত বড় ব্যাসের টিউবের মধ্যে ছোট ব্যাসের টিউবটিকে ঢোকান এবং কিছু পেপার লাইনিং রেখে তাদের স্লাইড করতে দিন।
- এখন দূরের বস্তুর দিকে টেলিস্কোপের অবজেক্টিভ লেন্সটিকে পয়েন্ট করুন। ছোট টিউবকে বড় টিউবের মধ্যে স্লাইড করে ভেতরে অথবা বাইরে নিয়ে এসে ফোকাস করুন। আপনি বস্তুটির তীক্ষ্ণ, বড় এবং সোজাসুজী ইমেজ দেখতে পাবেন।

■■

সতর্কতা

একটি টেলিস্কোপের মধ্যে দিয়ে কখনো সরাসরি ভাবে সূর্য্যকে দেখবেন না। সরাসরিভাবে সূর্য্যকে দেখলে চোখের ক্ষতি হতে পারে।

22. একটি নিউটোনিয়ান রিফ্লেক্টিং টেলিস্কোপ তৈরী করা

একটি নিউটোনিয়ান রিফ্লেক্টিং টেলিস্কোপে একটি কনকেভ আয়না আছে। এই আয়নাটি আলো একত্র করে টেলিস্কোপ টিউবের মাঝখানে ঝোলানো একটি সমতল আয়নার ওপর তা ফোকাস (কেন্দ্রীভূত) করে। সমতল আয়নাটি আলোকে, টেলিস্কোপ টিউবের পাশে একটি গর্তের মাধ্যমে আইপীস লেন্সে প্রতিফলিত করে আর বস্তুটিকে খুব স্পষ্টভাবে দেখতে পাওয়া যায়। আপনি এই প্রোজেক্টে একটি সহজ নিউটোনিয়ান রিফ্লেক্টার তৈরী করতে পারেন।

আপনার প্রয়োজন

- *একটি কাঠের অথবা পুরু কার্ডবোর্ড ফ্রেম (যেমন ফিগারে দেখানো হয়েছে)*
- *একটি কনকেভ আয়না (প্রায় 3" ব্যাস এবং 50 সেমি ফোকাল লেন্থ)*
- *আঠা*
- *একটি সমতল আয়না (প্রায় 1" × 1")*
- *একটি আইপীস*

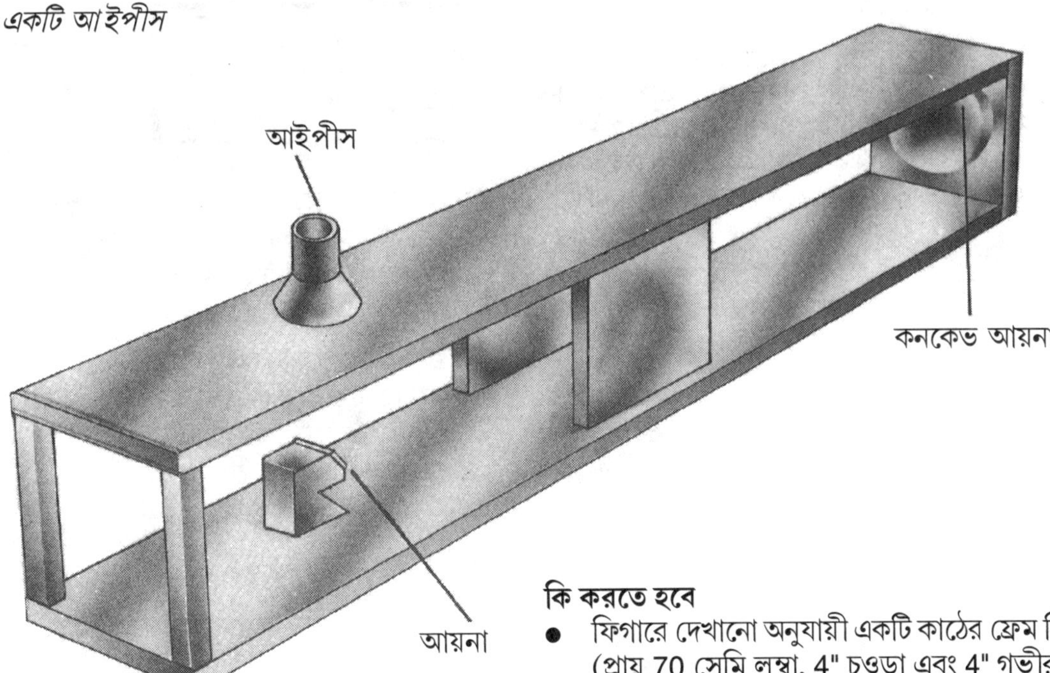

কি করতে হবে

- ফিগারে দেখানো অনুযায়ী একটি কাঠের ফ্রেম নিন (প্রায় 70 সেমি লম্বা, 4" চওড়া এবং 4" গভীর)। এর একটি প্রান্ত খোলা থাকতে হবে আর আর একটি প্রান্ত বন্ধ। আইপীসকে আটকানোর জন্যে একেবারে ওপরে যেন একটি গর্ত থাকে।
- কাঠের ফ্রেমের বন্ধ প্রান্তে একটি কনকেভ আয়নাকে আঠা দিয়ে লাগান।
- আইপীসের জন্যে তৈরী করা গর্তের ঠিক নীচে সমতল আয়নাটিকে 45° কোণে লাগান। কনকেভ আয়না এবং সমতল আয়নার মধ্যবর্তী ব্যাবধান যেন কনকেভ আয়নার ফোকাল লেন্থ থেকে একটু কম হয়।

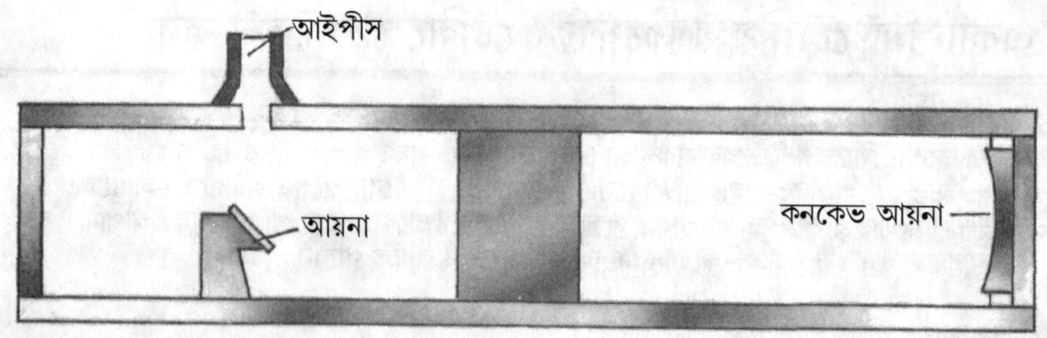

- যেমন ফিগরে দেখানো হয়েছে ঠিক সেইভাবে ফ্রেমের ঠিক ওপরে আইপীসটিকে লাগান।
- কোন বস্তুকে দেখুন এবং বস্তুটিকে স্পষ্টভাবে দেখার জন্যে 45° আয়নাকে একটু সামনে পিছনে করে নিয়ন্ত্রণ করুন। আপনার টেলিস্কোপ এখন দূরের বস্তু দেখার জন্যে প্রস্তুত।

আর এক ধরণের রিফ্লেক্টিং টেলিস্কোপ

- আর এক ধরণের রিফ্লেক্টিং টেলিস্কোপ হল এক ক্যাসেগ্রেনিয়ন টেলিস্কোপ। এই টেলিস্কোপে, আলো একত্র করার জন্যে একটি গর্ত সহ একটি কনকেভ আয়না ব্যাবহার করা হয়, এই আয়না দ্বারা প্রতিফলিত হয়ে ফিরে আসা আলো একটি কনভেক্স আয়নার ওপরে পড়ে এবং পরবর্তীকালে এই প্রতিফলন আইপীসের ওপর গিয়ে পড়ে। এটি বস্তুটির একটি বিশাল ইমেজ তৈরী করে।

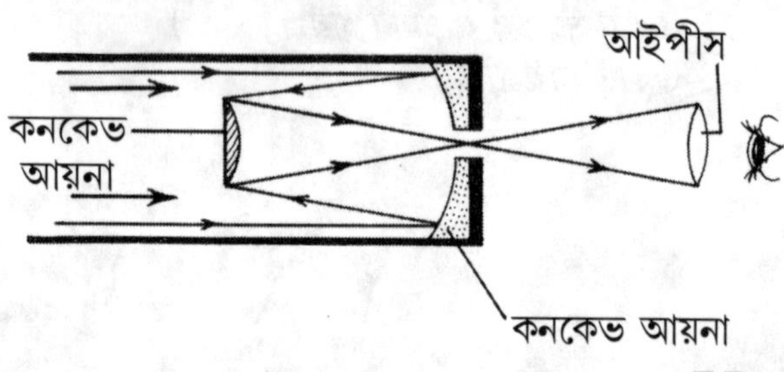

■■

23. একটি ইন্টারফেরোমিটার তৈরী করা

ইন্টারফেরোমিটার এমন একটিযন্ত্র যা আলোর ইন্টারফেরেন্স তৈরী করে। এই প্রোজেক্টে বর্ণনা করা সহজ ইন্টারফেরোমিটারে একটি কাঠের বক্স আছে যা পিছনের অংশে বক্সের নীচের দিকে একটি আলোর উৎসের সাথে লাগানো হয়েছে। একটি গ্রাউন্ড গ্লাস প্লেটকে বক্সের মধ্যে তার নীচে 45° কোণ করে লাগানো হয়েছে। যখন আলোর উৎসটিকে জ্বালানো হয় তখন তা কাঁচের প্লেটের দ্বারা ছড়িয়ে পড়ে। যদি দুটি মাইক্রোস্কোপিক স্লাইড গুলিকে বক্সের সামনের অংশে একে অপরের সংস্পর্শে নিয়ে আসা হয়, তখন স্লাইড গুলির মধ্যে অনিয়মিত আকারের রঙিন ইন্টারফেরেন্স ফ্রিনজ্ (ঝালর) দেখতে পাওয়া যায়। যদি আলোর উৎসটি একটি সোডিয়াম ল্যাম্প হয়, তাহলে ফ্রিনজ (ঝালার) গুলি হলুদ এবং গাঢ় রঙের হবে। যদি দুটি মাইক্রোস্কোপিক স্লাইডের বদলে দুটি অপ্টিকাল ফ্ল্যাটকে সংস্পর্শে আনা হয়, তাহলে সোজা ফ্রিনজ্ দেখতে পাওয়া যাবে। এই পদ্ধতিটি অপ্টিকাল সার্ফেসের সমানতাকে (ফ্ল্যাটনেসকে) পরীক্ষা করার জন্যে খুবই গুরুত্বপূর্ণ। সোজা ফ্রিনজ্ গুলি ইঙ্গিত করে যে সার্ফেসগুলি সমান এবং অনিয়মিত ফ্রিন্‌জগুলি প্রদর্শন করে যে সার্ফেসগুলি অনিয়মিত।

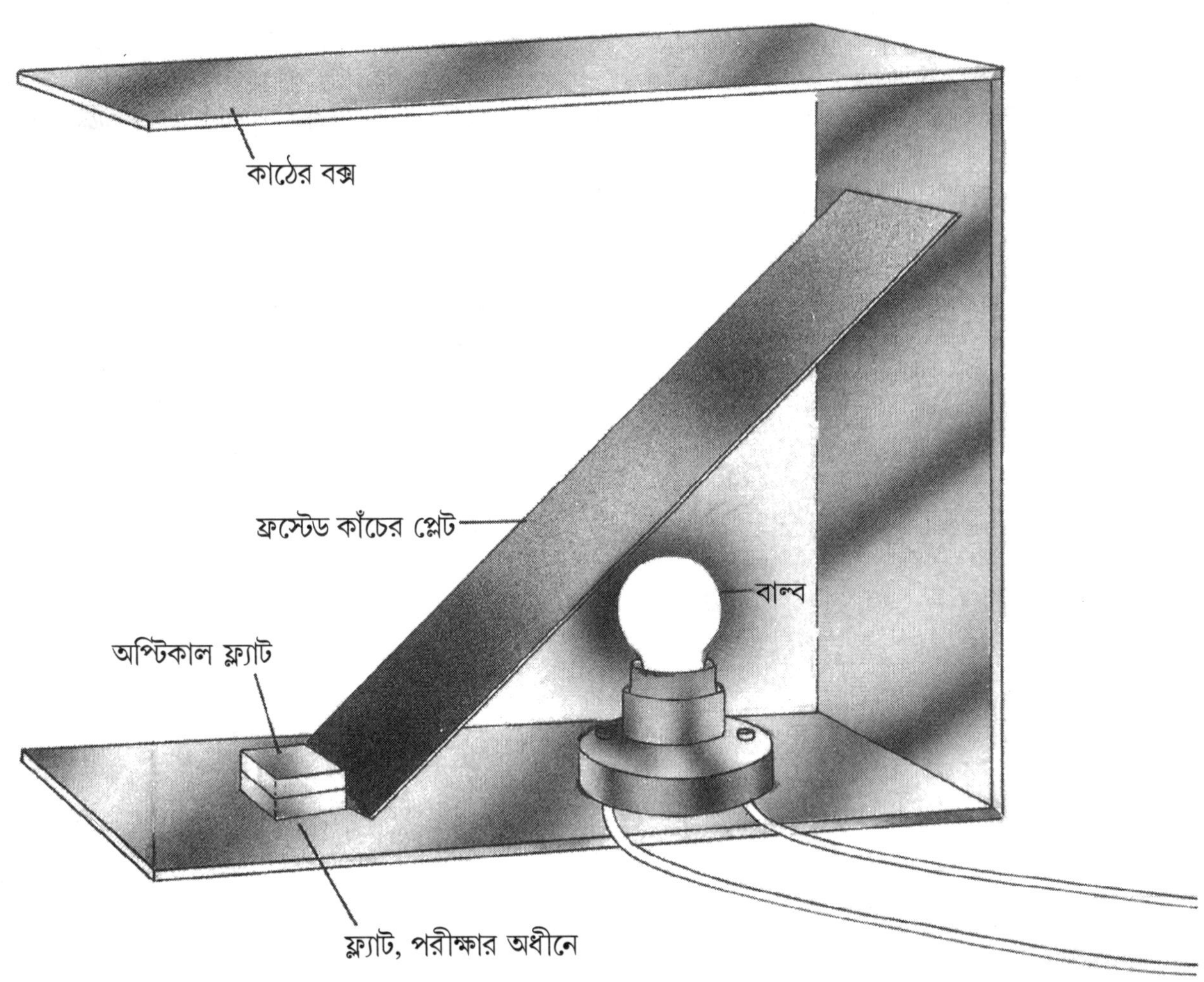

আপনার প্রয়োজন

- *একটি কাঠের বক্স (8" × 8" × 12")*
- *60 watt 220 volt-এর একটি সাদাটে বাল্ব*
- *একটি বাল্ব হোল্ডার*
- *একটি গ্রাউন্ড-গ্লাস প্লেট*
- *দুটি মাইক্রোস্কোপিক স্লাইড*
- *একটি থ্রী-পিন প্লাগ*
- *প্লাস্টিক কোটেড ওয়্যার*

কি করতে হবে

- একটি কাঠের বক্স নিন যার নীচের দিক প্রায় 8" × 8" এবং উচ্চতা 12" হবে। এর এক দিক যেন খোলা হয়। পিছনের অংশে, অর্থাৎ বন্ধ দেওয়ালের কাছে এই বক্সের নীচে একটি 60 watt ইলেক্ট্রিক বাল্ব লাগান।
- প্রায় 8" চওড়া এবং 5.5" লম্বা একটি গ্রাউন্ড গ্লাস প্লেট নিন। ফিগারে দেখানো অনুযায়ী এটিকে বক্সের মধ্যে 45° কোণে লাগান।
- এখন বাল্বটি জ্বালান এবং একটি নরম কাপড় দিয়ে দুটি মাইক্রোস্কোপিক স্লাইডকে পরিষ্কার করুন। বক্সের নীচের অংশের ওপর ঢালু কাঁচের প্লেটের সামনে তাদের সার্ফেসগুলিকে একে অপরের সংস্পর্শে রাখুন। খুব সতর্কতার সাথে স্লাইডগুলিকে দেখুন, আপনি অনিয়মিত রঙিন ইন্টারফেরেন্স ফ্রিন্জ দেখতে পাবেন।
- এটি হল আপনার ইন্টারফেরোমিটার এবং আপনি এটিকে যে কোন কাঁচের সার্ফেসের সমানতাকে (ফ্ল্যাটনেসকে) পরীক্ষা করার জন্যে ব্যাবহার করতে পারেন।

নোট: *এটি একটি সস্তার ইন্টারফেরোমিটার এবং এর জন্যে খরচ হয় প্রায় 100 থেকে 125 টাকা। আপনি বাল্বের বদলে প্রায় 35 watts এর একটি সোডিয়াম ল্যাম্প ব্যাবহার করে খুব ভাল একটি ইন্টারফেরোমিটার তৈরী করতে পারেন। এই ক্ষেত্রে আপনার ফ্রিন্জ গুলি হলুদ এবং গাঢ় হবে।*

■■

24. একটি স্ট্রেন ভিউয়ার তৈরী করা

একটি সহজ স্ট্রেন ভিউয়ার হল এমন একটি ডিভাইস (উপকরণ) যার দ্বারা কাঁচ এবং অন্যান্য স্বচ্ছ ক্রিস্টালের স্ট্রেন কে নির্ধারণ করা যায়। এতে একটি কাঠের বক্স থাকে যার নীচের অংশে একটি ইলেক্ট্রিক বাল্ব লাগানো থাকে। বাল্বের ঠিক ওপরে আলো ছড়িয়ে পড়ার জন্যে একটি গ্রাউন্ড গ্লাস প্লেটকে লাগানো হয় যাতে স্যাম্পেলটির উজ্জ্বলতা সবদিকে সমান হয়। কাঁচের প্লেটের ওপরে, একটি পোলারাইজার বক্সের মাঝখানে একটি কাঠের প্লেটের মধ্যে লাগানো হয়। প্রায় 4" জায়গা ছাড়ার পরে আর একটি পোলারাইজারকে (যা অ্যানালাইজার হিসাবে কাজ করে) ওপরে দিকে মাঝামাঝি লাগানো হয়। পোলারাইজার গুলিকে লাগানোর জন্যে কাঠের বক্সের ওপরে এবং পার্টিশান প্লেটের মধ্যে দুটি গর্ত করা হয়।

স্ট্রেন ভিউয়ার ব্যাবহার করার জন্যে, পোলরাইজার এবং অ্যানালাইজারকে আড়াআড়ি অবস্থায় অ্যাডজাস্ট করা হয়। এই অবস্থায় অ্যানালাইজারে কোন আলো দেখতে পাওয়া যায় না। এখন নমুনাটি অর্থাৎ কাঁচের প্লেটটিকে পোলারাইজার এবং অ্যানালাইজারের মধ্যে বসানো হয়। কাঁচের প্লেটের স্ট্রেনের অংশকে বায়রফ্রিন্জেন্স (Bire Fringence) এর বৈশিষ্ট্যের জন্যে গাঢ় এবং উজ্জ্বল দাগ হিসাবে দেখতে পাওয়া যাবে। এই দাগগুলি কাঁচের প্লেটে স্ট্রেনের অংশগুলিকে প্রদর্শন করে।

যখন দ্রবণ থেকে কাঁচ তৈরী হয় এবং তাকে একটু তাড়াতাড়ি ঠান্ডা হতে দেওয়া হয়, তখন বিভিন্ন অণুগুলির মধ্যবর্তী দূরত্ব একইরকম থাকে না। এর ফল স্বরূপ অণুগুলি স্ট্রেসের অধীনে থাকে আর যার ফলে স্ট্রেনের বৃদ্ধি হয়। কাঁচের অ্যানীলিং করে এই ত্রুটি দূর করা যেতে পারে। অ্যানীলিং হল একটি প্রক্রিয়া যেখানে সলিডকে (কঠিন পদার্থকে) প্রথমে গরম করে নরম অবস্থায় (সফেনিং পয়েন্টে) নিয়ে আসা হয় এবং তারপরে খুব ধীরে ধীরে ঠান্ডা করা হয়। সূক্ষ্ম অপ্টিকাল যন্ত্রের জন্যে অপ্টিকাল উপাদান তৈরী করতে স্ট্রেন ফ্রী গ্লাসের ব্যাবহার করা হয়।

আপনার প্রয়োজন

- *মাঝখানে ভাগ করা একটি কাঠের বাক্স*
- *এক জোড়া শীট পোলারাইজার*
- *গ্রাউন্ড গ্লাস প্লেট*
- *একটি হোল্ডারের সাথে 15 watt 220 volt - এর একটি বাল্ব*
- *প্লাস্টিকে এ ঢাকা কপার ওয়্যার*
- *থ্রী-পিন প্লাগ*
- *একটি জানলার কাঁচের টুকরো*
- *একটি ভালমানের কাঁচের প্লেট*

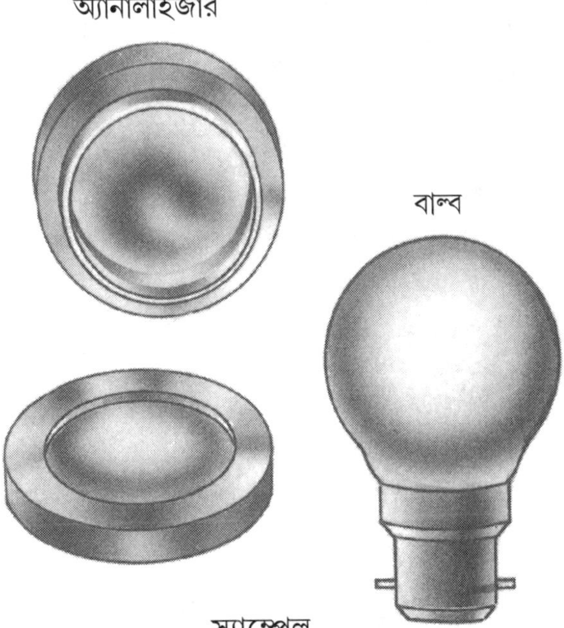

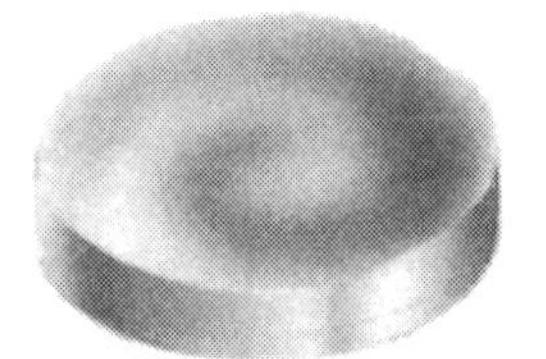
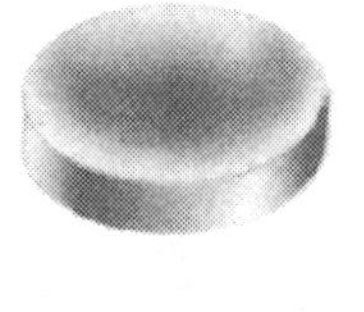
পোলারাইজার

কি করতে হবে

- প্রায় 8"x8" নীচের অংশ এবং 12" উচ্চতার একটি আয়তক্ষেত্রাকার বক্স নিন যার মাঝখানে পার্টিশান (ভাগ) করা থাকবে। একেবারে ওপরে এবং পার্টিশান প্লেটের মাঝখানে দুটি গর্ত করুন যা পোলারাইজার এবং অ্যানালাইজারের ব্যাসের মাপের সমান হবে।

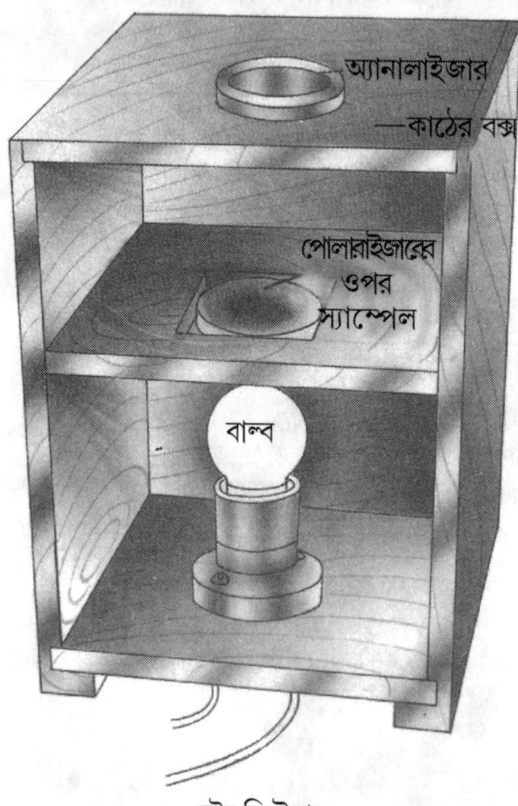

স্ট্রেন ভিউয়ার

- একটি বাল্ব হোল্ডারে বক্সের নীচে একটি কাঁচের বাল্ব লাগান এবং তার কানেকশান বার করে নিন এবং একটি থ্রী পিন প্লাগ কানেক্ট করুন।
- ইলেক্ট্রিক বাল্বের মুখোমুখী পার্টিশান প্লেটের সাথে একটি গ্রাউন্ড গ্লাস প্লেট আঠা দিয়ে লাগান।
- পোলারাইজার কে পার্টিশান প্লেটের গর্তের মধ্যে এবং অ্যানালাইজারকে বক্সের ওপরের গর্তের মধ্যে রাখুন। একটি গর্তের সাথে কার্ডবোর্ড ডিস্ককে অ্যানালাইজারের নীচে আঠা দিয়ে লাগান যেতে পারে যাতে তা পড়ে না যায়।
- বাল্বকে AC মেন-এর সাথে কানেক্ট করুন এবং পোলারাইজার এবং অ্যানালাইজারের আড়াআড়ি পোজিশন পাওয়ার জন্যে অ্যানালাইজারকে ঘোরাতে থাকুন। আড়াআড়ি পোজিশনে (পরিস্থিতি), অ্যানালাইজার থেকে প্রায় কোন আলোই বেরিয়ে আসতে দেখতে পাওয়া যাবে না।
- এখন, পোলারাইজারের ওপর স্যাম্পেলটি রাখুন এবং কাঁচের প্লেটের স্ট্রেন দেখার জন্যে অ্যানালাইজারের মাধ্যমে তা দেখুন। যদি রঙিন দাগ দেখতে পাওয়া যায়, তাহলে কাঁচের প্লেটে স্ট্রেন আছে। স্ট্রেন ছাড়া আর একটি প্লেট রাখুন-এইরকম কোন রঙিন দাগ দেখতে পাওয়া যাবে না, যার অর্থ হল স্ট্রেনের অনুপস্থিতি।

নোট: *একটি স্ট্রেন ভিউয়ার হল খুবই কার্যকরী একটি অপ্টিকাল যন্ত্র। প্রায় সমস্ত অপ্টিকাল ইন্ডাস্ট্রী গুলি কাঁচের মধ্যে স্ট্রেনের পরীক্ষা করার জন্যে এটি ব্যাবহার করে। এটি লেজার মেটেরিয়াল যেমন রুবী, নিয়োডায়মিয়াম YAG, স্যাফায়ার, ফিউজড সিলিকা, সোডিয়াম ক্লোরাইড ক্রিস্টাল ইত্যাদিতে স্ট্রেন পরীক্ষা করার জন্যে-ও এর ব্যাবহার করা হয়।*

■■

25. একটি পোলারিমিটার তৈরী করা

পোলারিমিটার হল একটি অপ্টিকাল যন্ত্র যা দৃষ্টিগত ভাবে সক্রিয় দ্রবণ (সলিউশন) যেমন একটি চিনির দ্রবণ (সলিউশন)-এর নির্দিষ্ট আবর্তনকে মাপার জন্যে ব্যাবহার করা হত। এর মধ্যে আছে একটি আলোর উৎস, এক জোড়া পোলারাইজার এবং চিনির দ্রবণকে ভরার জন্যে একটি টিউব। আলোর রশ্মিকে একটি পোলারাইজারের ওপর ফেলা হয়। কিছু দূরে, একটি অ্যানালাইজারকে একটি আবর্তনকারী উপকরণের (ডিভাইসের) ওপর লাগানো হয়। অ্যানালাইজার এবং পোলারাইজারকে প্রথমে আড়াআড়ি ভাবে বসান হয়। যখন চিনির দ্রবণে ভরা একটি টিউবকে পোলারাইজার এবং অ্যানালাইজারের মধ্যে বসান হয়, তখন পোলারাইজেশনের গতিপথ আবর্তিত হতে থাকে। যখন অ্যানালাইজার আবার আবর্তিত হতে থাকে তখন আমরা এক্সটিংশনের পোজিশন পাই। অ্যানালাইজারের আবর্তনকে মাপা হয়। চিনির দ্রবণের কারণে এই আবর্তনটি ঘটে।

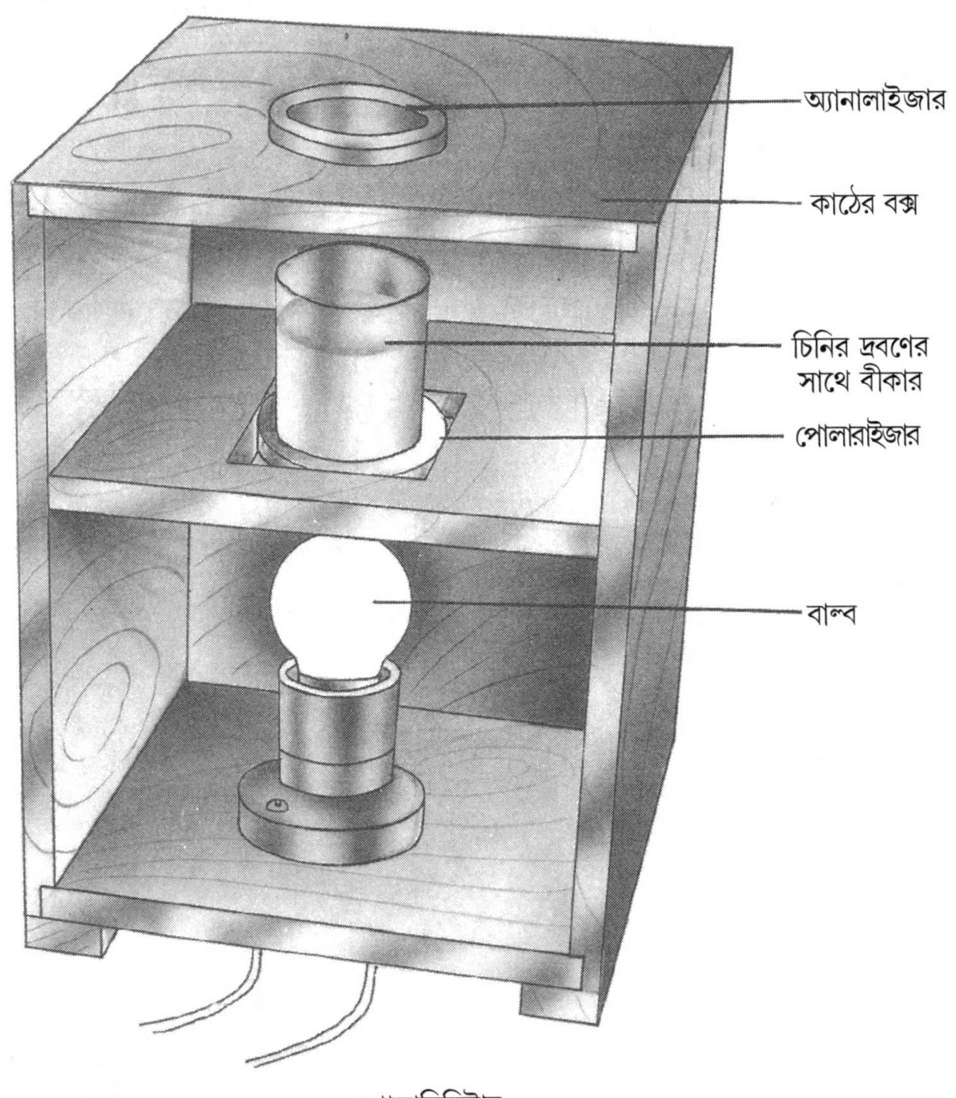

পোলারিমিটার

আপনার প্রয়োজন

- *এক জোড়া পোলারাইজার*
- *একটি কাঠের বক্স যার একটি পার্টিশান আছে*
- *একটি বীকার*
- *একটি বাল্ব*
- *একটি বাল্ব হোল্ডার*
- *চিনি*
- *জল সংযোগকারী ওয়্যার*
- *ওকটি বৃত্তাকার স্কেল*

কি করতে হবে

- একটি কাঠের বক্স নিন যার উচ্চতা 12" এবং নীচের অংশ 8"×6" হবে। এই বক্সের নীচে একটি বাল্ব হোল্ডার, একটি বাল্ব রাখুন। এতে যেন একটি পার্টিশান থাকে এবং পার্টিশানের দেওয়ালের মাঝখানে একটি গর্ত থাকে।
- পার্টিশানের দেওয়ালের গর্তে একটি পোলারাইজার রাখুন।
- বক্সের ওপরে আর একটি পোলারাইজার রাখুন এবং এই পোলারাইজারের পরিধির ওপর বৃত্তাকার স্কেলটিকে লাগান। কাগজের অর্ধবৃত্তাকার শীটের সাথে এই পোলারাইজারের অর্ধেককে লাগিয়ে দিন।
- একটি বীকার নিন এবং জল দিয়ে চিনির দ্রবণ তৈরী করুন। দ্রবণটি যেন খুব ঘন হয়।
- আড়াআড়ি পোজিশন পাওয়ার জন্যে অ্যানালাইজারকে ঘোরান। (যখন আলোর তীব্রতা সবথেকে কম হয়)। এখন পার্টিশন দেওয়ালে পোলারাইজারের ওপরে চিনির দ্রবণের সাথে বীকারটিকে রাখুন। আপনি দেখবেন যে আড়াআড়ি পোজিশান বাধাপ্রাপ্ত হচ্ছে। আবার, আড়াআড়ি পোজিশান পাওয়ার জন্যে অ্যানালাইজারকে ঘোরান। আপনি অ্যানালাইজারকে যে অ্যাঙ্গেলে (কোণে) আবর্তিত করেছেন তা আপনাকে চিনির দ্রবণ দ্বারা পোলারাইজেশনের আবর্তন প্রদান করে।

নোট: *পোলারাইজেশনের আবর্তনের অ্যাঙ্গেল (কোণ) থেকে আপনি চিনির দ্রবণের নির্দিষ্ট আবর্তনকে মাপতে পারেন। এক কিউবিক সেমি দ্রবণে এক গ্রাম সক্রিয় পদার্থ (চিনি) যুক্ত তরল পদার্থের 10 সেমি দীর্ঘ কলম দ্বারা তৈরী হওয়া আবর্তন হিসাবে এই নির্দিষ্ট আবর্তনকে ব্যাখ্যা করা হয়েছে। তাই,*

$$\frac{100}{lc}$$

যেখানে, $\propto$ হল নির্দিষ্ট আবর্তন, θ হল আবর্তনের অ্যাঙ্গেল (কোণ)। হল সেন্টিমিটারে দ্রবণের দৈর্ঘ্য, যার মাধ্যমে প্লেন পোলারাইজড লাইট প্রবাহিত হয় এবং C হল দ্রবণে গ্রাম/সিসি-তে সক্রিয় পদার্থের ঘনত্ব।

এছাড়াও আপনি অ্যালকোহলের মধ্যে কর্পূরের সাথে এই একই পরীক্ষা করতে পারেন কারণ এই দ্রবণটিও দৃষ্টি গতভাবে সক্রিয়।

পোলারিমিটার একটি খুবই গুরুত্বপূর্ণ যন্ত্র। এটি সুগার মিলে একটি দ্রবণে চিনির পরিমাণ নির্ধারণ করার জন্যে ব্যাবহার করা হয়। সুগার মিলে এই যন্ত্রকে বলা হয় স্যাকারিমিটার।

■■

26. একটি ডায়রেক্ট ভিজন স্পেক্ট্রোস্কোপ তৈরী করা

একটি ডায়রেক্ট ভিজন স্পেক্ট্রোস্কোপ হল একটি অপ্টিকাল যন্ত্র, যা কিছু আলোর উৎসের দৃষ্টিরেখার মধ্যে তার বর্ণালীর গুণগত পরীক্ষা করার জন্যে তৈরী করা হয়েছে। এটি ছাত্রদের বিভিন্ন আলোর উৎস দ্বারা সৃষ্টি হওয়া বিভিন্ন ধরণের বর্ণালীর সাথে শিক্ষা দেওয়ার জন্যে সবথেকে উপযুক্ত যন্ত্র। এছাড়াও এটিকে আলোর উৎসের মধ্যে উপস্থিত বিভিন্ন উপাদানগুলিকে শণাক্ত করার জন্যেও ব্যাবহার করা হয়।

একটি ডায়রেক্ট ভিজন স্পেক্ট্রোস্কোপে আছে পাঁচটি প্রিজম যা একসঙ্গে আটকানো থাকে। এই সমন্বয়ের মধ্যে দুটি প্রিজম, ফ্লিন্ট গ্লাস দিয়ে তৈরী এবং তিনটি প্রিজম ক্রাউন গ্লাস দিয়ে তৈরী (যেরকম ফিগারে দেখানো হয়েছে) যখন কোন সূর্য্যের আলোর কলিমেটেড রশ্মি অথবা ফ্লুরোসেন্ট টিউব লাইট একটি স্লিটের মাধ্যমে এইসব প্রিজমের ওপর পড়ে, তখন তা তার অপরিহার্য রঙে বিভক্ত হয়ে যায়। এই সব রঙ অথবা বর্ণালীকে আইপীসের মাধ্যমে দেখতে পাওয়া যায় এবং যথাযথভাবে ফোকাস (কেন্দ্রীভূত) করা হয়। আমরা আলোর মধ্যে অন্তর্ভুক্ত বিভিন্ন ধরণের এমিশন লাইন দেখতে পেতে পারি। এছাড়াও আমরা এই যন্ত্রের দ্বারা সূর্য্যের বর্ণালীর মধ্যে ফ্রনহোফার লাইনস্-এর অধ্যয়ন করতে পারি।

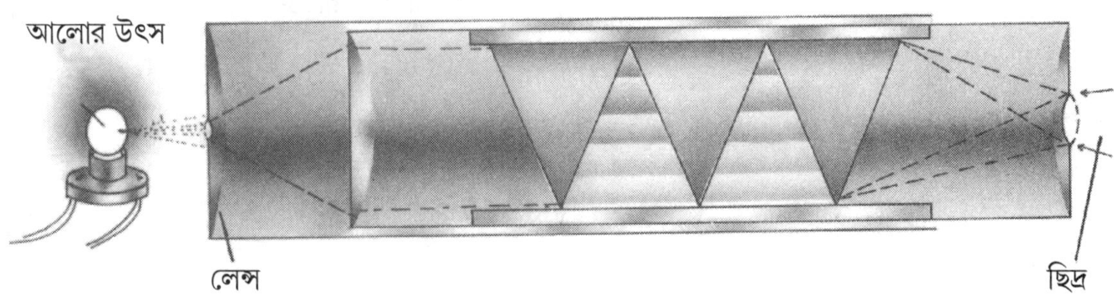

ডায়রেক্ট ভিজন স্পেক্ট্রোস্কোপ

আপনার প্রয়োজন

- *ক্রাউন গ্লাস দিয়ে তৈরী তিনটি 60° প্রিজম*
- *ফ্লিন্ট গ্লাস দিয়ে তৈরী দুটি 60° প্রিজম*
- *একটি প্ল্যানো কনভেক্স লেন্স*
- *একটি প্লাস্টিক টিউব যা প্রায় 6" লম্বা এবং এমন এক ব্যাসের যার মধ্যে প্রিজমগুলিকে ঢোকানো যেতে পারে*
- *অ্যালুমিনিয়াম ফয়েল দিয়ে তৈরী একটি স্লিট*
- *একটি আইপীস*

কি করতে হবে

- কোন সায়েন্টিফিক ডীলার অথবা অপ্টিক্স ডীলারের দোকান থেকে তিনটি ক্রাউন গ্লাস প্রিজম এবং দুটি ফ্লিন্ট গ্লাস প্রিজম কিনুন এবং তাদের একে অপরের সাথে এমনভাবে আটকে দিন যাতে ফ্লিন্ট গ্লাস প্রিজম মাঝামাঝি থাকে। প্রিজমগুলিকে আটকানোর জন্যে কানাডা ব্যলস্যাম ব্যাবহার করা হয়।
- টেপ অথবা আঠার সাহায্যে সিঙ্গল স্লিট এবং লেন্সকে প্লাস্টিক টিউবের সাথে লাগান।
- ফিগারে দেখানো অনুযায়ী এখন, টিউবের মধ্যে প্রিজমের সমন্বয় কে ঢোকান এবং একটি প্রান্তে তাদের আঠা দিয়ে আটকে দিন।
- প্লাস্টিক টিউবের অন্য প্রান্তে আইপীসটি রাখুন এবং সম্পূর্ণ জোড়া অংশের মধ্যে দিয়ে ফ্লুরোসেন্ট টিউব লাইটের দিকে দেখুন। আপনি দেখার জায়গায় বিভিন্ন রঙের অনেক উজ্জ্বল রেখা দেখতে পাবেন। এখন খুব ভালভাবে ব্যাখ্যা করা এবং স্পষ্ট বর্ণালী রেখাগুলিকে পাওয়ার জন্যে আইপীসকে সামনে পিছনে করে অ্যাডজাস্ট করুন।

এখন আপনার স্পেক্ট্রোস্কোপটি প্রস্তুত। আপনি এর সাহায্যে সূর্য্যের আলোর অথবা বাল্বের বর্ণালীর অধ্যয়ন করতে পারবেন। সূর্য্যের বর্ণালীতে, আপনি উজ্জ্বল রেখার সাথে সাথে কিছু গাঢ় রেখাও দেখতে পাবেন। গাঢ়রেখাগুলি হল ফ্রনহফার লাইনস্।

নোট: এছাড়াও আপনি দুটি ক্রাউন গ্লাস এবং একটি ফ্লিন্ট গ্লাস প্রিজম ব্যাবহার করে একটি ডায়রেক্ট ভিজন স্পেক্ট্রোস্কোপ তৈরী করতে পারেন।

বিভিন্ন আলোর উৎসের বর্ণালী লক্ষ্য করা

- এই ডায়রেক্ট ভিজন স্পেক্ট্রোস্কোপের সাহায্যে আপনি বিভিন্ন আলোর উৎসের বর্ণালীর অধ্যয়ন করতে পারেন।
- যখন আপনি এই স্পেক্ট্রোস্কোপের মধ্যে দিয়ে একটি ভাস্বর আলোর উৎস দেখেন, তখন আপনি কোন রেখা ছাড়াই সাতটি রঙের এক ক্রমাগত ফালি দেখতে পারেন। একে বলা হয় ক্রমাগত বর্ণালী।
- যখন আপনি নিজের গবেষণাগারে একটি সোডিয়াম স্ট্রীট লাইট অথবা একটি সোডিয়াম ল্যাম্প দেখেন, তখন আপনি বর্ণালীর মধ্যে দুটি হলুদ রেখা লক্ষ্য করবেন। এগুলি হল সোডিয়ামের দুটি নির্গত রেখা।
- যখন আপনি এই স্পেক্ট্রোস্কোপের মধ্যে দিয়ে সূর্য্যের আলোকে দেখেন, তখন আপনি কিছু গাঢ় অ্যাবজর্পশন লাইন-এর সাথে এমশিন লাইন-ও দেখতে পাবেন। এই গাঢ় রেখাগুলিকে বলা হয় ফ্রনহফার লাইনস্।
- যদি আপনি ডায়রেক্ট ভিজন স্পেক্ট্রোস্কোপের মধ্যে দিয়ে টিউব লাইট দেখেন তখন আপনি বিভিন্ন রঙের নানা ধরণের উজ্জ্বল রেখা দেখতে পাবেন।

■■

27. আলু থেকে ইলেক্ট্রিসিটি তৈরী করা

একটি প্রাথমিক ভোলটেইক সেলে সালফিউরিক অ্যাসিডের তরল দ্রবণ ব্যাবহার করা হয় যার মধ্যে কপার এবং জিঙ্ক প্রতিটির একটি করে প্লেট ডোবানো হয়। তরল সালফিউরিক অ্যাসিডের দ্রবণে জিঙ্ক প্লেট থেকে কপার প্লেটে ইলেক্ট্রনের স্থানান্তরণের কারণে এই সেলে ইলেক্ট্রিসিটি তৈরী হয়। আসলে তরল সালফিউরিক অ্যাসিড ইলেক্ট্রনের চলাচলের পথ প্রদান করে। একই ভাবে, আলু কপার আর জিঙ্কের স্ট্রিপের (ফালির) মধ্যবর্তী তরল সালফিউরিক অ্যাসিডের দ্রবণের মত কাজ করে, যা আলু থেকে ইলেক্ট্রিসিটি তৈরী করার জন্যে ব্যাবহার করা হয়।

আপনার প্রয়োজন

- *8 টি মাঝারি মাপের আলু*
- *কপারের 8 টি স্ট্রিপ 5 সেমি × 1 সেমি*
- *জিঙ্কের 8 টি স্ট্রিপ 5 সেমি × 1 সেমি*
- *কপার ওয়্যার*
- *হোল্ডার সহ একটি 5 ভোল্ট বাল্ব*

কি করতে হবে

- 8 টি মাঝারি মাপের আলু নিন এবং প্রতিটি আলুর একটি প্রান্তে জিঙ্কের একটি স্ট্রিপ ঢোকান। একইভাবে ফিগারে দেখানো অনুযায়ী একটি কপারের স্ট্রিপকে প্রতিটি আলুর অন্য প্রান্তে ঢোকান।
- একটি টেবিলে দুটি সারিতে এই আলুগুলিকে সাজিয়ে রাখুন, যার প্রতিটি সারিতে চারটি করে আলু থাকবে। ফিগারে যেরকমভাবে দেখানো আছে ঠিক সেইভাবে কপার ওয়্যারের সাহায্যে একটি আলুর জিঙ্কের স্ট্রিপকে অন্যটির কপারের স্ট্রিপের সাথে যুক্ত করুন। কপার ওয়্যারের সাহায্যে সমস্ত জিঙ্ক এবং কপার স্ট্রিপ গুলিকে যুক্ত করুন।
- এখন জিঙ্ক স্ট্রিপের সাথে যুক্ত একটি ওয়্যার এবং কপার স্ট্রিপ থেকে একটি ওয়্যার নিন এবং এই দুটিকে 4.5 ভোল্ট বাল্ব দিয়ে যুক্ত করুন। আপনি দেখবেন যে বাল্বটি তৎক্ষণাৎ উজ্জ্বল হয়ে উঠবে কারণ সম্পূর্ণ জড়ো করা জিনিসটি একটি ব্যাটারী হিসাবে কাজ করবে। বাল্বটি শুধুমাত্র সীমিত সময়ের জন্যেই উজ্জ্বল হয়ে থাকবে।

অন্যান্য মনোনীত প্রোজেক্ট

- আপনি আলুর বদলে লেবু ব্যাবহার করেও একইরকম ব্যাটারী তৈরী করতে পারেন। সম্পূর্ণ পদ্ধতিটি একইরকম থাকবে।
- আপনি বীকারের মধ্যে কমলালেবু,পাতিলেবু এবং অন্যান্য লেবুজাত ফলের রস নিয়ে এবং তার মধ্যে জিঙ্ক এবং কপারের স্ট্রিপ ডুবিয়ে ব্যাটারী তৈরী করতে পারেন।

■■

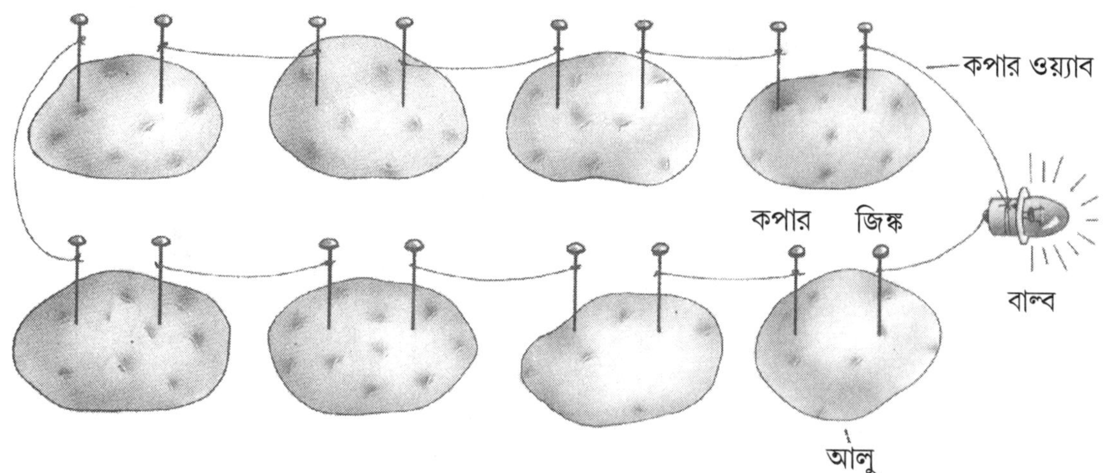

28. একটি ড্রাই সেল তৈরী করা

ড্রাই সেল হল একটি পোর্টেবল ব্যাটারী যা ইলেক্ট্রিসিটির এক উৎস হিসাবে টর্চ, ট্রানজিস্টার রেডিও সেট, ক্যালকুলেটার, ডিজিটাল ঘড়ি ইত্যাদিতে ব্যাবহার করা হয়। একটি চিরাচরিত ড্রাইসেলে থাকে জিঙ্কের একটি সিলিন্ড্রিকাল ভেসল্ (বেলনাকার পাত্র), যার মাঝখানে একটি কার্বণ রড থাকে। এর মধ্যে ম্যাঙ্গানীজ ডাইঅক্সাইড এবং অ্যামোনিয়াম ক্লোরাইডের পেস্ট ভরা থাকে। যখন জিঙ্ক ভেসল এবং কার্বণ রড একটি ওয়্যারের মাধ্যমে একটি বাল্বের সাথে যুক্ত করা হয় তখন কারেন্টের প্রবাহের জন্যে বাল্ব জ্বলে ওঠে। এরকম একটি সেলের ভোল্টেজ হল প্রায় 1.5 volt আপনি নিম্নলিখিতভাবে এরকম একটি ড্রাই সেলের মডেল তৈরী করতে পারেন।

আপনার প্রয়োজন

- *একটি জিঙ্ক প্লেট 4"x 2"*
- *একটি কার্বণ প্লেট 4" × 2"*
- *ম্যাঙ্গানীজ ডাই অক্সাইড*
- *স্টার্চ পাউডার*
- *অ্যামোনিয়াম ক্লোরাইড*
- *তুলো*
- *কপার ওয়্যার*
- *দুটি ক্রোকোডাইল ক্লিপ*
- *একটি 1.5 volt বাল্ব এবং একটি বাল্ব হোল্ডার*

কি করতে হবে

- একটু জল নিয়ে তার মধ্যে স্টার্চ মেশান। মিশ্রণটিকে গরম করতে থাকুন যতক্ষণ পর্যন্ত না স্টার্চের ঘন পেস্ট তৈরী হচ্ছে। স্টার্চের পেস্টের সাথে পর্যাপ্ত পরিমাণে ম্যাঙ্গানীজ ডাইঅক্সাইড মেশান এবং ম্যাঙ্গানীজ ডাই অক্সাইডের খুবঘন পেস্ট তৈরী করুন।
- জিঙ্ক প্লেট নিন এবং তার ওপর ম্যাঙ্গানীজ ডাই অক্সাইডকে সমান ভাবে ছড়িয়ে দিন।
- একটু তুলো নিন এবং তাকে জিঙ্ক প্লেটের মাপে ছড়িয়ে দিন এবং তাকে অ্যামোনিয়াম ক্লোরাইডের

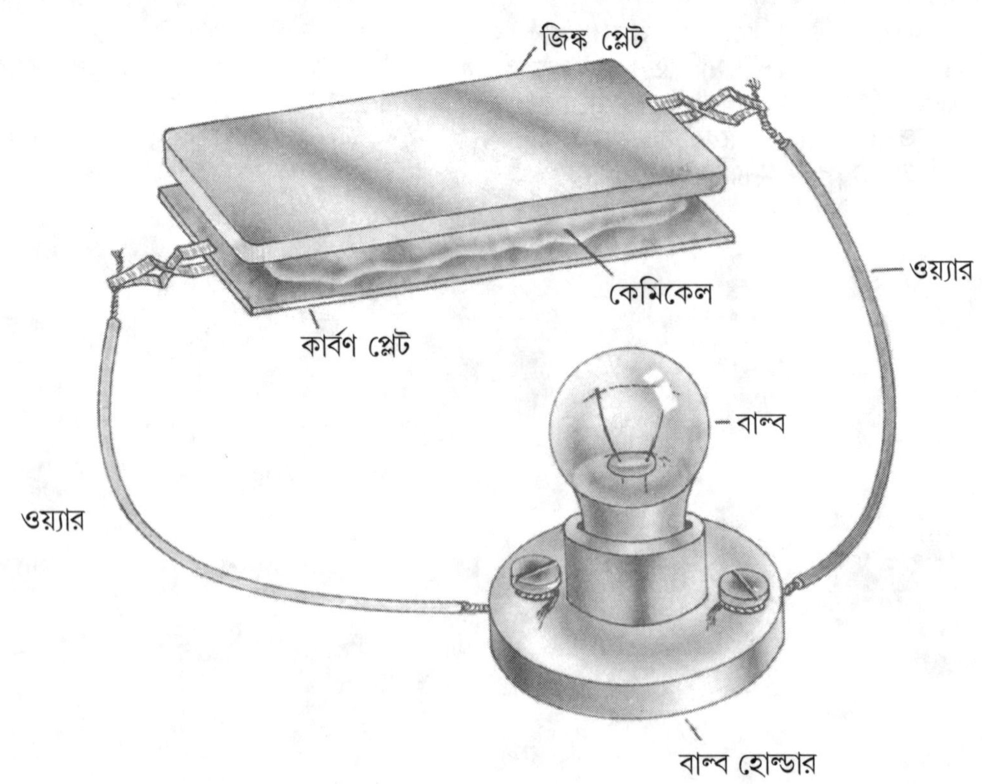

স্যাচুরেটেড দ্রবণের মধ্যে ভেজান। এটিকে পেস্টের স্তরের ওপর রাখুন। তার ওপরে ম্যাঙ্গানীজ ডাইঅক্সাইড পেস্টের আর একটি স্তর রাখুন।

- এখন ম্যাঙ্গানীজ ডাই অক্সাইডের স্তরের ওপরে একটি কার্বণ প্লেট রাখুন। আপনার ড্রাই সেল এখন ব্যাবহার করার জন্যে প্রস্তুত।

- দুটি কপার ওয়্যার নিন। তাদের দুটি প্রান্তকে দুটি ক্রোকোডাইল ক্লিপ দিয়ে এবং অন্য দুটি প্রান্তকে একটি বাল্ব হোল্ডার দিয়ে যুক্ত করুন। জিঙ্ক প্লেট এবং কার্বণ প্লেটকে আলাদা আলাদা ভাবে দুটি ক্রোকোডাইল ক্লিপের সাহায্যে ক্লিপ করুন। ইলেক্ট্রিক কারেন্ট বাল্বের মধ্যে দিয়ে প্রাবাহিত হবে এবং বাল্বটি জ্বলে উঠবে।

নোট: *তিনটি প্রধান ধরণের ড্রাইসেল ব্যাটারী আছে কার্বণ-জিঙ্ক, অ্যালকালাইন এবং মারকিউরি। এখানে যা বর্ণনা করা হয়েছে তাহল একটি কার্বণ-জিঙ্ক ড্রাই সেল।*

একটি অ্যালকালাইন ড্রাই সেল ব্যাটারী অনেক বেশী শক্তিশালী। এটি একটি কার্বণ জিঙ্ক ব্যাটারীর তুলনায় পাঁচ থেকে আট গুণ বেশী সময় ধরে চলে। এতে আছে একটি কার্বণ ইলেক্ট্রোড এবং একটি জিঙ্ক কেসিং ইলেক্ট্রোড। ইলেক্ট্রোলাইট হল একটি জোরালো অ্যালকালি দ্রবণ, পটাসিয়াম হাইড্রক্সাইড। অ্যালকালাইন ড্রাই সেল, প্রধানতঃ পোর্টেবল রেডিও'-এর জন্যে ব্যাবহার করা হয়।

একটি মারকিউরি ড্রাই সেলে, ব্যাটারীর মেয়াদের শেষে ভোল্টেজ স্থায়ী থাকে। এগুলি টয়কার, ইলেক্ট্রিক রেজার, ডেফ এডস্ ইত্যাদিতে ব্যাবহার করা হয়। ইলেক্ট্রিক টুথব্রাশেও প্রায়ই এই ধরণের সেল ব্যাবহার করা হয়। এই সেলে, একটি মারকিউরিক অক্সাইড ইলেক্ট্রোড ব্যাবহার করা হয়। অন্য ইলেক্ট্রোড হল জিঙ্ক কেসিং। ইলেক্ট্রোলাইট হল পটাসিয়াম হাইড্রক্সাইড।

নিকেল ক্যাডমিয়াম ব্যাটারী যদিও ওয়েট সেল ব্যাটারী তবুও এগুলি সীল করা এয়ার টাইট হতে পারে এবং এগুলি পোর্টেবল টুলস এবং ইক্যুইপমেন্টে ব্যাবহার করার জন্যে আদর্শ।

■■

29. সোলার এনার্জীকে ইলেক্ট্রিকালে পরিবর্তন করা

সোলার এনার্জী একটি সোলার সেল-এর সাহায্যে ইলেক্ট্রিকাল এনার্জীতে পরিবর্তিত হয়। একটি সোলার সেল হল একটি সিলিকন ওয়েফার যা ফটোইলেক্ট্রিক প্রভাবের মাধ্যমে লাইট এনার্জীকে ইলেক্ট্রিকাল এনার্জীতে পরিবর্তিত করে। একটি সোলার সেল দ্বারা তৈরী হওয়া ইলেক্ট্রিকাল এনার্জীর পরিমাণকে সূর্য্যরশ্মিতে কেন্দ্রীভূত করার জন্যে একটি কনকেভ রিফ্লেক্টারকে ব্যাবহার করে খুব ভালভাবে বৃদ্ধি করা যেতে পারে।

আপনার প্রয়োজন

- *একটি সোলার সেল (এটি একটি পাওয়ার ট্রানজিস্টারের মেটাল ক্যাপকে সরিয়ে তৈরী করা যেতে পারে)*
- *এক মিলিয়ামিটার*
- *একটি কার্ডবোর্ড বক্স*
- *2 টুকরো ইনসুলেটেড ওয়্যার*
- *একটি কনকেভ আয়না*

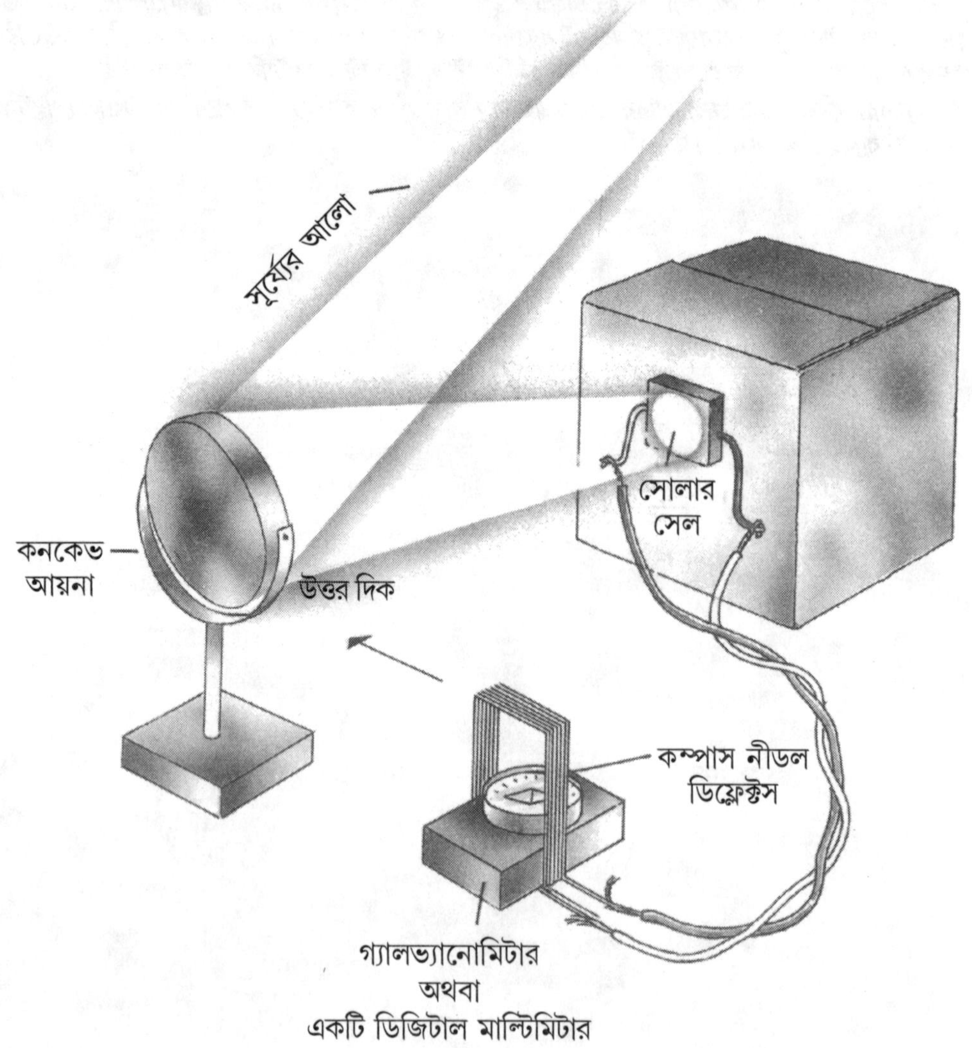

কি করতে হবে

- একটি পাওয়ার ট্রানজিস্টার কিনুন আর একটি সিলিকন সোলার সেল তৈরী করার জন্যে তার মেটাল ক্যাপকে সরিয়ে দিন। একটি ইলেক্ট্রনিক ডীলারের থেকে এক মিলিয়ামিটার (0 থেকে 10 মিলিঅ্যাম্পিয়ার রেঞ্জ) নিন।
- সোলার সেল-এর পিছনের অংশকে সাপোর্ট হিসাবে একটি কার্ডবোর্ড বক্সের ওপর আঠা দিয়ে লাগান।
- মিলিয়ামিটারের শেষ প্রান্তগুলিতে সেলের দুটুকরো ইনসুলেটেড ওয়্যারকে যুক্ত করুন।
- সেলকে আলো থেকে দূরে রাখুন। আপনার অ্যামিটার জিরো ডিফ্লেকশান প্রদর্শন করবে।
- এখন সেল-এর ওপর সূর্য্যের আলোকে পড়তে দিন। অ্যামিটারের পয়েন্টার খুব অল্প ডিফ্লেকশান প্রদর্শন করবে।
- এখন সোলার সেলের ওপর সূর্য্য রশ্মির প্রতিফলনের জন্যে একটি কনকেভ আয়না ব্যাবহার করুন। আয়না সূর্যের আলোকে সেল-এর ওপরে কেন্দ্রীভূত করে। এই ক্ষেত্রে, অ্যামিটার অনেক বেশী ডিফ্লেকশান প্রদর্শন করবে কারণ সোলার সেলের ওপর আলোর দাগের সাইজ আয়নাকে সামনে এবং পিছনে সরিয়ে ছোট হয়ে যায়। এটি ইঙ্গিত করে যে সোলার সেলের ওপর পড়া আলোর পরিমাণ যেরকম বাড়ে ঠিক সেরকমই ফটোইলেক্ট্রিক কারেন্টও বাড়তে থাকে।

নোট: *এটি একটি ছোট প্রোজেক্ট যা সোলার এনার্জীর ইলেক্ট্রিকাল এনার্জীতে পরিবর্তিত হয়ে যাওয়াকে ব্যাখ্যা করে। আজকাল সোলারসেল যার প্রতিটি প্রায় দেড় ভোল্ট ইলেক্ট্রিসিটি তৈরী করতে সক্ষম, তা পাওয়া যায়। ইলেক্ট্রিক কারেন্টের প্রয়োজনীয় পরিমাণ তৈরী করার জন্যে, অনেক সংখ্যক সেলকে যুক্ত করা জরুরী। সেলগুলিকে একটি বড় প্যানলে একসঙ্গে যুক্ত করা হয় এবং সূর্যের আলোর মধ্যে রেখে দেওয়া হয়। তৈরী হওয়া ইলেক্ট্রিসিটি, ইলেক্ট্রিক স্টোরেজ ব্যাটারী গুলিকে চার্জ করার জন্যে ব্যাবহার করা হয়।*

সোলার সেলগুলি টেলিফোন কেবলের জন্যে বুস্টার কারেন্ট প্রদান করতে ব্যাবহার করা হয়। সোলার সেল প্যানেল গুলি স্পেস ক্রাফ্টস, স্পেস ল্যাবরেটরীজ এবং স্যাটেলাইটে ব্যাবহার করা হয় যাতে তাদের বিজ্ঞানসম্মত ইক্যুইপমেন্ট এবং ট্রান্সমিটারের জন্যে পাওয়ার প্রদান করা যায়। এ ছাড়া আজকাল সোলার সেল অপারেটেড ক্যালকুলেটার এবং রেডিও পাওয়া যায়।

■■

30. ট্র্যাফিক লাইট তৈরী করা

ট্র্যাফিক লাইট বড় বড় শহরে মূখ্য রাস্তার ক্রসিং-এ ব্যাবহার করা হয় যাতে যানবাহনের গতিবিধি স্বাচ্ছন্দ্যপূর্ণ করে তোলা যায় এবং দুর্ঘটনা এড়ানো যায়। লাল আলো হল "স্টপ (থামা)"-এর সঙ্কেত এবং সবুজ আলো হয় "গো (যাওয়া)"-এর সঙ্কেত এবং কমলা আলো হল "রেডি (প্রস্তুত)"-এর সঙ্কেত। এই আলোগুলি নিজে থেকেই কাজ করতে থাকে। আপনি ট্র্যাফিক লাইটের একটি মডেল তৈরী করতে পারেন।

আপনার প্রয়োজন

- *দুটি কাঠের ফালি-একটি 12" × 4" × 1 " এবং অন্যটি 8" × 4" × 1 "*
- *তিনটি বাল্ব-প্রতিটি 3 volt (একটি লাল, একটি সবুজ, একটি কমলা)*
- *তিনটি বাল্ব হোল্ডার*
- *এনামেল করা কপার ওয়্যার*
- *দুটি ড্রাই সেল প্রতিটি 1.5 volt, 4 টি ড্রয়িং পিন*
- *একটি U-ক্লিপ*
- *দুটি কাঠের স্ক্রু*

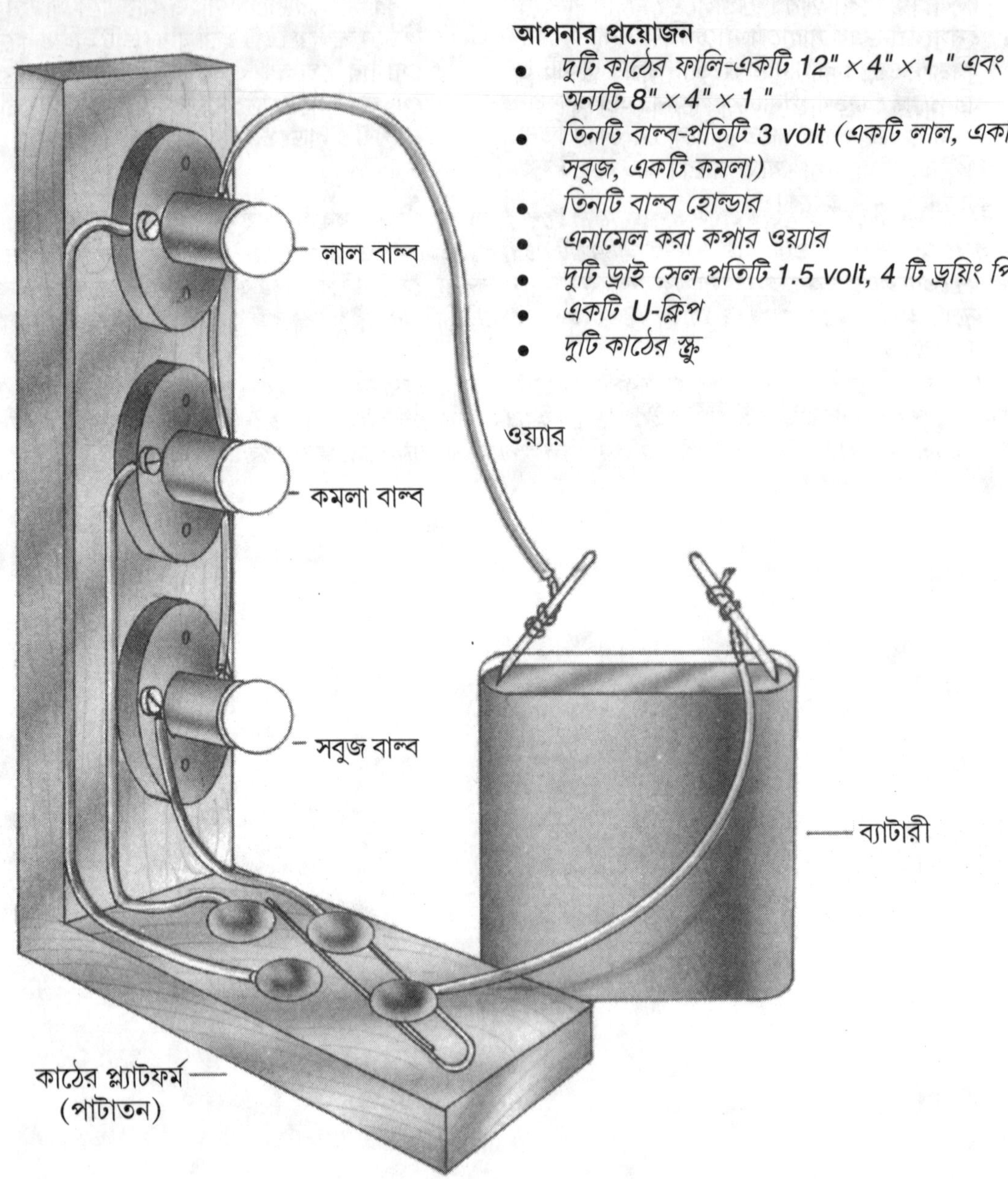

কি করতে হবে

- দুটি কাঠের ফালি নিন-একটি 12" × 4" × 1 " এবং অন্যটি 8" × 4" × 1 ". এদের সমকোণে রাখুন এবং ফিগারে দেখানো অনুযায়ী কাঠের স্ক্রু-এর সাহায্যে এগুলিকে লাগান।
- একটি লাইনে তিনটি বাল্ব হোল্ডার রাখুন এবং সমান্তরাল ভাবে তাদের ওয়্যার করুন। হোল্ডারের মধ্যে বাল্বগুলি ঢোকান: ওপরে-লাল, মাঝখানে-কমলা এবং নীচে-সবুজ।
- ড্রয়িং পিন-এর সাহায্যে নীচে তিনটি বাল্ব থেকে তিনটি ওয়্যার লাগান এবং তার তলায় একটি U-ক্লিপ টিপে চতুর্থ পিনটিকে লাগান। এর এক প্রান্ত যেন সোজা থাকে যাতে এটিকে যে কোন তিনটি পিনের মধ্যে চাপা যেতে পারে। এটি একটি সুইচ হিসাবে কাজ করবে।
- দুটি ড্রাই সেলকে ধারাবাহিকভাবে যুক্ত করুন অর্থাৎ প্রতিটি বাল্বে পজিটিভ টার্মিনালকে অন্যটির নেগেটিভ-এ যুক্ত করুন।
- বাল্ব থেকে সাধারণ ওয়্যারকে ড্রাই সেল কম্বিনেশনের পজিটিভ টার্মিনালে যুক্ত করুন। ড্রাই সেল কম্বিনেশনের নেগেটিভ টার্মিনাল থেকে একটি ওয়্যারকে U-ক্লিপের সাথে যুক্ত করুন। আপনার মডেলটি এখন প্রস্তুত।
- এখন, যখন আপনি যে কোন তিনটি পিনের মধ্যে ক্লিপের সোজা হওয়া প্রান্তে চাপ দেবেন তখন তিনটি বাল্বের একটি জ্বলে উঠবে।

***নোট:** উপরে উল্লেখ অনুযায়ী একই লাইনের ওপর, তিনটি বাল্বের বদলে শুধুমাত্র দুটি বাল্ব লাল এবং সবুজ ব্যাবহার করে আপনি ট্রাফিক লাইটের এক সহজ মডেল তৈরী করতে পারেন।*

আপনি কি জানতেন...

অনেক দেশই ট্র্যাফিক নিয়ন্ত্রণ করার জন্যে রোবোট ব্যাবহার করে। এই সমস্ত রোবোটগুলি ইউরোপ এবং ইউএসএ-তে ব্যাবহার করা হয়। সাইলেন্ট স্যাম হল এরকম এক রোবোট যা একজন ট্র্যাফিক পুলিশ ম্যানের মতো ট্র্যাফিক নিয়ন্ত্রণ করতে পারে।

■■

31. একটি ইলেক্ট্রোম্যাগনেট তৈরী করা

একটি ইলেক্ট্রোম্যাগনেটে একটি আয়রন কোর থাকে যার ওপর এনামেল করা কপার ওয়্যার চারপাশে ঘোরানো থাকে। যখন ইলেক্ট্রিক কারেন্ট কয়েলের মধ্যে দিয়ে প্রবাহিত হয় তখন আয়রন কোর ম্যাগনেটে পরিণত হয়ে যায়। একে ইলেক্ট্রোম্যাগনেট হিসাবে জানা যায়। কয়েলের পাকের সংখ্যা এবং তার মধ্যে দিয়ে প্রবাহিত কারেন্টের ওপর ম্যাগনেটিক স্ট্রেন্থ নির্ভর করে। পাকের সংখ্যা যত বাড়তে থাকে, ম্যাগনেটিক ফিল্ডের স্ট্রেন্থও তত বাড়তে থাকে। একই ভাবে ম্যাগনেটিক ফিল্ডের স্ট্রেন্থও ইলেক্ট্রিক কারেন্টের বৃদ্ধির সাথে বাড়তে থাকে। আপনি পাকের সংখ্যাকে বদল করে কিন্তু ভোল্টেজকে স্থায়ী রেখে এই প্রোজেক্টে ম্যাগনেটিক ফিল্ডের স্ট্রেন্থকে মাপতে পারেন। ম্যাগনেটিক ফিল্ডের স্ট্রেন্থকে একটি স্প্রিং ব্যালেন্স ব্যাবহার করে মাপা যেতে পারে ঠিক যেরকম নীচে দেওয়া হল:

আপনার প্রয়োজন

- *একটি আয়রন রড অথবা একটি বোল্ট যা 4" লম্বা এবং আধ ইঞ্চি ব্যাসের।*
- *দুটি ড্রাই সেল ধারাবাহিক ভাবে যুক্ত করা যাতে 3 volt-এর একটি ভোলটেজ প্রদান করা যায়।*
- *40 গজের এনামেল করা কপার ওয়্যার*
- *একটি স্ট্যান্ড*
- *একটি ছোট স্প্রিং ব্যালেন্স অথবা একটি কম্পাস*
- *টেপ*

কি করতে হবে

- একটি আয়রন রড অথবা একটি বোল্ট নিন আর 150, 250, 350 এবং 450 পাক দিয়ে তার ওপরে কপার ওয়্যারকে চারবার ঘোরান। প্রতি কয়েলের

ঘোরানো কপার ওয়্যারের সাথে বোল্ট

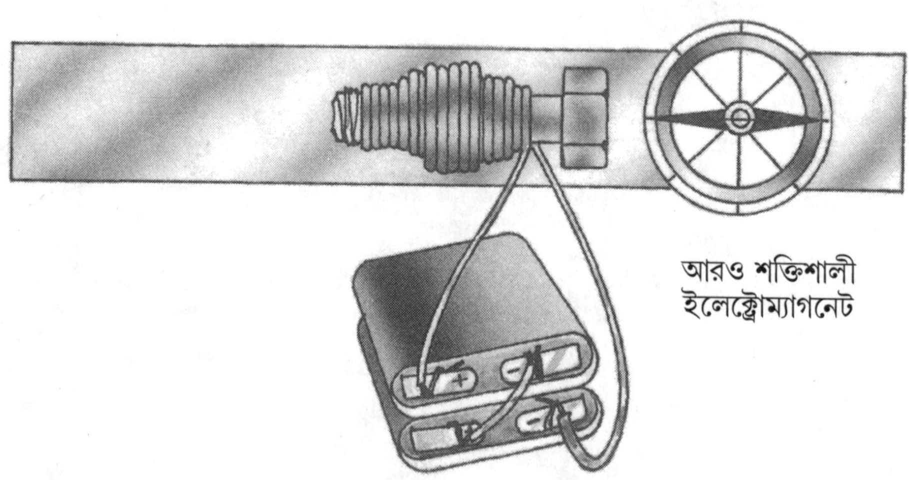

আরও শক্তিশালী ইলেক্ট্রোম্যাগনেট

প্রান্তগুলি যেন খোলা থাকে। পাকের প্রতি স্তরকে একে অপরের ওপর মাঝখানে একটি কাগজের মোড়ক দিয়ে ঘোরানো যেতে পারে।

- ফিগারে দেখানো অনুযায়ী একটি স্ট্যান্ডের ওপর আয়রন রডটিকে ঝুলিয়ে দিন। 150 টি পাকের কয়েলের টার্মিনালকে দুটি ড্রাই সেলের সাথে যুক্ত করুন। আয়রন কোরটি একটি ম্যাগনেটে পরিণত হয়ে যাবে।
- আয়রন রডের নীচের প্রান্তের কাছে একটি স্প্রিং ব্যালেন্স নিয়ে আসুন, এটি আকর্ষিত হবে এবং রডের নীচের প্রান্তের সাথে আটকে থাকবে অথবা একটি কম্পাসকে একটি রুলারের ওপরে রাখুন। এটি ইলেক্ট্রোম্যাগনেট দ্বারা অন্যদিকে সরে যাবে।
- 250, 350 এবং 450 পাক ঘুরিয়ে একই প্রণালীর পুনরাবৃত্তি করুন। আপনি দেখবেন যে ব্যালেন্সকে আলাদা করার জন্যে প্রয়োজনীয় ওজন প্রতিবার আরোও বেশী হয়ে যাচ্ছে। যদি আপনি কম্পাসের সাহায্যে পরীক্ষা করেন তাহলে প্রতিবার ডিফ্লেকশন আরও বেশী হবে। এটি প্রদর্শন করে যে পাকের সংখ্যা যত বাড়তে থাকে ততই ম্যাগনেটিক স্ট্রেন্থ ও বাড়তে থাকে।
- খুব ধীরে ধীরে ব্যালেন্সটিকে টানতে থাকুন যতক্ষণ না তা রড থেকে আলাদা হয়ে যাচ্ছে। ব্যালেন্সের রীডিং নোট করুন।
- আপনি শুধুমাত্র একটি ড্রাই সেল ব্যাবহার করে ম্যাগনেটিক ফিল্ডের ওপর ইলেক্ট্রিক কারেন্টের প্রবাহের অধ্যয়ন করতে পারেন। 150, 250, 350 এবং 450 পাকের কয়েলের টার্মিনালগুলিকে এক এক করে শুধুমাত্র ড্রাই সেলের সাথে যুক্ত করুন। আপনি দেখবেন যে প্রতিবার একটি সেলের সাথে ম্যাগনেটিক নীডলের ডিফ্লেকশান, দুটি সেলের থেকে হওয়া ডিফ্লেকশানের থেকে কম হবে। এর থেকে দেখতে পাওয়া যায় যে কয়েলের মধ্যে প্রবাহিত কারেন্ট কমে যাওয়ার সাথে ম্যাগনেটিক স্ট্রেন্থও কমে যাবে।

নোট: *ইলেক্ট্রোম্যাগনেট গুলি লাউডস্পীকার, ইলেক্ট্রিক বেল, ম্যাগনেটিক ক্রেন, ইলেক্ট্রিক মোটর এবং জেনারেটারে ব্যাবহার করা হয়, একটি বিশাল ইলেক্ট্রোম্যাগনেটকে একটি ওয়ার্কশপে কর্মীদের চোখ থেকে স্টীলের ছোট টুকরো সরানোর জন্যে ব্যাবহার করা যেতে পারে।*

■■

32. একটি ম্যাগনেটিক ক্রেন তৈরী করা

একটি ম্যাগনেটিক ক্রেন, ইলেক্ট্রোম্যাগনেটিজমের নীতির ওপর কাজ করে। বিশাল ক্রেন গুলিকে ভারী আয়রন এবং স্টীলের স্ক্র্যাপকে এক জায়গা থেকে অন্য জায়গায় সরানোর জন্যে ব্যাবহার করা হয়। এই প্রোজেক্টটি বর্ণনা করে যে কি করে একটি ম্যাগনেটিক ক্রেনের এক উন্নত মডেল তৈরী করা যায়।

আপনার প্রয়োজন

- *এনামেল করা কপার ওয়্যার যার প্রান্তগুলি খোলা থাকবে*
- *দু টুকরো পুরু কার্ডবোর্ড 4 সেমি × 30 সেমি*
- *কাঁচি*
- *একটি গোল পেন্সিল*
- *টেপ*
- *দুটি পেপার ক্লিপ (U-পিন)*
- *দড়ি*
- *প্রায় 1" লম্বা একটি আয়রন বোল্ট*
- *এক প্রান্ত খোলা একটি কার্ডবোর্ড বক্স*
- *দুটি পেপার ফাস্‌নার্স*
- *একটি কাপড়ের রীল*
- *একটি 4.5 ভোল্ট ব্যাটারী*

কি করতে হবে

- বোল্টের ওপরে এনামেল করা কপার ওয়্যারকে প্রায় 50 পাক ঘোরান। ওয়্যারের দুটি বড় টুকরোর প্রতিটি প্রান্তকে খোলা রাখুন (Fig. 1).
- এখন, দুটি কার্ডবোর্ড টুকরোর প্রতিটি প্রান্তের কাছে ছোট গর্ত করুন এবং সেগুলিকে Fig 2 অনুযায়ী পেপার ফাস্‌নার্সের সাহায্যে বক্সের ভেতরে লাগান।
- কার্ডবোর্ড টুকরোর মাঝখানে কাপড়ের রীলটিকে লাগান। এটি করার জন্যে পেপার ক্লিপকে সোজা করুন এবং কার্ডবোর্ডের গর্তের মধ্যে দিয়ে এবং কাপড়ের রীলের মাঝখানে দিয়ে তাকে ঠেলুন। কাপড়ের রীলকে সুরক্ষিত রাখার জন্যে পেপার ক্লিপের প্রান্তগুলিকে নীচের দিকে বেঁকান।
- Fig. 4-এ দেখানো অনুযায়ী পেন্সিলের প্রান্তে টেপ দিয়ে একটি বেন্ট পেপার ক্লিপ লাগিয়ে একটি হ্যান্ডেল (হাতল) তৈরী করুন।
- কার্ডবোর্ড বক্সের মধ্যে দুটি গর্ত করুন আর তারপর Fig. 5 অনুযায়ী এইদুটি গর্তের মধ্যে দিয়ে পেন্সিলটিকে ঠেলুন।
- ইলেক্ট্রোম্যাগনেট-এর চারপাশে দড়ির একটি প্রান্তকে বাঁধুন। কাপড়ের রীলের ওপরে দড়িটিকে রাখুন এবং খোলা প্রান্তকে পেন্সিলের সাথে বাঁধুন। পেন্সিলটিকে ঘুরিয়ে ইলেক্ট্রোম্যাগনেটকে ওপরের দিকে ওঠাতে এবং নীচের দিকে নামাতে পারবেন। Fig. 6.

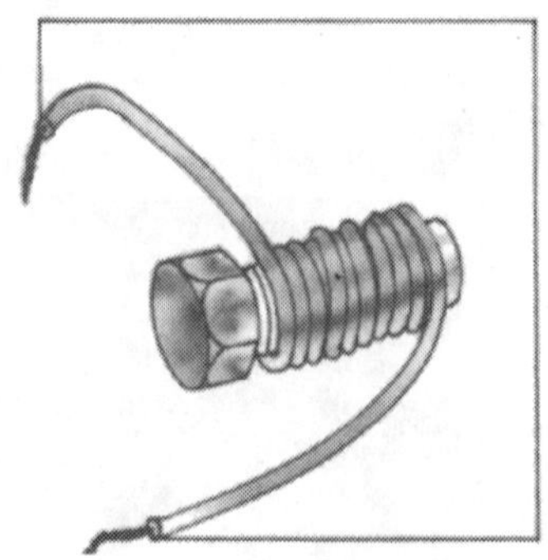

Fig. 1 ইলেক্ট্রোম্যাগনেট

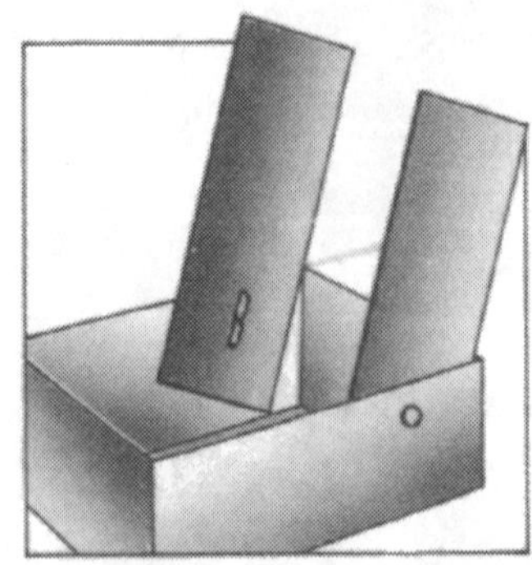

Fig. 2 কার্ডবোর্ড বক্স

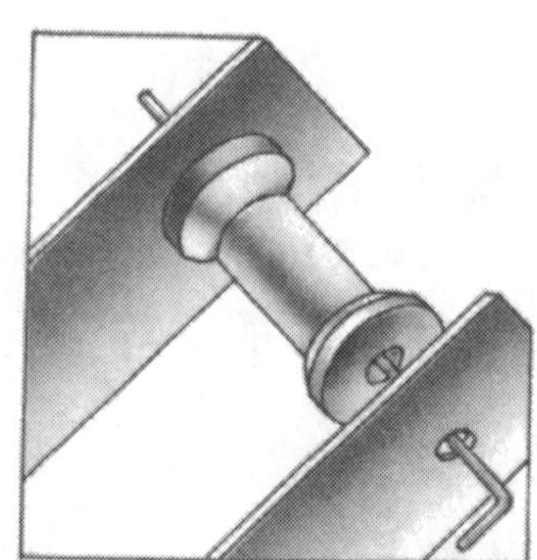

Fig. 3 কাপড়ের রীল

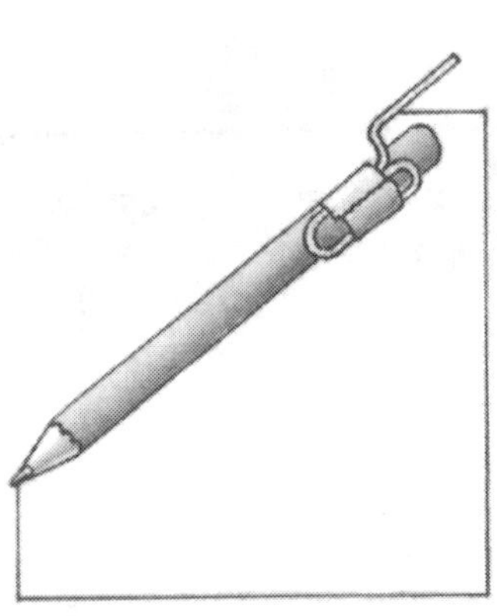

Fig. 4 হ্যান্ডেল

Fig. 5 হ্যান্ডেল লাগানো হচ্ছে

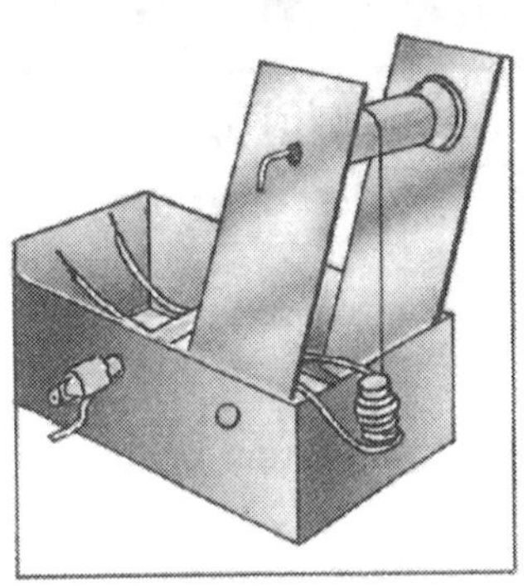

Fig. 6 ইলেক্ট্রোম্যাগনেট লাগানো হচ্ছে

- এখন ইলেক্ট্রোম্যাগনেটের খোলা প্রান্তগুলিকে একটি সুইচের মাধ্যমে ব্যাটারীর সাথে যুক্ত করুন। এখন আপনার ক্রেন ব্যাবহারের জন্যে প্রস্তুত।

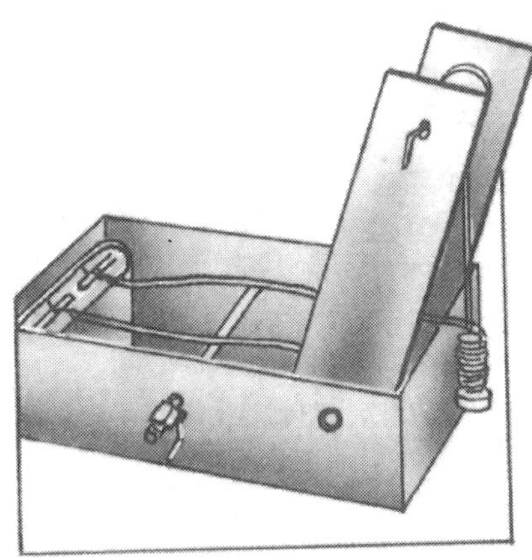

Fig. 7 একটি টেবিলের ওপর বক্স

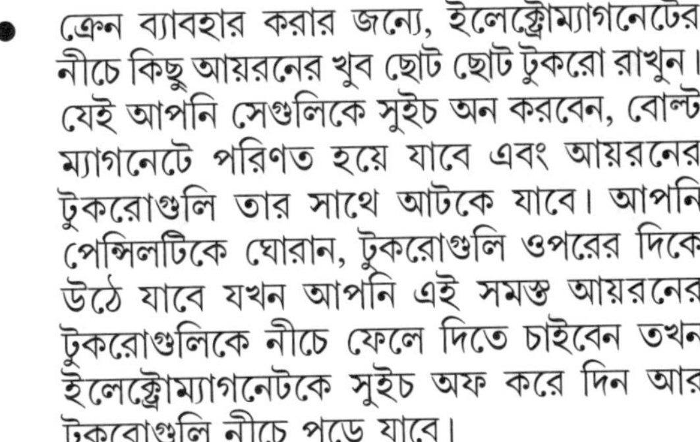

- ক্রেন ব্যাবহার করার জন্যে, ইলেক্ট্রোম্যাগনেটের নীচে কিছু আয়রনের খুব ছোট ছোট টুকরো রাখুন। যেই আপনি সেগুলিকে সুইচ অন করবেন, বোল্ট ম্যাগনেটে পরিণত হয়ে যাবে এবং আয়রনের টুকরোগুলি তার সাথে আটকে যাবে। আপনি পেন্সিলটিকে ঘোরান, টুকরোগুলি ওপরের দিকে উঠে যাবে যখন আপনি এই সমস্ত আয়রনের টুকরোগুলিকে নীচে ফেলে দিতে চাইবেন তখন ইলেক্ট্রোম্যাগনেটকে সুইচ অফ করে দিন আর টুকরোগুলি নীচে পড়ে যাবে।

■■

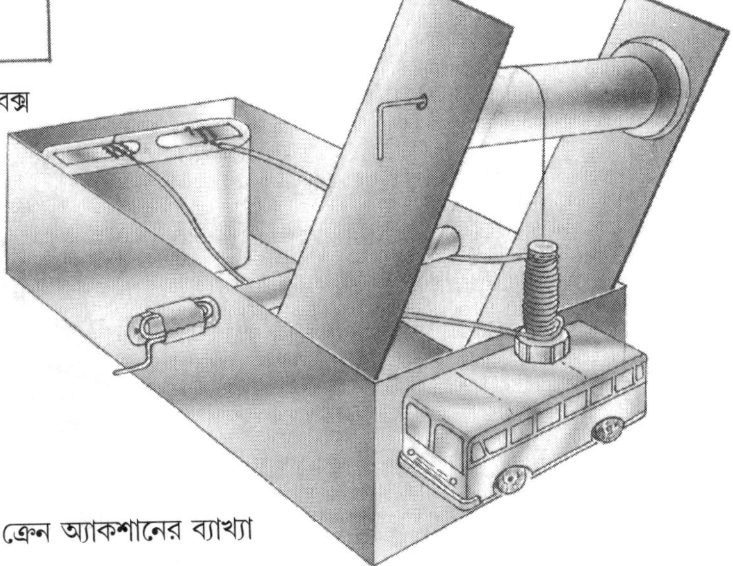

ক্রেন অ্যাকশানের ব্যাখ্যা

33. ইলেক্ট্রোম্যাগনেটিক ইনডাকশানের ব্যাখ্যা

যখন অলটারনেটিং কারেন্ট একটি কয়েলের মধ্যে দিয়ে প্রবাহিত হয়, তখন প্রথম কয়েলের কাছে থাকা অন্য কয়েলের মধ্যে ইনডিউসড ভোল্টেজ তৈরী হয়। যদি একটি বাল্বকে অন্য কয়েলের সাথে যুক্ত করা হয় তাহলে ইনডিউসড ভোল্টেজের জন্যে বাল্বটি জ্বলে উঠবে। এই প্রভাবকে বলা হয় মিউচুয়াল (পারস্পরিক) ইনডাকশান।

আপনার প্রয়োজন

- *এনামেল করা কপার ওয়্যার 30 গজ*
- *দুটি কাঠের ফর্মার*
- *একটি 16 ভোল্ট ইলেক্ট্রিক বাল্ব*
- *একটি বাল্ব হোল্ডার*

কি করতে হবে

- একটি কাঠের ফর্মার নিন এবং 30 গজের এনামেল করা ওয়্যারের একটি কয়েলকে প্রায় 1200 পাকে ঘোরান।
- আর একটি ফর্মার নিন এবং একটি কয়েলকে প্রায় 50 পাকে ঘোরান। 16 ভোল্টের একটি বাল্বকে এই কয়েলের দুটি খোলা টার্মিনালের সাথে একটি বাল্ব হোল্ডারের মাধ্যমে যুক্ত করুন।
- ফিগারে যেরকম দেখানো আছে ঠিক সেইরকম ভাবে, দুটি কয়েলকে একে অপরের কাছাকাছি নিয়ে আসুন (প্রায় 2 সেমি দূরত্বে)।
- আপনার AC মেন সাপ্লাই-এর মধ্যে প্রথম কয়েলের দুটি খোলা প্রান্তকে রাখুন। আপনার বাল্ব জ্বলে উঠবে। বাল্বের সাথে দ্বিতীয় কয়েলকে প্রথম কয়েলের আর একটু কাছে নিয়ে আসুন। এটি আরোও জোরে জ্বলতে থাকবে। বাল্বটি মিউচুয়াল (পারস্পরিক) ইনডাকশানের জন্যে জ্বলে উঠেছে।

■ ■

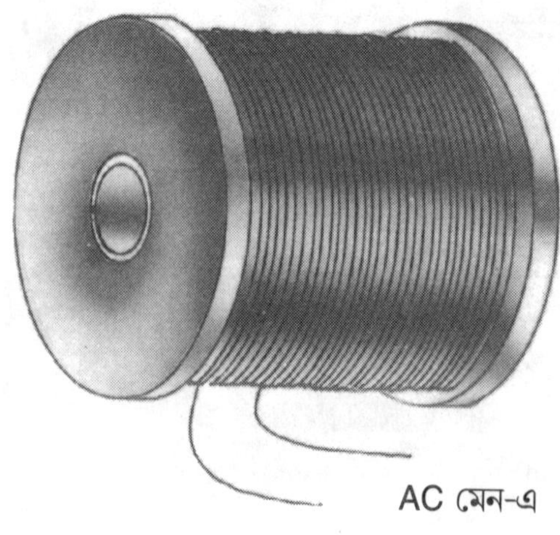

34. অসাধারণ লেভিটেশনের ব্যাখ্যা

A.C. কারেন্টকে একটি আয়রন রডের চারপাশে ঘোরানো একটি কয়েলেরে মাধ্যমে প্রবাহিত করে এবং রডের ওপরে একটি রিং রেখে অসাধারণ লেভিটেশনের ব্যাখ্যা করা যেতে পারে। যখন A.C. কারেন্ট কয়েলের মধ্যে দিয়ে প্রবাহিত হয় তখন সম্প্রসারিত ম্যাগনেটিক ফিল্ড রিং-এর মধ্যে একটি বিপরীত মুখী কারেন্টকে ইনডিউস করে। মেটাল রিং দ্বারা তৈরী করা ফিল্ডটি কয়েলের ফিল্ডের বিরোধিতা করে যার ফলে রিংটি বাতাসের মধ্যে ওপরের দিকে ছিটকে যায় যা ম্যাগনেটিক লেভিটেশনের ঘটনাকে ব্যাখ্যা করে।

আপনার প্রয়োজন

- *আয়রনের একটি রড প্রায় 12 সেমি লম্বা এবং 1 সেমি ব্যাস।*
- *প্রায় 1.5 সেমি ব্যাসের গর্ত সহ একটি মেটাল রিং।*
- *দুটি বৃত্তাকার কার্ডবোর্ডের টুকরো।*
- *এনামেল করা কপার ওয়্যার প্রায় 26 গজ*

কি করতে হবে

- আয়রন রডের ওপরে দুটি কার্ডবোর্ডের টুকরোকে রাখুন যা একে অপরের থেকে প্রায় 8 সেমি দূরে থাকবে।
- এই দুটি টুকরোর মধ্যে অন্ততঃ 400 সংখ্যার পাকের সাথে ওয়্যারের একটি কয়েল তৈরী করুন।
- ফিগারে দেখানো অনুযায়ী রডের ওপরে রিংটিকে পরিয়ে দিন।
- কয়েলের দুটি টার্মিনালকে A.C. মেন-এর সাথে যুক্ত করুন। রিংটি বাতাসের মধ্যে ওপরে দিকে ছিটকে পড়বে, যা ম্যাগনেটিক লেভিটেশনের ঘটনাকে ব্যাখ্যা করে।

নোট: *ট্রেনকে তোলা এবং সামনের দিকে চালানোর জন্যে ম্যাগনেটিক লেভিটেশনের ব্যাবহার করা হয়।*

■■

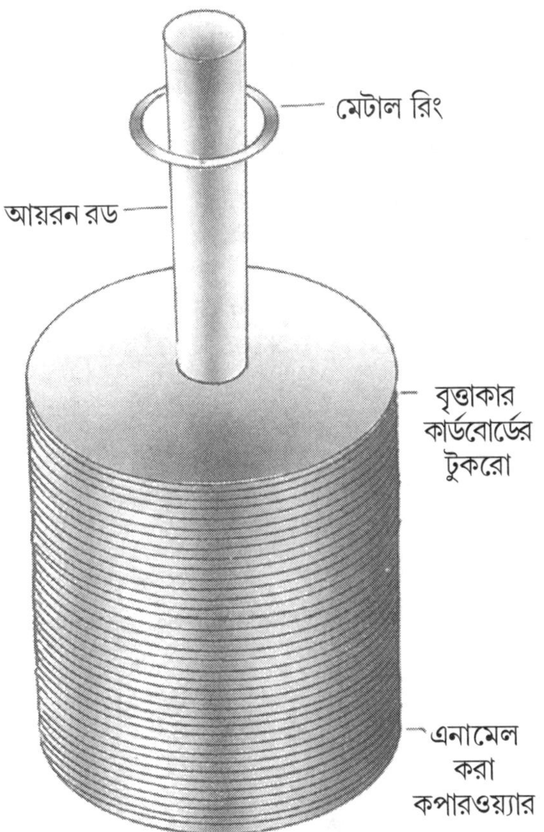

35. একটি ইলেক্ট্রিক মোটর তৈরী করা

একটি ইলেক্ট্রিক মোটর ইলেক্ট্রোম্যাগনেটিক ইনডাকশানের নীতি অনুযায়ী কাজ করে। একটি ইলেক্ট্রিক কারেন্ট একটি ওয়্যারের মাধ্যমে মোটরের মধ্যে দিয়ে প্রবাহিত হয়। একটি ইলেক্ট্রিক মোটরের মধ্যের ওয়্যারকে ঘুরিয়ে একটি কয়েল তৈরী করা হয় যা আবর্তিত হতে পারে। ওয়্যারের এই কয়েলটিকে একটি ফিক্সড (স্থায়ী) ম্যাগনেটের দুটি পোলের মাঝখানে রাখা হয়।

যখন কোন ইলেক্ট্রিক কারেন্ট ওয়্যারের মধ্যে দিয়ে প্রবাহিত হয়, তখন তা এক দিকে নর্থপোল এবং অন্যদিকে সাউথ পোল-এর সাথে কয়েলের চারপাশে একটি ম্যাগনেটিক ফিল্ড সৃষ্টি করে। যদি কয়েলের সাউথ পোল ফিক্সড (স্থায়ী) ম্যাগনেটের সাউথপোলের কাছাকাছি থাকে তখন দুটি একধরণের পোল একে অপরের থেকে দূরে সরে যায় এবং কয়েলটি ঘুরে যায়। কয়েলটি বৃত্তের চারপাশে অর্ধেকপথে আবর্তিত হতে থাকে। সম্পূর্ণ ভাবে ঘোরার জন্যে কয়েলের মধ্যে কারেন্টের দিক বদলে যায়।

আপনার প্রয়োজন

- *একটি কাঠের প্ল্যাটফর্ম (পাটাতন) 15 সেমি × 10 সেমিx 1 সেমি*
- *একটি 5 সেমি লম্বা ছিপি*
- *দুটি U-ক্লিপ*
- *টেপ এনামেল করা কপার ওয়্যার*
- *চারটি পেরেক প্রায় 5 সেমি লম্বা*
- *একটি হাতুড়ি, দুটি ড্রয়িং পিন*
- *একটি স্টীলের সেলাইয়ের ছুঁচ প্রায় 10 সেমি লম্বা*
- *একটি 4.5 ভোল্ট ব্যাটারী*
- *দুটি লং বার ম্যাগনেট*

কি করতে হবে

- একটি ছিপি নিন এবং তার মাঝখানে দিয়ে লম্বালম্বিভাবে একটি সেলাইয়ের ছুঁচ ঢুকিয়ে দিন। ছিপির একটি প্রান্তের মধ্যে দুটি পিন আটকে দিন। এগুলি যেন ছুঁচ থেকে একই দূরত্বে থাকে। প্রতিটি পিনের প্রায় এক সেন্টিমিটার যেন ছিপির থেকে বাইরে থাকে।
- ছিপির ওপর লম্বালম্বিভাবে এনামেল করা কপার ওয়্যারের কয়েলকে প্রায় 50 পাকে ঘোরান। কয়েলকে ঠিক জায়গায় আটকে রাখার জন্যে আঠালো টেপ ব্যাবহার করুন। কপার ওয়্যারের প্রান্তগুলিকে কেটে ফেলে দিন।
- খোলা ওয়্যারগুলিকে একটি পিনের চারপাশে এবং অন্যপ্রান্তটিকে অন্য পিনের সাথে মুড়ে দিন।
- কাঠের প্ল্যাটফর্ম (পাটাতন) নিন এবং এর প্রতিটি

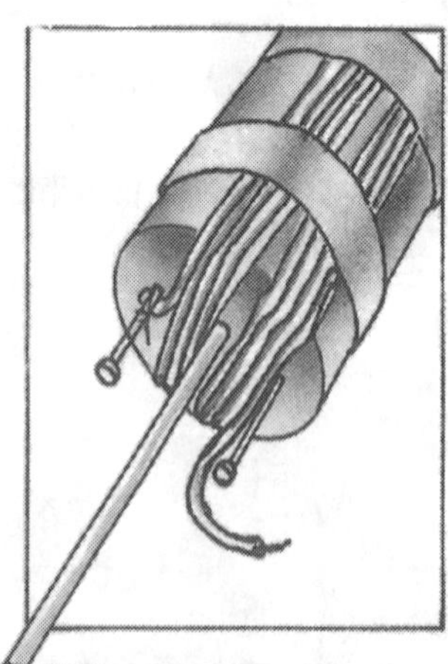

ছিপির মধ্যে দিয়ে একটি সেলাইয়ের ছুঁচ ঢোকানো হচ্ছে

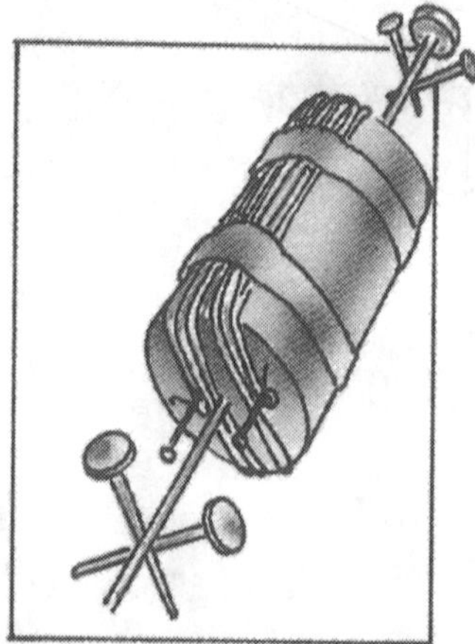

ছুঁচের নীচে আড়াআড়ি ভাবে পেরেকগুলিকে রাখা হচ্ছে

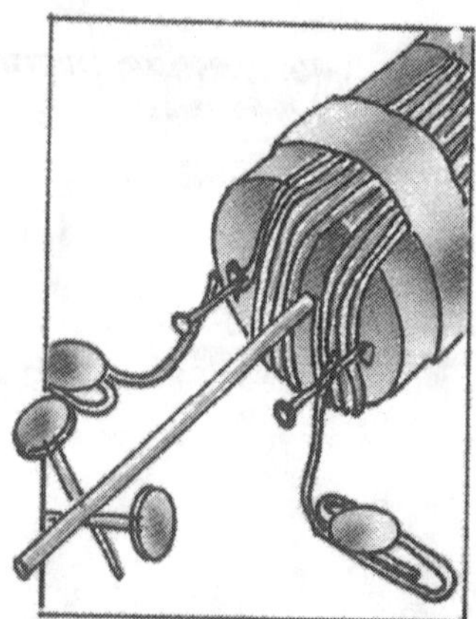

ওয়্যারের কানেকশান করা হচ্ছে

প্রান্তের মধ্যে এমনভাবে দুটি পেরেককে হাতুড়ি দিয়ে ঢোকান যে তারা যেন ক্রস (X) তৈরী করে। ছিপির ছুঁচকে এমনভাবে রাখুন যাতে তা ক্রসের ওপর বসে। দেখবেন যেন ছিপির নীচের অংশ কাঠের নীচের অংশকে স্পর্শ না করে।

- পেপার ক্লিপের একটি প্রান্তকে টেনে ওঠান আর তাকে সোজা করুন। পেপার ক্লিপকে একটি ড্রয়িং পিনের সাহায্যে বোর্ডে আটকান। যখন ছিপিটি ঘোরে, তখন ছিপির পিনগুলি যেন পেপার ক্লিপের একপ্রান্তে সোজাসুজি স্পর্শ করে। দ্বিতীয় পেপার ক্লিপকে ছুঁচের অন্য প্রান্তে রেখে তার সাথে একই রকম জিনিস করুন।
- এখন ব্যাটারীকে দুটি ছোট ওয়্যারের মাধ্যমে পেপার ক্লিপের সাথে যুক্ত করুন। ছিপির কাছাকাছি নর্থ পোলের সাথে ছিপির পাশে একটি ম্যাগনেটকে রাখুন। অন্য ম্যাগনেট কে ছিপির কাছাকাছি ম্যাগনেটের সাউথ পোলের সাথে ছিপির অন্য পাশে রাখুন।
- ছিপিটিকে একটু ঘোরান আর আপনার মোটর চলতে শুরু করবে।

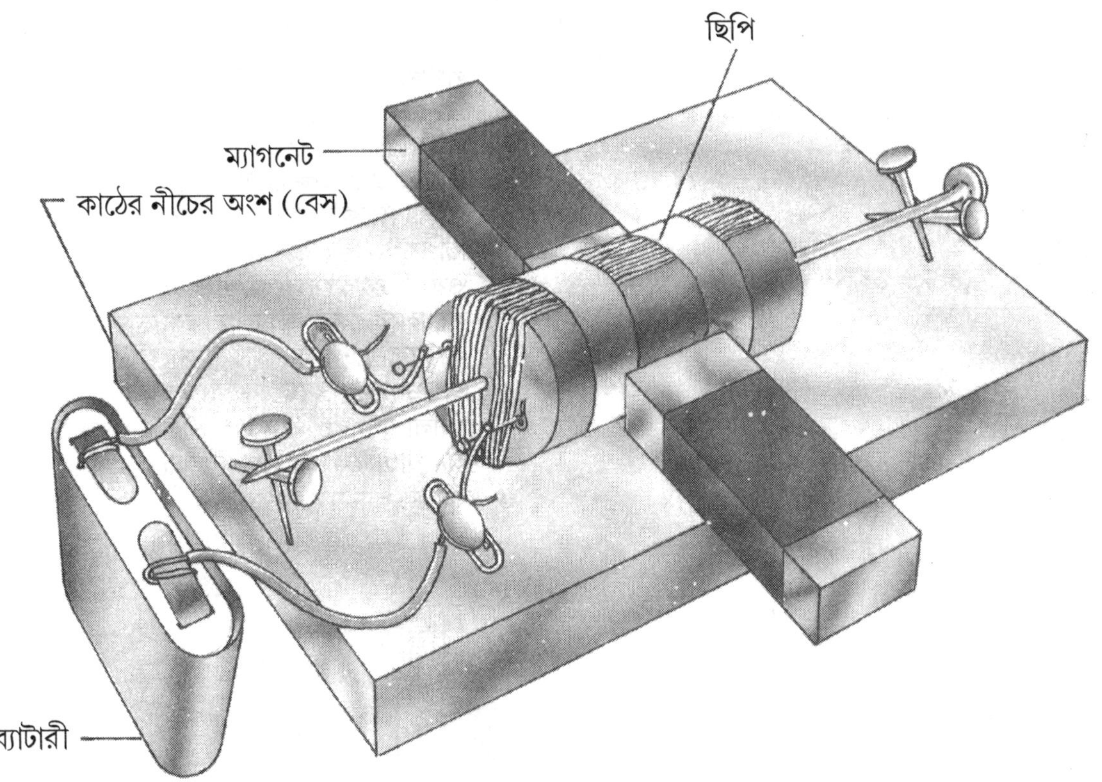

নোট: *এই প্রোজেক্টে দেওয়া মোটরটি নিজে থেকে চালু হয় না এবং তা চালু করার জন্যে ছিপিটিকে অবশ্যই ঘোরতে হবে।*

■■

36. একটি ইলেক্ট্রিক বাজার (Buzzer) তৈরী করা

ইলেক্ট্রিক কারেন্টের ম্যাগনেটিক প্রভাবের ফলে একটি ইলেক্ট্রিক বাজার (Buzzer) তৈরী হয় যা শব্দ সৃষ্টি করে। এগুলি ডোরবেল-এ ব্যাবহার করা হয়। আপনি একটি সহজ বাজার (Buzzer) তৈরী করতে পারেন যার বর্ণনা নীচে দেওয়া হল।

যখন ইলেক্ট্রোম্যাগনেট থেকে খালি ওয়্যার ব্লেডকে স্পর্শ করে, তখন ইলেক্ট্রিক কারেন্ট ওয়্যার এবং ইলেক্ট্রোম্যাগনেট উভয়ের মধ্যে দিয়েই প্রবাহিত হয়। ইলেক্ট্রিক কারেন্ট ইলেক্ট্রোম্যাগনেটের চারপাশে একটি ম্যাগনেটিক ফিল্ড সৃষ্টি করে আর সেই জন্যে স্টীল ব্লেড ইলেক্ট্রোম্যাগনেটের দিকে আকর্ষিত হয়। যখন ব্লেড ইলেক্ট্রোম্যাগনেটের দিকে এগোয় এবং খোলা ওয়্যার থেকে সরে যায়, তখন ইলেক্ট্রিক কারেন্টের প্রবাহ বন্ধ হয়ে যায়। ইলেক্ট্রোম্যাগনেটের চারপাশে ম্যাগনেটিক ফিল্ড অদৃশ্য হয়ে যায় এবং ব্লেডটি ওয়্যারকে স্পর্শ করার জন্যে লাফিয়ে ফিরে যায়। আবার কারেন্ট প্রবাহিত হতে থাকে এবং ম্যাগনেট আবার ব্লেডকে আকর্ষিত করে। যেহেতু ব্লেড ওয়্যার এবং ইলেক্ট্রোম্যাগনেটের মধ্যে সামনে পিছনে হয়ে ঘোরাফেরা করে তাই এর থেকে একটি বাজিং সাউন্ড (Buzzing Sound) তৈরী হয়।

আপনার প্রয়োজন

- *কাঠের দুটি টুকরো-একটি প্রায় 6 সেমি × 10 সেমি এবং অন্যটি প্রায় 2 সেমি × 4 সেমি*
- *কুইকফিক্স অথবা ফেভিকল*
- *প্রায় 4 সেমি লম্বা একটি পেরেক*
- *একটি হাতুড়ি*
- *কাপড়ের ছোট টুকরো*
- *একটি ড্রয়িং পিন*
- *খোলা প্রান্তের সাথে কপার এনামেল করা ওয়্যার*

কি করতে হবে

- কাঠের টুকরোগুলি নিন আর ফিগারে দেখানো অনুযায়ী ছোট টুকরোকে বড় টুকরোর একটি প্রান্তের কাছে সোজাভাবে লাগান।
- কাঠের নীচের অংশের (বেস) অন্য প্রান্তের মধ্যে পেরেকটিকে হাতুড়ি দিয়ে লাগান। পেরেকের ওপরের অংশ যেন কাঠের সোজা টুকরোর ওপরের অংশের প্রায় 3 মিমি নীচে থাকে।

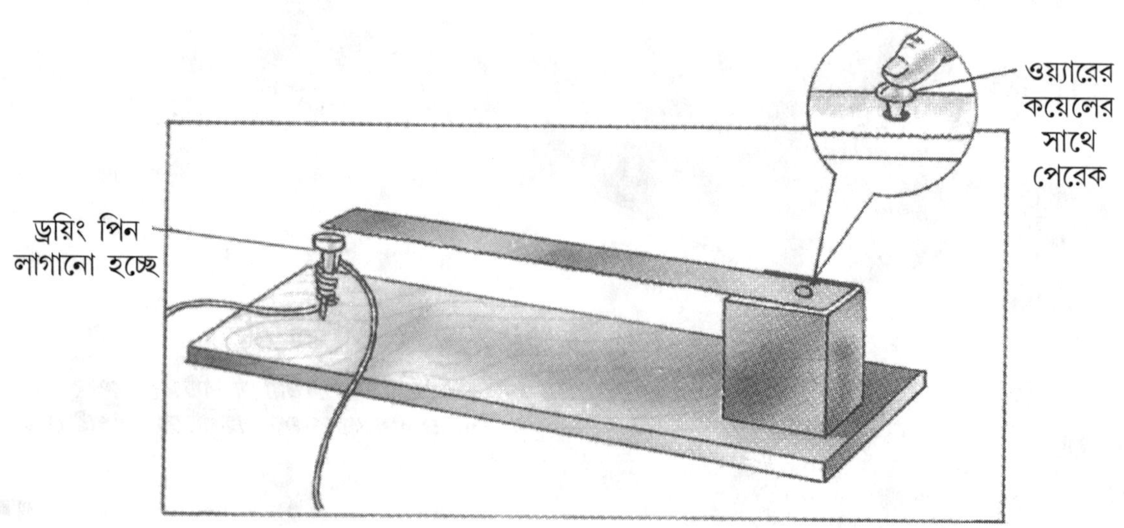

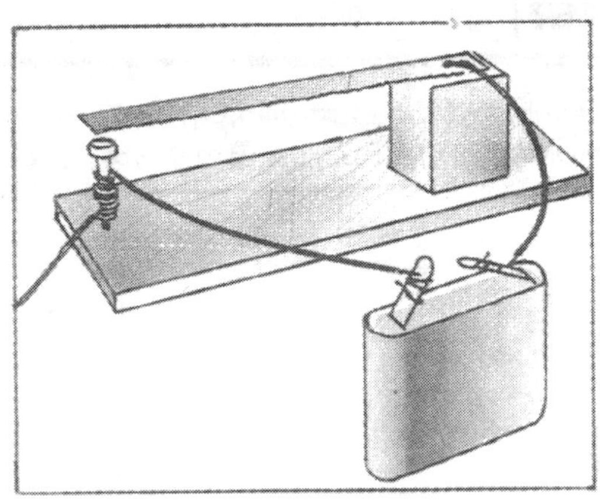

কানেকশান প্ল্যান

- একটি ইলেক্ট্রোম্যাগনেট তৈরী করার জন্যে পেরেকের (প্রায় 150 পাক) চারপাশে কপার ওয়্যারকে ঘোরান। প্রতিটি প্রান্তে প্রায় 30 সেমি ওয়্যার খালি ছেড়ে দিন।
- স্য ব্লেডের চারপাশে কাপড় দিয়ে মুড়ে দিন আর ব্লেডকে অর্ধেক করুন। আপনার হাত যাতে কেটে না যায় সেইজন্যে খুব সাবধানে ব্লেডের ব্যাবহার করুন। যদি ব্লেডের ওপর কোন রঙ থাকে তাহলে স্যান্ড পেপারের টুকরো দিয়ে তা উঠিয়ে ফেলুন।
- এখন, ব্লেডের গর্তের মধ্যে দিয়ে ড্রয়িং পিন ঢোকান এবং তাকে ছোট কাঠের নীচের অংশের (বেস) ওপর আটকান, ঠিক যেরকম ফিগারে দেখানো হয়েছে। ব্লেডের অন্য প্রান্তটি যেন পেরেকের প্রায় 3 মিমি ওপরে থাকে।
- ইলেক্ট্রোম্যাগনেট থেকে একটি ওয়্যারকে ব্যাটারীর একটি টার্মিনালের সাথে যুক্ত করুন। ব্যাটারীর অন্য টার্মিনালকে একটি ছোট ওয়্যারের মাধ্যমে ড্রয়িং পিনের সাথে যুক্ত করুন।
- এখন ইলেক্ট্রোম্যাগনেটের ওয়্যারটি ধরুন এবং ধীরে ধীরে তার সাথে ব্লেডের ওপরের অংশকে স্পর্শ করান। ব্লেড একটি বাজিং সাউন্ড (Buzzing Sound) তৈরী করবে।

■■

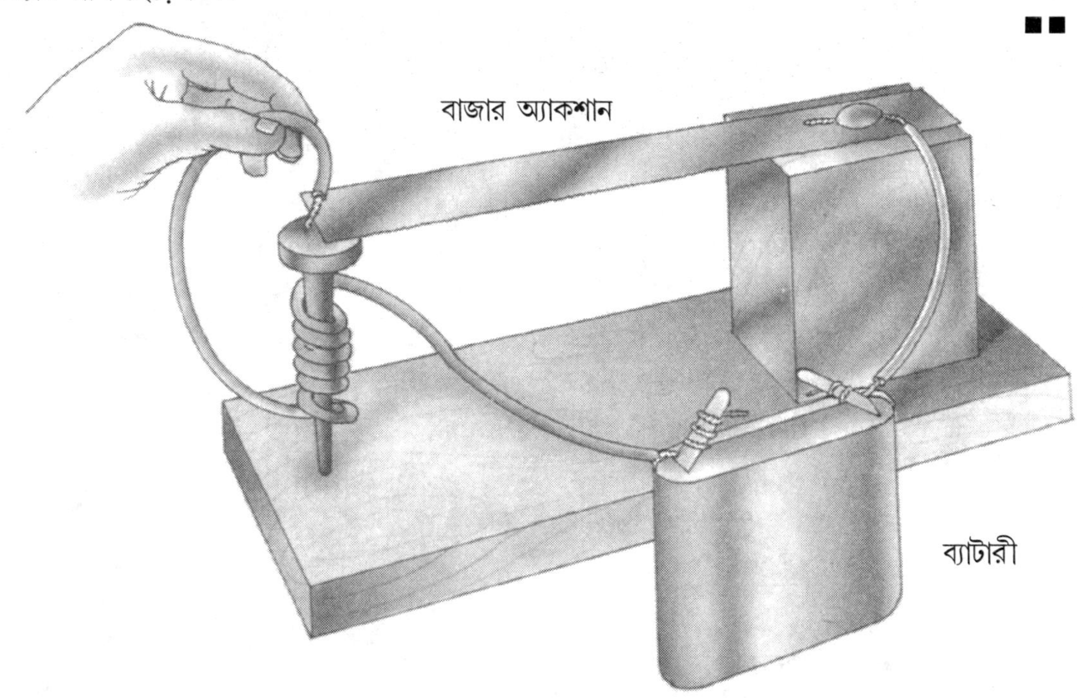

37. একটি গ্যালভ্যানোমিটার তৈরী করা

গ্যালভ্যানোমিটার হল একটি ইলেক্ট্রিকাল যন্ত্র যা ইলেক্ট্রিক কারেন্টকে নির্ণয় করার জন্যে ব্যাবহার করা হত। ইলেক্ট্রিক কারেন্টকে নির্ণয় করার জন্যে এই যন্ত্রটি ইলেক্ট্রোম্যাগনেটিজমের নীতি অনুযায়ী কাজ করে। এমনকি এই যন্ত্রের মধ্যে দিয়ে খুব কম কারেন্ট প্রবাহিত হলেও দেখতে পাওয়া যাবে যে গ্যালভানোমিটারের ম্যাগনেটিক নীডলটি বেশ অনেকটা সরে গেছে।

আপনার প্রয়োজন

- *একটি পকেট ম্যাগনেটিক কম্পাস*
- *প্রায় 10 মি লম্বা 18 গজের এনামেল করা কপার ওয়্যার*
- *কাঠের একটি ছোট ব্লক*
- *সূতো স্যান্ডপেপার*
- *9 ভোল্ট ব্যাটারী*
- *একটি ছোট বাল্ব এবং একটি বাল্ব হোল্ডার*

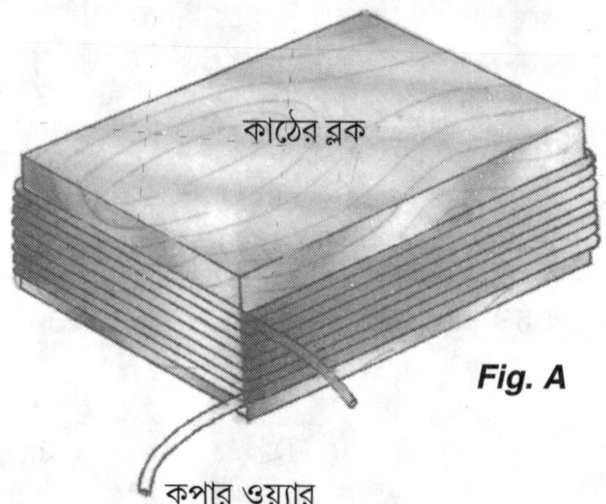

Fig. A

কি করতে হবে

- যন্ত্রের বেস (নীচের অংশ) তৈরী করার জন্যে প্রায় 4 × 2 ইঞ্চি কাঠের ফালির একটি টুকরো কাটুন। ফালির চওড়া যেন কম্পাসের ব্যাসের প্রায় সমান হয়।
- Fig. A-এতে দেখানো অনুযায়ী ওয়্যারের একটি আয়তক্ষেত্রাকার কয়েলকে কাঠের ব্লকের চারপাশে হালকাভাবে ঘোরান। সূতোর টুকরোগুলি দিয়ে এই বিভিন্ন পয়েন্টে একসঙ্গে এই ঘোরানো জিনিসটিকে বাঁধুন।
- যেমন, Fig. B-তে দেখানো হয়েছে ঠিক সেই ভাবে খুব সাবধানে কাঠের ব্লক থেকে কয়েলটি সরিয়ে দিন এবং তাকে আবার ঠিক জায়গায় রাখুন, এটিকে ব্লকের সাথে আঠা দিয়ে লাগান।
- এখন কুইকফিক্স দিয়ে কম্পাসকে ব্লকের সাথে লাগান যাতে ম্যাগনেটিক নীডলের নর্থ পোল যেন Fig. B -তে দেখানো অনুযায়ী জায়গাতে থাকে।
- স্যান্ডপেপারের সাহায্যে কপার ওয়্যারের দুটি খোলা প্রান্ত থেকে এনামেল ইনসুলেশনকে ঘষে উঠিয়ে দিন। গ্যালভানোমিটার এখন ব্যাবহারের জন্যে প্রস্তুত।

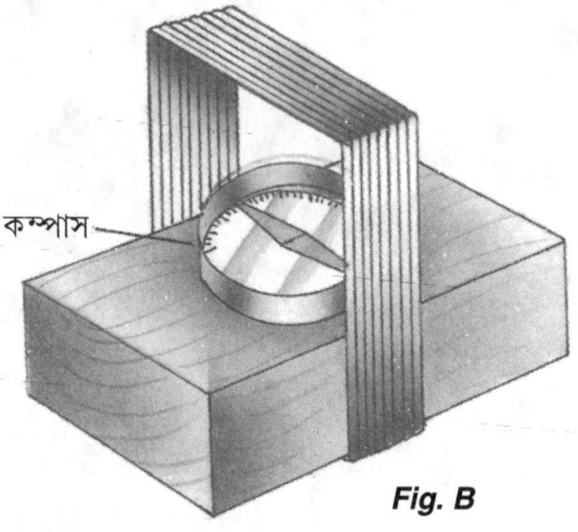

Fig. B

■■

38. গ্যালভ্যানোমিটার ব্যাবহার করে কারেন্ট নির্ণয় করা

- এই গ্যালভ্যানোমিটারের সাহায্যে কারেন্ট নির্ণয় করার জন্যে, আপনাকে এমনভাবে যন্ত্রটিকে ঘোরাতে হতে যাতে ম্যাগনেটিক নীডল সোজাসুজিভাবে কয়েলের নীচে থাকে, ঠিক যেরকম Fig. C-তে দেখানো হয়েছে।
- Fig. D-তে দেখানো অনুযায়ী কয়েলকে একটি বাল্বের মধ্যে দিয়ে ব্যাটারীর সাথে যুক্ত করুন। কয়েলটি এখন একটি ইলেক্ট্রোম্যাগনেট হিসাবে কাজ করবে এবং ম্যাগনেটিক নীডলকে একদিকে সরিয়ে দেবে। ব্যাটারী কানেকশানকে উল্টো করলে, নীডলটি অন্যদিকে সরে যাবে, ঠিক যেরকম Fig. E -তে দেখানো হয়েছে। কারেন্টের প্রবাহকে কম করার জন্যে বাল্বকে সার্কিটের মধ্যে একটি প্রতিরোধক হিসাবে ব্যাবহার করা হয়, আর তার ফলে ব্যাটারী আরও বেশী সময় ধরে চলতে পারে।

■ ■

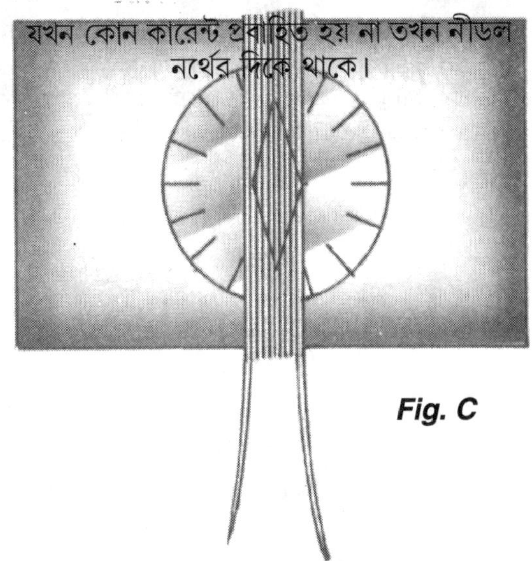

Fig. C

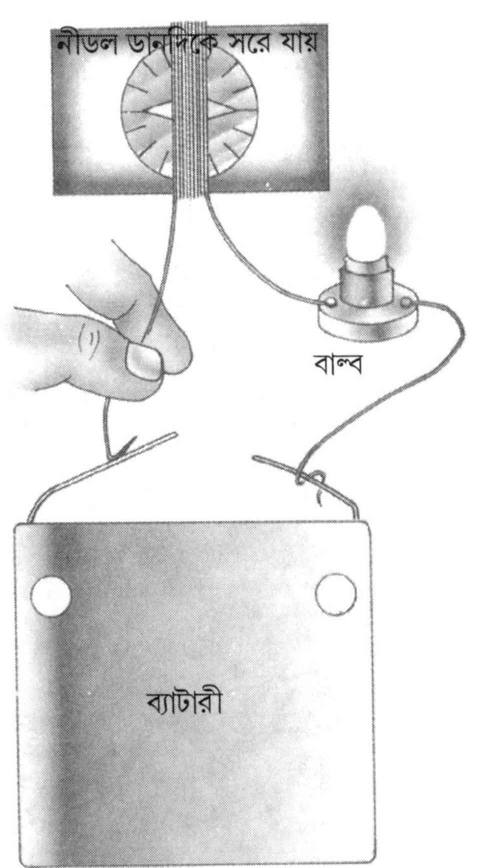

Fig. D

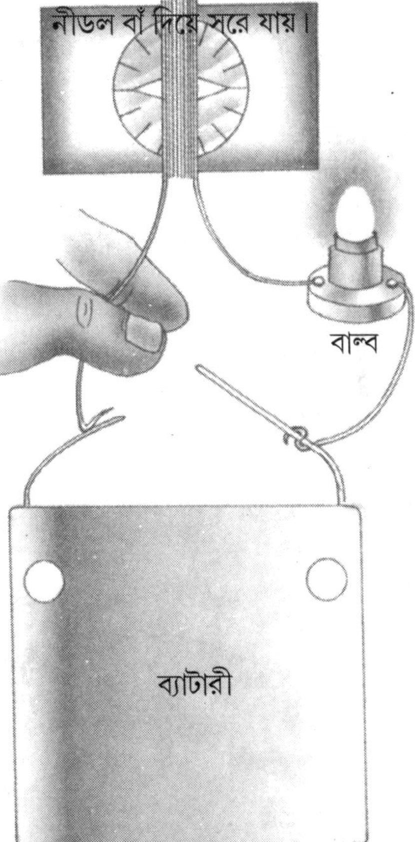

Fig. E

39. পাখীদের প্রশ্নের একটি ইলেক্ট্রিক বোর্ড তৈরী করা

আপনি একটি ছবিতে পাখীদের নাম বলার জন্যে একটি ইলেক্ট্রিক প্রশ্নের বোর্ড তৈরী করতে পারেন। আপনাকে একটি পাখীর ছবির তলায় স্ক্রু টিপের সাথে একটি ওয়্যারের একটি প্রান্তকে স্পর্শ করাতে হবে এবং ওয়্যারের অন্য প্রান্তকে আপনি যে নামটি সঠিক মনে করছেন তার তলায় স্ক্রু টিপের সাথে স্পর্শ করাতে হবে। যদি আপনি সঠিক নাম নির্বাচন করে থাকেন তাহলে আলো জ্বলে উঠবে।

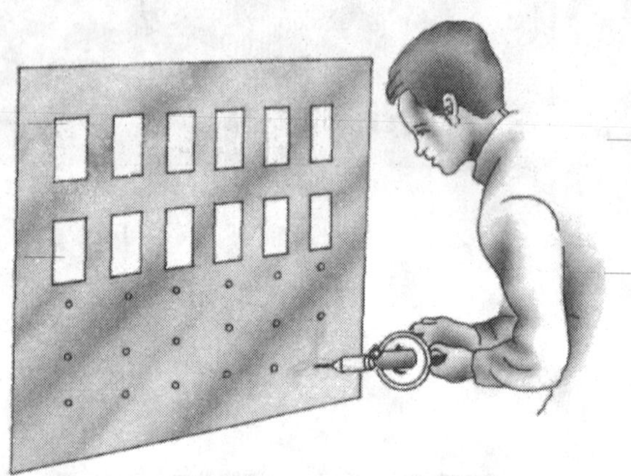

Fig. 1 বোর্ডের মধ্যে ড্রিল দিয়ে গর্ত করা হচ্ছে

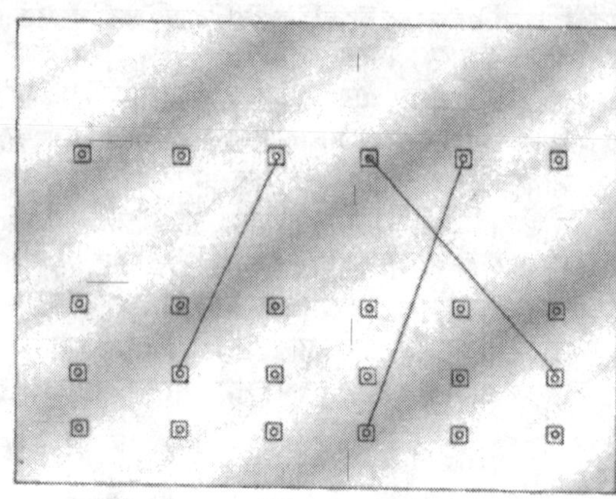

Fig. 2 প্রশ্ন বোর্ডের পিছনের অংশ

আপনার প্রয়োজন

- *একটি পাতলা কঠের বোর্ড (12" × 8"), 24 স্ক্রু এবং বোল্ট (1 " মাপের)*
- *নানা ধরণের পাখী এবং তার নামের সাথে 12 টি ছবি*
- *প্লাস্টিক-কোট করা ওয়্যার*
- *দুটি ড্রাই সেল ধারাবাহিকভাবে যুক্ত করা*
- *একটি 3 ভোল্ট বাল্ব যা একটি বাল্ব হোল্ডারের মধ্যে লাগানো*

কি করতে হবে

- 12" × 8" মাপের একটি পাতলা কাঠের বোর্ড নিন। পাখীর ছবি এবং নামের কার্ডের জন্যে জায়গা ¿ã Â¿ý ◻ĩ Â ß Á◻ ò ¼ Fig. 4 এ দেখানো অনুযায়ী জায়গায় এগুলিকে আঠা দিয়ে লাগান।
- প্রতিটি কার্ড এবং প্রতিটি পাখীর তলায় একটি গর্ত করুন। প্রতিটি বোল্টের ওপর একটি নাট স্ক্রু করুন ঠিক যেরকম Fig. 1 এবং 2-তে দেখানো হয়েছে।
- এখন বোর্ডের পিছনের অংশে, একটি ছবির তলার বোল্ট থেকে একটি ওয়্যারকে সঠিক নামের তলার বোল্টের সাথে লাগান। প্রতিটি ছবি এবং কার্ডের জন্যে একইরকম জিনিস করুন। (Fig. 2 & 3).

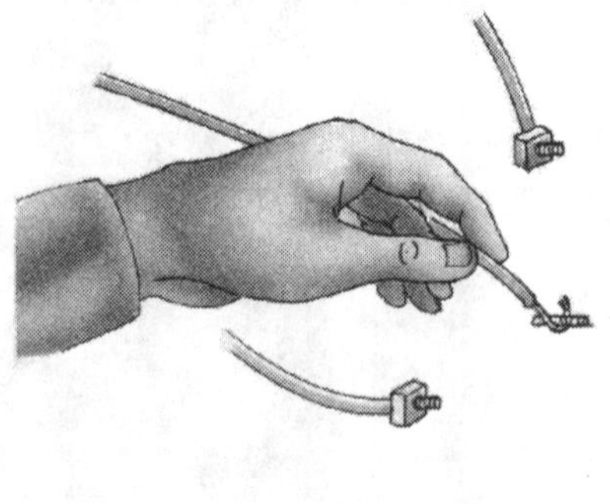

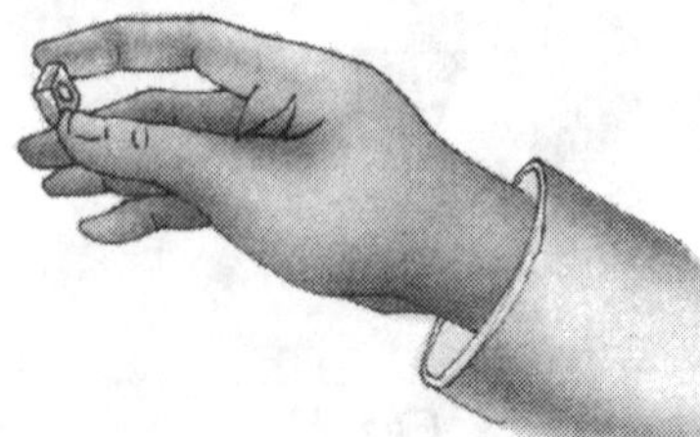

Fig. 3

- এখন ফিগারে যেরকম দেখানো হয়েছে ঠিক সেই ভাবে দুটি ড্রাই সেলের মধ্যে দিয়ে বাল্বকে যুক্ত করুন। দুটি ওয়্যারের শেষ প্রান্তগুলিকে ঘষে নিন। (Fig. 4.)
- এখন ওয়্যারের একটি প্রান্তকে পাখীর তলার বোল্টে স্পর্শ করান এবং অন্য প্রান্তকে সেই নাম কার্ডের তলার বোল্টে স্পর্শ করান যে নামটি আপনার সঠিক বলে মনে হয়েছে। যদি আপনার উত্তর সঠিক হয়, তাহলে বাল্বটি জ্বলে উঠবে।
- আসলে বোর্ডের পিছনদিকের ওয়্যারটি বাল্বের সর্কিটকে সম্পূর্ণ করেছে আর সেইজন্যেই এটি জ্বলে উঠেছে।

নোট: *আপনি ফুলের ছবি এবং তাদের নাম, জীবজন্তুর ছবি এবং তাদের নাম, বিখ্যাত বিল্ডিং-এর ছবি এবং তাদের নাম ইত্যাদি ব্যাবহার করে এই সমস্ত ইলেক্ট্রিক প্রশ্ন বোর্ড তৈরী করতে পারেন।*

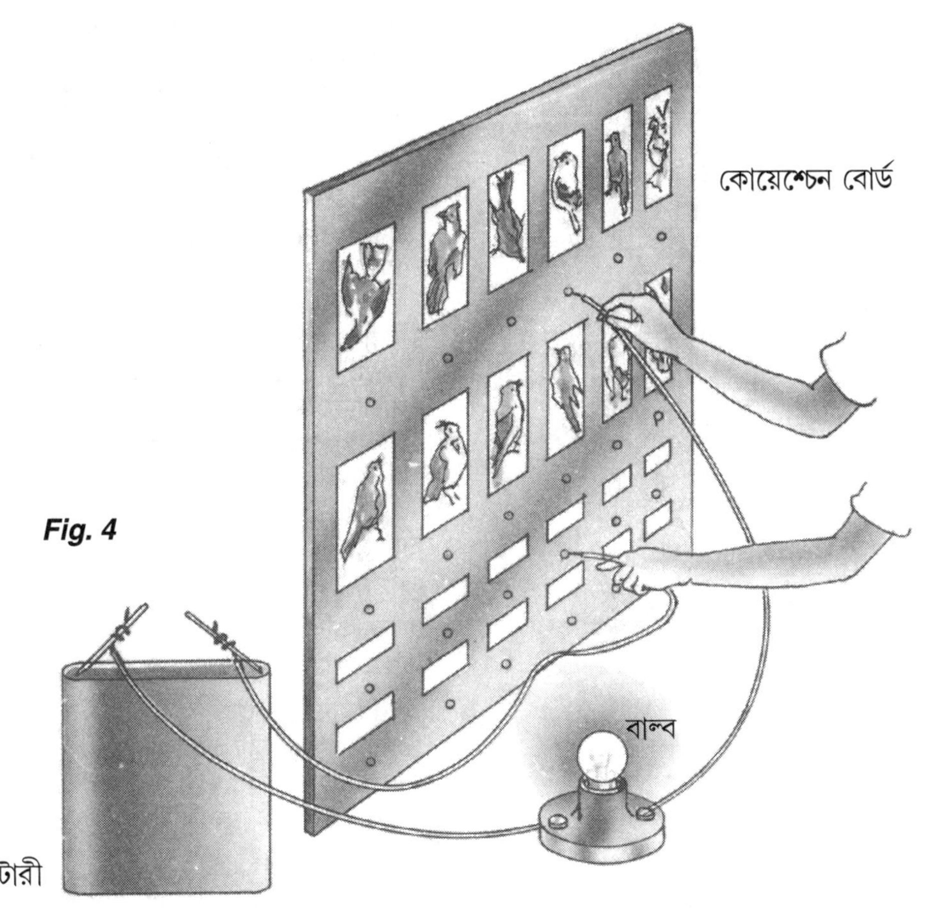

Fig. 4

40. একটি ইলেক্ট্রিক কুইজ বোর্ড তৈরী করা

একটি ইলেক্ট্রিক কুইজ বোর্ডে দশটি প্রশ্ন এবং তাদের উত্তর আছে যা 20 টি আলাদা আলাদা কাগজের টুকরোর ওপরে লেখা আছে। তাদের কাঠের বোর্ডের ওপর এলোমেলোভাবে আটকানো হয়েছে। এই সমস্ত প্রশ্ন এবং উত্তরের পিছনের অংশটি বিভিন্ন কপার ওয়্যারের সাথে যুক্ত করা আছে। যখন দুটি ওয়্যারের সাহায্যে সঠিক উত্তরের সাথে একটি প্রশ্নের সংস্পর্শ করানো হয়, তখন একটি বাল্ব জ্বলে ওঠে, যা প্রদর্শন করে যে এটি সঠিক উত্তর।

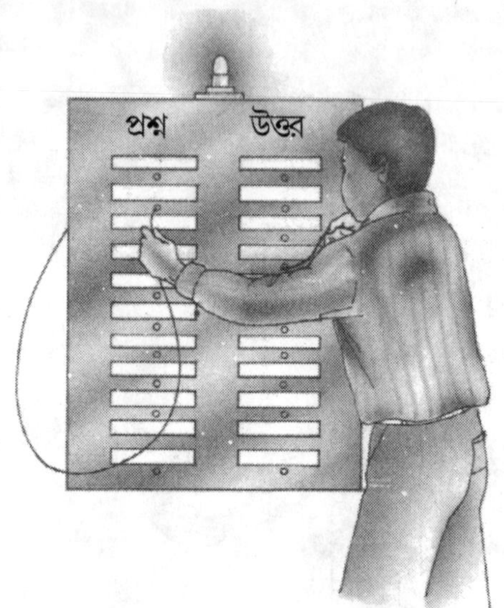

Fig. 1 সামনের দৃশ্য

আপনার প্রয়োজন

- *একটি কাঠের বোর্ড (45 সেমি × 15 সেমি)*
- *ইনসুলেটেড কপার ওয়্যার*
- *হোল্ডার সহ একটি 3 ভোল্ট বাল্ব*
- *দুটি ড্রাই সেল*
- *20 কাপ হুক*
- *10 টি প্রশ্ন এবং তাদের উত্তর সহ 20 টি কাগজের টুকরো*

কি করতে হবে

- একটি কাঠের বোর্ড নিন আর বোর্ডের মাধ্যমে মেটাল হুকের দুটি লাইনকে স্ক্রু করুন।
- আপনার প্রশ্নগুলিকে একটি লাইনের উল্টোদিকে আঠা দিয়ে আটকে দিন এবং উত্তরগুলিকে দ্বিতীয় লাইনের উল্টোদিকে তালগোল পাকিয়ে আটকান। (Fig. 1)
- ফিগার 2 তে যেরকম দেখানো হয়েছে ঠিক সেইভাবে প্রতিটি প্রশ্নকে একটি ওয়্যার দ্বারা হুকের শেষ প্রান্তে লাগানো বোর্ডের পিছনদিকে সঠিক উত্তরের সাথে যুক্ত করুন।
- দুটি ড্রাই সেল (1.5 ভোল্ট প্রতিটি ধারাবাহিকভাবে যুক্ত করা আছে) এবং একটি ছোট 3 ভোল্ট বাল্বকে বোর্ডের সাথে লাগান। তাদের একসঙ্গে ওয়্যার দিয়ে লাগান এবং ফিগারে দেখানো অনুযায়ী এর প্রান্তগুলির ওপর মেটাল ক্লিপের সাহায্যে দুটি লম্বা লীড তৈরী করুন। দেখতে পাবেন যে ক্লিপগুলিকে একসঙ্গে স্পর্শ করার ফলে বাল্বটি জ্বলে উঠবে। (Fig. 2)
- একটি লীডকে একটি প্রশ্নের সাথে ক্লিপ করুন এবং অন্য লীডকে আপনি যে উত্তরটি সঠিক বলে ভাবছেন তার সাথে ক্লিপ করুন। যদি আপনার নির্বাচিত উত্তরটি সঠিক হয় তাহলে বাল্বটি জ্বলে উঠবে কারণ বোর্ডের পিছনদিকের সংযুক্ত ওয়্যারটি সার্কিটকে সম্পূর্ণ করবে। যদি বেছে নেওয়া উত্তরটি ভুল হয় তাহলে বাল্বটি জ্বলবে না।

■■

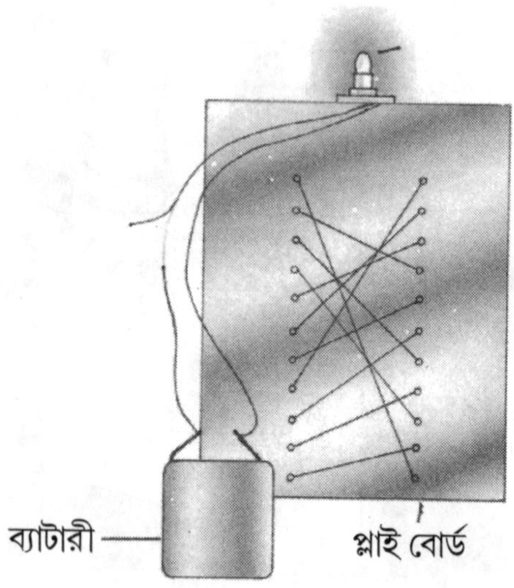

Fig. 2 প্রশ্ন বোর্ডের পিছনের অংশ

41. একটি রেলওয়ে সিগনাল তৈরী করা

রেলওয়ে সিগনাল, ঠিক রাস্তার ট্র্যাফিক লাইটের মতো ট্রেনকে থামার অথবা চলার সংকেত প্রদান করার জন্যে ব্যাবহার করা হয়। যখন কোন সিগনাল নীচের দিকে থাকে, তার অর্থ হল ট্রেনের বাধামুক্ত পথ, আপনি নিম্নলিখিত ভাবে একটি রেলওয়ে সিগনালের একটি ওয়ার্কিং মডেল তৈরী করতে পারেন।

আপনার প্রয়োজন

- *কাঠের দুটি টুকরো-একটি (10 সেমি × 2 সেমি) এবং অন্যটি (5 সেমি × 2 সেমি)*
- *ফেভিকল*
- *পাতলা কার্ডবোর্ডের একটি ছোট টুকরো*
- *দুটি পিন*
- *কাপড়ের সূতো*
- *একটি সেলাইয়ের ছুঁচ*
- *এনামেল করা কপার ওয়্যার*
- *মডেল তৈরী করার মাটি (প্লাস্টিসিন) অথবা কুইকফিক্স*
- *একটি সুইচ*
- *একটি লোহার পেরেক*
- *ড্রিংকিং স্ট্র-এর একটি টুকরো (প্রায় 3 সেমি লম্বা)*
- *4.5 ভোল্টের একটি ব্যাটারী*

কি করতে হবে

- ফেভিকল অথবা কাঠের আঠা দিয়ে কাঠের বড় টুকরোকে ছোট টুকরোর ওপর সোজা করে লাগান।
- প্রায় 5 মিমি চওড়া এবং 5 সেমি লম্বা কার্ডবোর্ড থেকে সিগনাল আর্ম কাটুন। তাকে (জলরঙ) ওয়াটার কালার দিয়ে রঙ করুন।
- সিগনাল আর্মকে ওপরের অংশের কাছে কাঠের সোজা টুকরোর সাথে লাগানোর জন্যে একটি পিন ব্যাবহার করুন। দ্বিতীয় পিনকে ঠিক সিগনাল আর্মেরনীচে রাখুন যাতে সিগনাল সমতল অবস্থায় এর ওপরে থাকতে পারে।
- সিগনাল আর্মের এক প্রান্তের নীচের অংশের কাছাকাছি একটি গর্ত করার জন্যে একটি ছুঁচ ব্যাবহার করুন। গর্তের মধ্যে দিয়ে কাপড়ের সূতোর একটি টুকরোকে বাঁধুন। সূতোটিকে কাটুন যাতে তা কাঠের প্ল্যাটফর্মের (পাটাতনের) ঠিক ওপর পর্যন্ত পৌঁছতে পারে। সূতোর অন্য প্রান্তকে পেরেকের চারপাশে ঘুরিয়ে বাঁধুন এবং তা ঝুলতে দিন (Fig. 2 & 3)
- ড্রিংকিং স্ট্র নিন এবং তার ওপর কপারের প্রায় 500 পাক ঘোরান। প্রায় 25 সেমি ওয়্যারের প্রতিটি প্রান্তকে খোলা ছেড়ে দিন। (Fig. 4)
- ফিগার 5 -এ দেখানো অনুযায়ী এই স্ট্র সোলনয়েডকে কুইকফিক্সের সাহায্যে কাঠের নীচের অংশের সাথে লাগান।

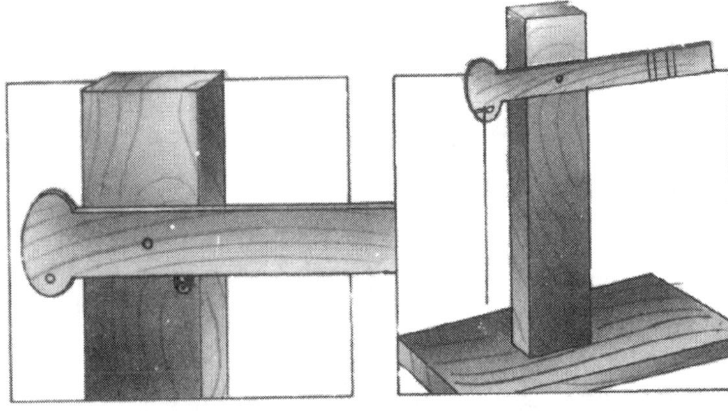

Fig. 1 কাঠের বোর্ডের সাথে সিগনাল

Fig. 2 সিগনালের সাথে কাপড়ের সূতো

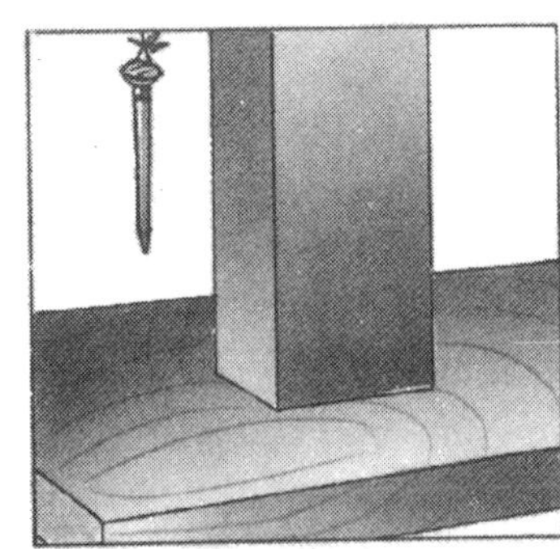

Fig. 3 সূতোয় ফাঁস

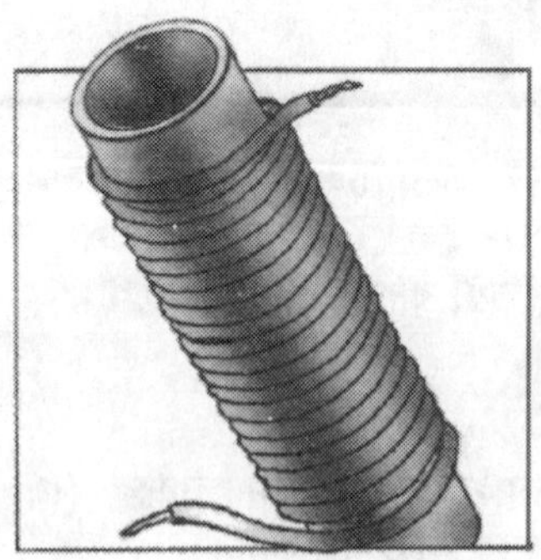

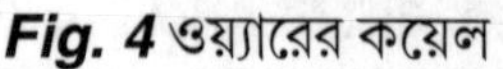

Fig. 4 ওয়্যারের কয়েল

Fig. 5 কাঠের নীচের অংশের সাথে কয়েল লাগানো

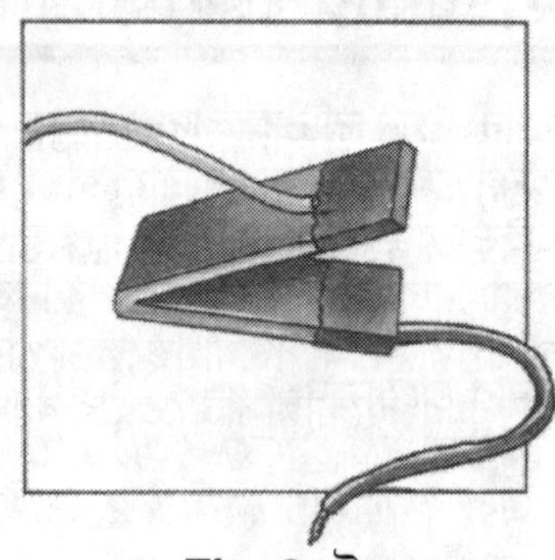

Fig. 6 সুইচ

- একটি সুইচ নিন এবং ফিগার 6 -এ যেরকম দেখানো হয়েছে ঠিক সেই ভাবে কপারের দুটি প্রান্তকে একটি ব্যাটারীর মাধ্যমে তার সাথে যুক্ত করুন।
- আপনি যখন সুইচ অন করবেন তখন ইলেক্ট্রিক কারেন্ট সার্কিটের মধ্যে দিয়ে প্রবাহিত হবে। কারেন্ট একটি ম্যাগনেটিক ফিল্ড তৈরী করবে যা পেরেকটিকে টেনে কয়েলের মাঝখানে নিয়ে আসবে। যা পরিবর্তে সিগনাল আর্মকে ওপরে উঠিয়ে নিয়ে যাবে। যখন সুইচটি অফ করা হবে, তখন পেরেকটি কয়েল থেকে বেরিয়ে আসবে আর সিগনাল আর্মটি পড়ে যাবে।

■■

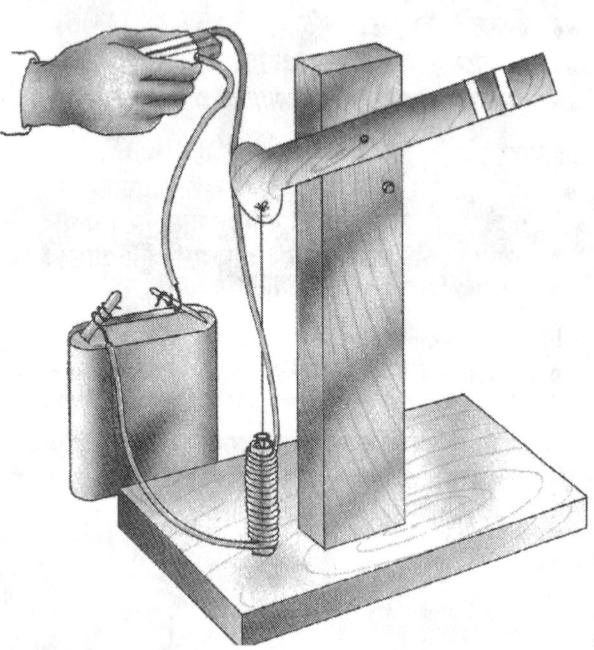

সিগনালিং অ্যাকশন

42. একটি থার্মোইলেক্ট্রিক জেনেরেটার তৈরী করা

যখন কোন দুটি আলাদা ধরণের মেটাল কে যুক্ত করা হয় এবং একটি জাংশান গরম হয়ে যায় যখন কিনা অন্যটিকে কম তাপমাত্রায় রাখা হয়, তখন ইলেক্ট্রিক কারেন্ট ওয়্যারের মধ্যে দিয়ে প্রবাহিত হতে থাকে। এইভাবে যে ভোল্টেজ তৈরী হয় তাকে বলা হয় থার্মো ই.এম.এফ। কারেন্টের গতিপথ অথবা প্রবাহ, ব্যাবহার করা মেটালের সমন্বয়ের ওপর নির্ভর করে। যেমন, কপার এবং আয়রনের একটি সমন্বয়ে, প্রবাহিত কারেন্টের গতিপথ, গরম সংযোগস্থলে কপার থেকে আয়রনের দিকে হয়। একটি থার্মোইলেক্ট্রিক জেনেরেটার নেওয়া যাক এবং ইলেক্ট্রিসিটি তৈরীর বর্ণনা দেওয়া যাক।

আপনার প্রয়োজন

- *একটি মিলিয়ামিটার*
- *কপার ওয়্যার*
- *আয়রন ওয়্যার*
- *বীকার*
- *বরফ*
- *বুন্সেন বার্ণার অথবা মোমবাতি*

কি করতে হবে

- প্রায় 60-70 সেমি লম্বা একটি কপার ওয়্যার এবং একই দৈর্ঘ্যের একটি আয়রন ওয়্যারনিন। কপার ওয়্যারের দুটি প্রান্তের সাথে আয়রনের দুটি প্রান্তকে যুক্ত করুন।
- মাঝখান থেকে কপার ওয়্যারকে কাটুন এবং ফিগারে দেখানো অনুযায়ী একটি মিলিয়ামিটার দিয়ে এর দুটি প্রান্তকে যুক্ত করুন।
- এখন বুন্সেন বার্ণার অথবা মোমবাতির সাহায্যে কপার এবং আয়রন ওয়্যারের একটি জাংশানকে গরম করুন এবং অন্য জাংশানকে বীকারের মধ্যে রাখুন। বীকারের মধ্যে কিছু বরফের টুকরো রাখুন।
- জাংশান গরম হয়ে গেলে, আপনি দেখতে পাবেন যে কিছু কারেন্ট মিলিয়ামিটারের মধ্যে দিয়ে প্রবাহিত হচ্ছে। এটি হল থার্মোইলেক্টিক কারেন্ট।

■■

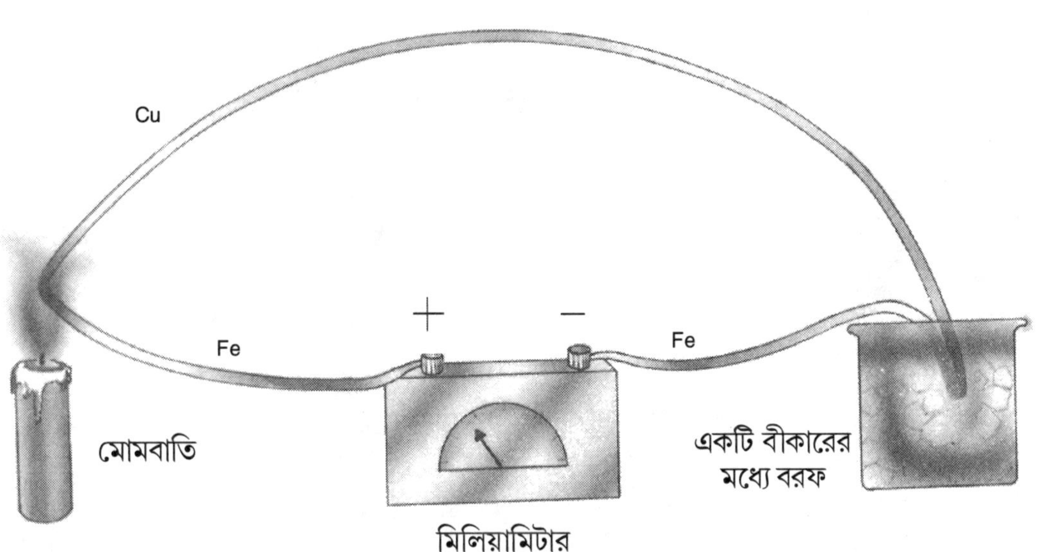

43. ধোঁয়ার দূষণ নিয়ন্ত্রণ করার জন্যে একটি চিমনি তৈরী করা

কোন জ্বালানী জ্বলার সময় যে ধোঁয়া তৈরী হয় তার মধ্যে চার্জড পার্টিকল থাকে। যখন এই চার্জড পার্টিকল গুলি একটি চার্জড ক্যাপাসিটারের মধ্যে দিয়ে যায়, তখন তারা ক্যাপাসিটারের প্লেটের দিকে আকর্ষিত হয়। এই রকম একটি ডিভাইসকে (উপকরণকে) বলা হয় ইলেক্ট্রোস্ট্যাটিক প্রেসিপিটেটার। এই প্রোজেক্টে বর্ণনা করা চিমনি একটি ইলেক্ট্রোস্ট্যাটিক প্রেসিপিটেটার হিসাবে কাজ করে। যখন চিমনির ওপর হাই ভোল্টেজ প্রয়োগ করা হয় এবং তার মাঝখানে একটি ওয়্যার ঝুলতে থাকে, তখন এটি একটি প্রেসিপিটেটার হিসাবে কাজ করে। ধোঁয়ার সমস্ত চার্জড পার্টিকল গুলি চিমনির দেওয়ালে লেগে যায় আর তাই ধোঁয়ার দূষণকে প্রতিরোধ করা যায়।

আপনার প্রয়োজন

- *প্রায় এক ফুট লম্বা এবং এক ইঞ্চি ব্যাসের একটি কার্ডবোর্ড টিউব*
- *পাতলা অ্যালুমিনিয়াম ফয়েল 4" চওড়া*
- *হাই ভোল্টেজের একটি ইনডাকশান কয়েল*
- *একটি দেশলাই*
- *একটি সিগারেট*
- *একটি সুইচ*

কি করতে হবে

- প্রায় 12" লম্বা এবং 1" ব্যাসের একটি কার্ডবোর্ড টিউব নিন। এর একটি প্রান্তের কাছে প্রায় 1" ব্যাসের একটি গর্ত ড্রিল করুন।
- প্রায় 4" চওড়া অ্যালুমিনিয়াম ফয়েল নিন আর অন্য প্রান্তের কাছে কার্ডবোর্ড টিউবের চারপাশ তা দিয়ে মুড়ে দিন।
- টিউবের নীচের মাঝখানে একটি পুরু মেটাল ওয়্যার এমনভাবে ঝুলিয়ে দিন যাতে তা টিউবের দেওয়ালকে স্পর্শ না করে।
- ফয়েলকে একটি সুইচের মধ্যে দিয়ে একটি ইনডাকশান কয়েলের হাই ভোল্টেজের সাথে এবং ঝোলানো ওয়্যারকে ইনডাকশান কয়েলের অন্য টার্মিনালের সাথে যুক্ত করুন।
- একটি জ্বালানো সিগারেটকে টিউবের গর্তের কাছে নিয়ে আসুন, চিমনি থেকে ধোঁয়া বেরিয়ে আসবে।
- এখন ইনডাকশান কয়েলকে সার্কিটের মধ্যে রাখুন এবং আবার জ্বালানো সিগারেটকে গর্তের কাছে নিয়ে আসুন। এই ক্ষেত্রে, চিমনী থেকে কোন ধোঁয়া বেরোবে না।

■■

নোট: এই প্রোজেক্টটি লো ভোল্টেজ ইনডাকশান কয়েলের সাথে করা যেতে পারে।

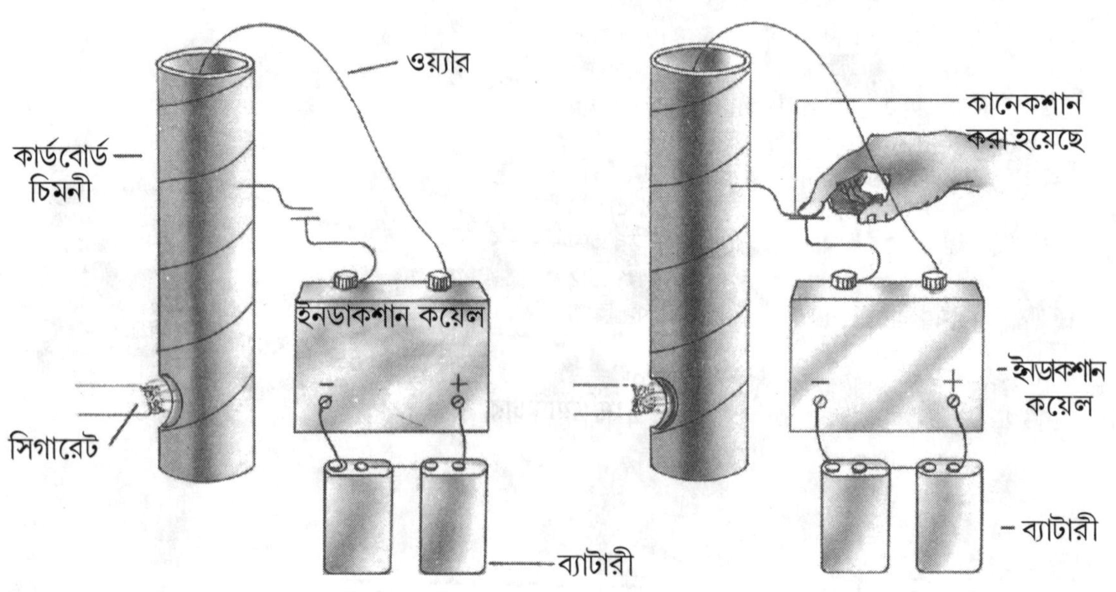

44. একটি অটোম্যাটিক লেটার অ্যালার্ম তৈরী করা

এই প্রোজেক্টে বর্ণনা করা সহজ সার্কিটটি এই বিষয়ের ওপর নির্ভরশীল যে যখন লেটার বক্সে কোন চিঠি থাকে তখন বাল্ব জ্বলে ওঠে। এটি একটি অন/অফ ডিভাইস (উপকরণ) যা চিঠির ওজন দ্বারা কাজ করে। যখন সুইচ টেপা হয়, তখন যদি বাল্ব জ্বলে ওঠে, তার অর্থ হল বক্সের মধ্যে চিঠি আছে অথবা নেই।

আপনার প্রয়োজন

- *একটি লেটার বক্স (16" × 10" × 5")*
- *একটি ইলেক্ট্রিক বেল*
- *একটি বাল্ব হোল্ডার সহ 15 W 220 V -এর একটি বাল্ব*
- *প্লাস্টিক কোটেড ওয়্যার*
- *টিন প্লেট প্রায় 1.5 সেমি চওড়া*
- *এক ইঞ্চি মাপের 4 টি স্ক্রু*
- *সেলোটেপ অথবা ব্ল্যাকটেপ*

কি করতে হবে

- কাঠের মিস্ত্রী দ্বারা 16" × 10" × 5" মাপের কাঠের একটি লেটার বক্স তৈরী করুন। বক্সের ওপরের অংশ যেখানে থেকে চিঠি ফেলতে হবে তা যেন 45° অ্যাঙ্গেলে হয়। (Fig. 1) বক্সটি যেন সামনের দিকে খোলা যায় যেমন Fig. 1 এর পার্ট 3-তে দেখানো হয়েছে।
- বক্সের সামনের দিককে লাগানোর আগে, সমস্ত ইলেক্ট্রিকাল কানেকশান তৈরী করে নিতে হবে।
- বক্সের ভেতরে প্রায় 7" ওপর থেকে, অর্ধেক-U আকারে তৈরী করা একটি টিন প্লেটকে এমনভাবে একটি স্ক্রু'র সাথে আটকাতে হবে যে এর বাঁকানো দিকটা যেন আপনার দিকে মুখ করা থাকে। প্রায় এক সেন্টিমিটার নীচে আর একটি সোজা টিনপ্লেটকে একটি স্ক্রুর সাথে লাগাতে হবে। এই দুটি টিনপ্লেট যেন চিঠির পথকে অবরোধ না করে। এগুলিকে এমনভাবে লাগাতে হবে যেন চিঠি সহজেই নীচে পড়ে যায়। প্লেটের সাথে একটি বেলকে যুক্ত করতে হবে। প্লেটের সাথে চিঠির অল্প সংস্পর্শেই বেল বাজতে শুরু করবে। যেই চিঠি নীচের দিকে পড়তে থাকবে, বেল বাজা বন্ধ হয়ে যাবে। (Fig. 2)
- নীচের অংশে, বক্সের প্রায় ওপরে প্রতিটি 8" করে দুটি টিন প্লেটকে শুধুমাত্র প্রায় 3 থেকে 4 মিমি

Fig. 1

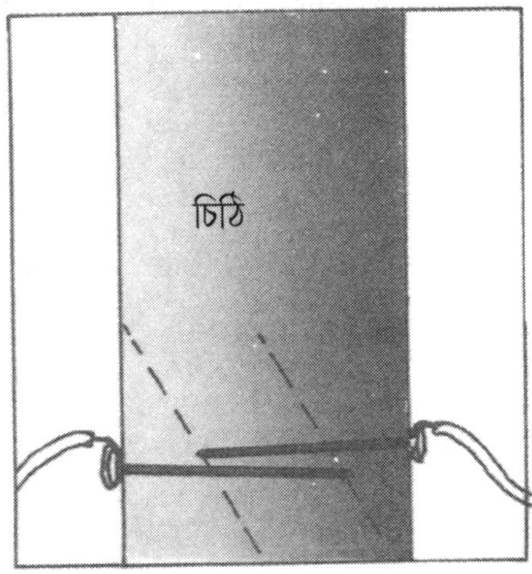

Fig. 2

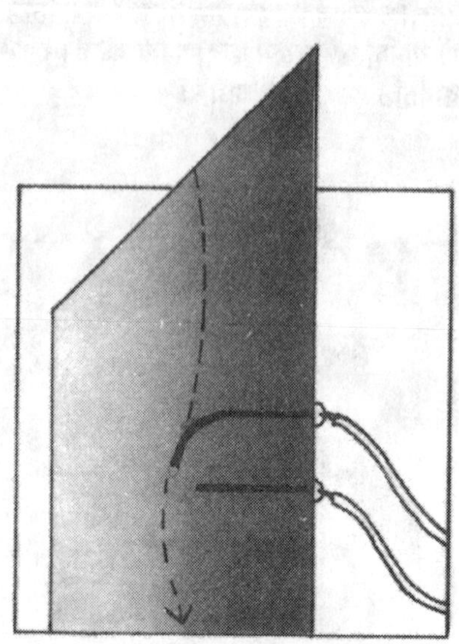

Fig. 3

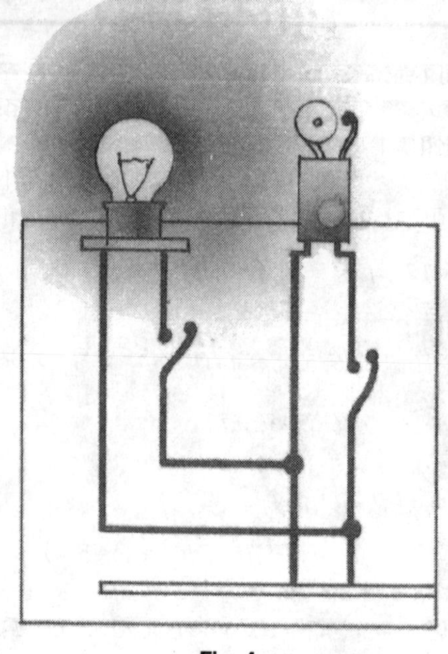

Fig. 4

ব্যাবধানের সাথে সমতলভাবে স্ক্রু করতে হবে। এই টিনপ্লেটগুলি যেন একে অপরের সংস্পর্শে না আসে কারণ এগুলি হল সার্কিটের মূখ্য অংশ।

- সমতল টিন প্লেটগুলিতে, অন্য দুটি ছোট টিন প্লেট সমতলভাবে যেন লাগানো হয়। যাতে যদি চিঠি পাশে পড়ে যায় তাহলে তা সার্কিটকে সম্পূর্ণ করার জন্যে প্লেটের ওপর ওজন প্রয়োগ করতে পারে।
- একটি সুইচকে বাল্ব সার্কিটের সাথে যুক্ত করতে হবে যাতে তা ক্রমাগতভাবে না জ্বলতে থাকে।
- যখন ওয়্যারিং সম্পূর্ণ হয়ে যায় এবং একটি চিঠি বক্সের মধ্যে ফেলা হয় তখন বাল্বটি জ্বলে উঠবে এবং বেল বাজতে থাকবে। (Fig. 4)

■■

45. মেসেজ পাঠানোর জন্যে একটি ম্যরস্ কোড তৈরী করা

ম্যরস্ কোড টেলিগ্রাফে বিভিন্ন অক্ষর এবং নম্বরের জন্যে ডট এবং ড্যাশের ব্যাবহার করা হয়। বিভিন্ন সমন্বয়ে ডট এবং ড্যাশ ব্যাবহার করে বর্ণমালার অক্ষর এবং নম্বরকে তৈরী করা যেতে পারে, যেমন Fig A তে দেখানো হয়েছে। ম্যরস্ কোড টেলিগ্রাফ উনবিংশ শতাব্দীর দ্বিতীয় ভাগের যোগসংযোগে এক দারুণ বিকল্প নিয়ে এসেছিল। লোকেরা যে কোন ধরণের আবহাওয়ায়, দিনে অথবা রাত্রে এই টেলিগ্রাফ দ্বারা প্রায় তক্ষুণী অনেক দূরবর্তী এলাকায় মেসেজ বিনিময় করতে পারত।

আপনার প্রয়োজন

- *কাঠের 8 টি টুকরো (10 সেমি × 5 সেমি × 3 সেমি)*
- *স্টীল স্ক্রু*
- *পেরেক*
- *একটি ছোট কাপড়ের টুকরো*
- *দুটি স্টীলের কব্‌জা (5 সেমি × 2 সেমি)*
- *প্রায় 8 সেমি লম্বা দুটি পাতলা স্য ব্লেড*
- *22 থেকে 24 গজের ইনসুলেটেড কপার ওয়্যার*
- *একটি 4.5 ভোল্ট ব্যাটারী*
- *তিনটি ড্রাই সেল ধারাবাহিকভাবে যুক্ত করা*

কি করতে হবে

- একটি ম্যরস্ কী তৈরী করার জন্যে একটি স্য ব্লেড নিন। কাঠের টুকরোর একটি প্রান্তে কী টিকে স্ক্রু করুন, কিন্তু এখনো স্ক্রুকে টাইট করে লাগাবেন না। কাঠের বোর্ডের অন্য প্রান্তে আর একটি স্ক্রু রাখুন যাতে কী প্রায় তাকে স্পর্শ করে থাকে (Fig. A)
- একটি স্ক্রু-এর ওপরে ইনসুলেটেড কপার ওয়্যারকে 150 পাক ঘুরিয়ে একটি কয়েল তৈরী করুন। কাঠের টুকরোর ওপরে কয়েলটি রেখে স্ক্রু করুন।

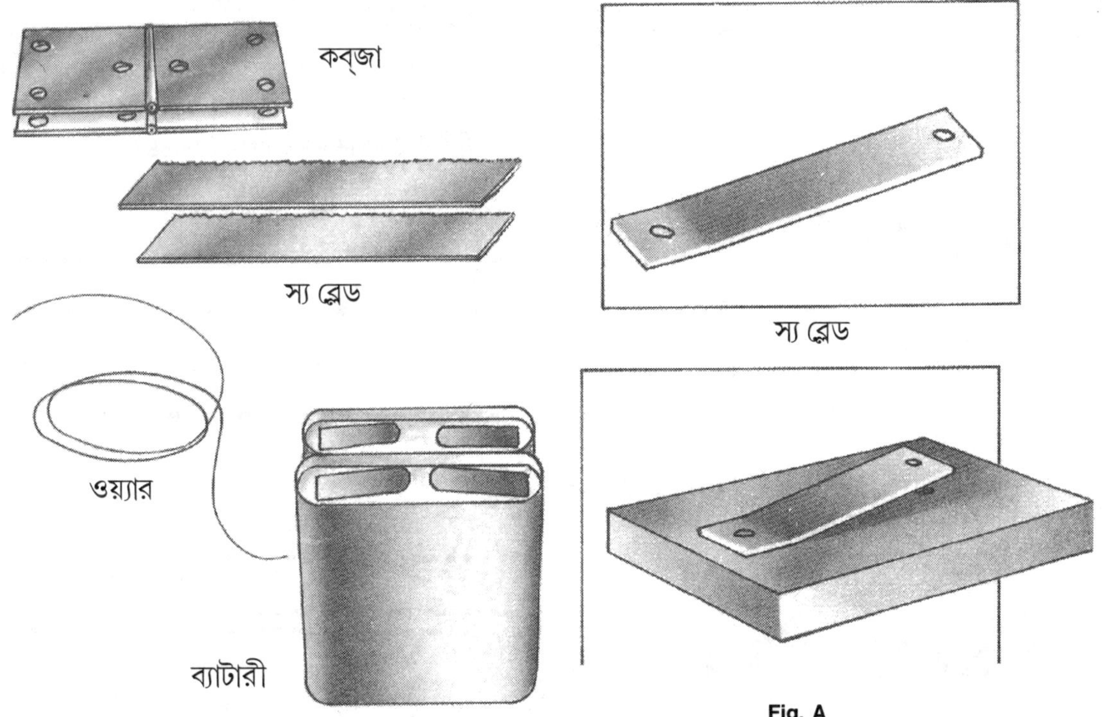

Fig. A

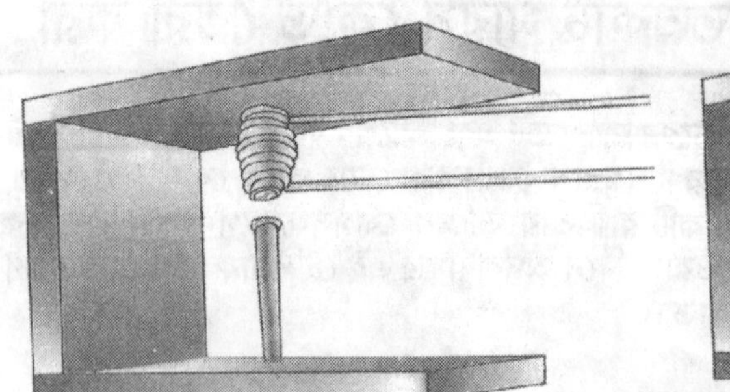

Fig. B

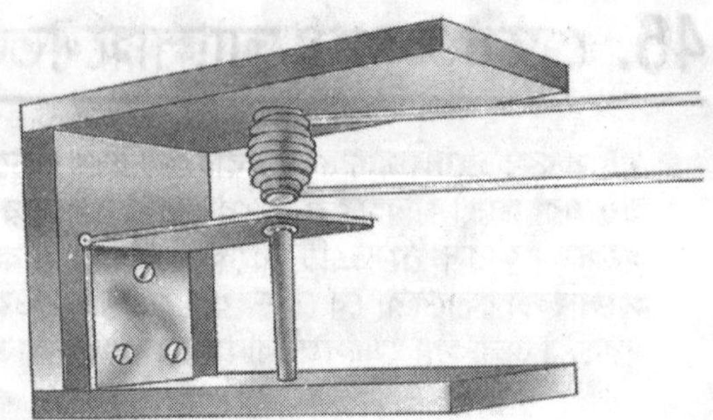

Fig. C

- কয়েল সহ কাঠের টুকরোকে কাঠের অন্য দুটি টুকরোতে পাঠিয়ে সাউন্ডার তৈরী করুন, ঠিক যেরকম Fig. B-তে দেখানো হয়েছে।
- এখন Fig. C -তে দেখানো অনুযায়ী কবজাকে লাগান। এটি যেন পেরেক দ্বারা সাপোর্ট করা থাকে। কব্জা এবং কয়েল স্ক্রুর মধ্যে প্রায় 2 মিমি ব্যাবধান রাখুন।
- দুটি কী এবং দুটি সাউন্ডার তৈরী করুন। Fig. D তে দেখানো অনুযায়ী এগুলিকে ব্যাটারীর সাথে যুক্ত করুন। এখন মেটাল কী'র ফিক্সড এন্ডে স্ক্রুগুলিকে টাইট করুন।

কী 1 টিপে পদ্ধতিটির পরীক্ষা করুন যাতে মেটাল ব্লেডেরে খোলা প্রান্তটি এর নীচের স্ক্রুকে স্পর্শ করে থাকে। এটি যেন সাউন্ডার 2 কে ক্লিক করে। কী 2 এবং সাউন্ডার 1 এর সাথে আবার পরীক্ষা করুন। যদি সবকিছুই ঠিকমতো কাজ করে, তাহলে আপনি ম্যরস্ কোড ব্যাবহার করে যে কোন মেসেজ পাঠাতে পারবেন। যখন আপনি একটি কী টেপেন, তখন কয়েলের মধ্যে দিয়ে প্রবাহিত কারেন্ট স্ক্রুকে ম্যাগনেটিক করে তোলে। এটি কব্জার ফ্রী আর্মকে আকর্ষিত করে যা ওপরের দিকে ওঠে এবং একটি ক্লিক করে। যখন কী ছেড়ে দেওয়া হয় তখন কব্জা পিছন দিকে পড়ে যায়।

ম্যরস্ কোড

নিম্নলিখিত ডট এবং ড্যাশ দ্বারা বিভিন্ন অক্ষর এবং নম্বর গুলি প্রেরিত হয়:

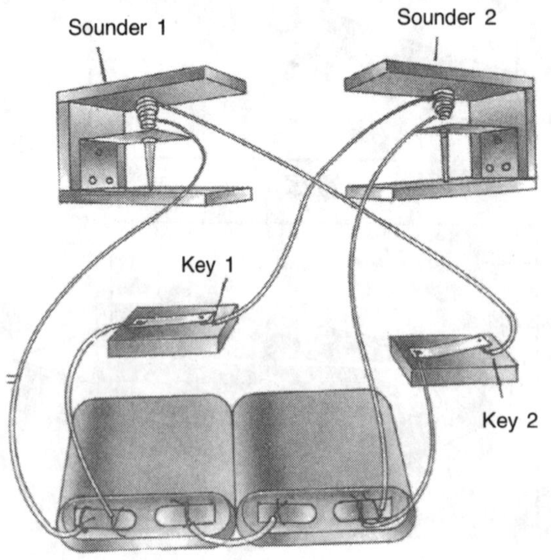

Fig. D

THE INTERNATIONAL MORSE CODE

a	b	c	d	e	f
• —	— • • •	— • — •	— • •	•	• • — •
g	h	i	j		k
— — •	• • • •	• •	• — — —		— • —
l	m	n	o		p
• — • •	— —	— •	— — —		• — — •
q	r	s	t		u
— — • —	• — •	• • •	—		• • —
v	w	x	y		
• • • —	• — —	— • • —	— • — —		
z					
— — • •					

Numerals

1	2	3
• — — — —	• • — — —	• • • — —

4	5	6	7
• • • • —	• • • • •	— • • • •	— — • • •

8	9	0
— — — • •	— — — — •	— — — — —

46. একটি ফায়ার অ্যালার্ম তৈরী করা

এই ফায়ার অ্যালার্মটি একটি বাইমেটালিক স্ট্রিপের কাজের ওপর নির্ভর করে। বাইমেটালিক স্ট্রিপ অসমান সম্প্রসারণের দুটি মেটাল থেকে তৈরী করা হয়। আগুণ লাগলে বাইমেটালিক স্ট্রিপে দুটি মেটালের অসমান সম্প্রসারণের কারণে এটি বেঁকে যায় যাতে একটি বাজার (Buzzer) এর শব্দের জন্যে এটি একটি সার্কিটকে সম্পূর্ণ করে।

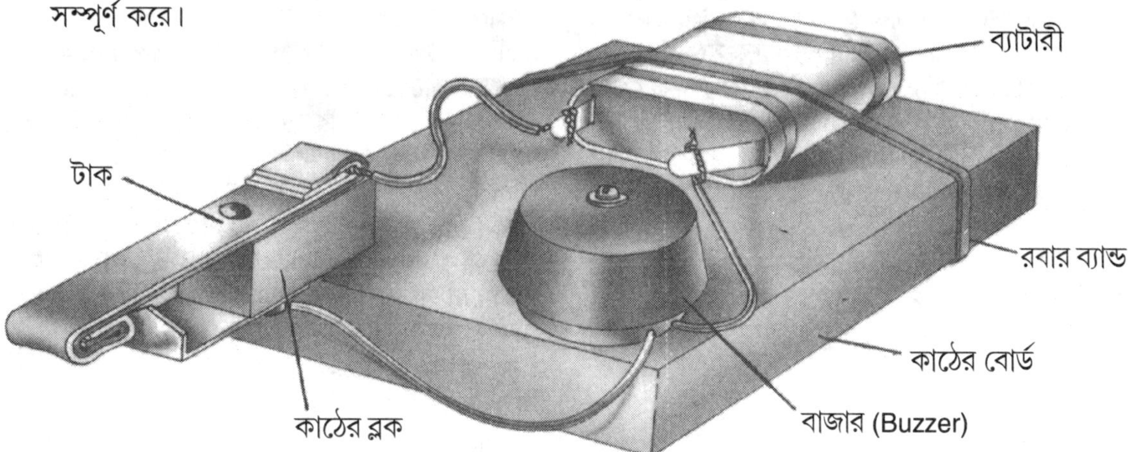

আপনার প্রয়োজন

- *স্টীলের একটি পাতলা স্ট্রিপ*
- *অ্যালুমিনিয়ামের একটি পাতলা স্ট্রিপ*
- *ইনসুলেটেড কপার ওয়্যার*
- *একটি কাঠের ব্লক*
- *একটি কাঠের বোর্ড*
- *একটি ড্রয়িং পিন অথবা ট্যাগ*
- *আঠা*
- *একটি ছোট ইলেক্ট্রিক বাজার* (Buzzer)
- *একটি ব্যাটারী*
- *স্ক্রু*

কি করতে হবে

- দুটি স্ট্রিপ নিন-একটি স্টীলের এবং অন্যটি অ্যালুমিনিয়ামের। অ্যালুমিনিয়াম স্ট্রিপের নীচে স্টীলের স্ট্রিপটি রাখুন। একটি ভাল কন্ট্যাক্ট তৈরী করার জন্যে তাদের একসঙ্গে করে ধরুন। শেষপ্রান্তকে ওপরের দিকে মুড়ে দেওয়ার জন্যে একটি জোড়া প্লায়ার ব্যাবহার করুন, ঠিক যেমন Fig. A-এতে দেখানো হয়েছে।

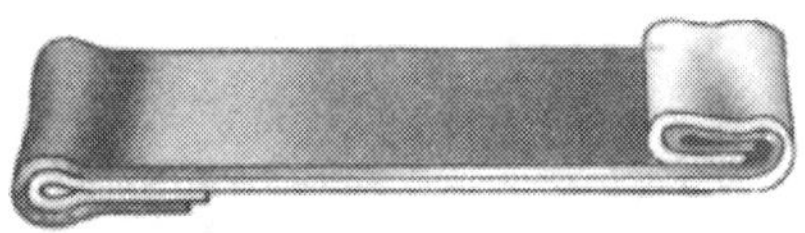

Fig. A *বাইমেটলিক স্ট্রিপ*

- বাইমেটালিক স্ট্রিপের একটি প্রান্তে একটি ইলেক্ট্রিক কানেকশান তৈরী করুন। তারপর এই স্ট্রিপের প্রান্তকে ওপরের দিকে মুড়ুন যাতে ওয়্যারের টুকরোর প্রান্তটি যেন অ্যালুমিনিয়াম দ্বারা খুব দৃঢ়ভাবে আঁকড়ে থাকে।

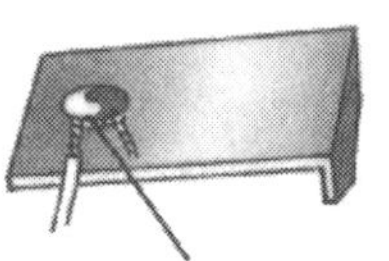

ড্রয়িং পিন অথবা টাক

- স্টীলের আর একটি স্ট্রিপ নিন এবং তার একটি প্রান্তকে একটি পয়েন্টে নিয়ে এসে তাকে বেঁকান, যেরকম Fig. B তে দেখানো হয়েছে। যে কানেকশানটি করা হবে তার অন্য প্রান্তের কাছের অংশটিকে ঘষে দিন। (স্ক্রেপ করুন) কপার ওয়্যারের অন্য প্রান্তে একটি কানেকশান করুন।
- বাইমেটালিক স্ট্রিপ এবং স্টীল স্ট্রিপকে একটি কাঠের ব্লকে জড়িয়ে দিয়ে তাদের আটকে দিন।

তারা যেন প্রায় স্পর্শ করে থাকে। ব্লকটিকে কাঠের বোর্ডের সাথে আটকানো মেটাল স্ট্রিপের সাথে আঠা দিয়ে লাগান।

- একটি ছোট ইলেক্ট্রিক বাজার (Buzzer) এবং তার জন্যে একটি উপযুক্ত ব্যাটারী নিন। একটি রবারব্যান্ড দিয়ে ব্যাটারীটিকে আটকান আর বোর্ডের সাথে বাজার (Buzzer) কে স্ক্রু করুন। ফিগারে যেরকম দেখানো হয়েছে সেইভাবে সার্কিটকে সম্পূর্ণ করুন।
- বাইমেটালিক স্ট্রিপের সাথে স্টীল পয়েন্টকে ঠেলে দিয়ে সার্কিটের পরীক্ষা করুন। যখনই স্টীল পয়েন্টটি বাইমেটালিক স্ট্রিপকে স্পর্শ করবে, তখনই সার্কিটটি সম্পূর্ণ হবে এবং বাজার (Buzzer) শব্দ করতে থাকবে।

ফায়ার অ্যালার্মকে একটি হীটারের কাছে নিয়ে এসে তার কাজের বর্ণনা দেওয়া যেতে পারে। বাইমেটালিক স্ট্রিপে অ্যালুমিনিয়াম, স্টীলের থেকে অনেক বেশী সম্প্রসারিত হবে। এর কারণে স্ট্রিপটি বেঁকে যাবে এবং স্টীল পয়েন্টকে স্পর্শ করবে। এই ভাবে সার্কিটটি সম্পূর্ণ করার পরে, বাজার নিজে থেকেই আওয়াজ করতে থাকবে।

নোট: আপনি একটি কপার ওয়্যারকে একটি স্টীল T-আকারের প্লেটের ওপরে আটকে ফায়ার অ্যালার্মের আর একটি মডেল তৈরী করতে পারেন। কপার ওয়্যারের মাঝখান থেকে, একটি পুশ কন্ট্যাক্ট ছেড়ে দেওয়া হয়। এটিকে একটি ব্যাটারীর মাধ্যমে একটি ইলেক্ট্রিক বেলের সাথে যুক্ত করা হয়। যখন এই অ্যাসেম্বলীকে একটি হীটারের কাছে নিয়ে আসা হয়, তখন কপার ওয়্যার শিথিল হয়ে যায় আর কন্ট্যাক্ট ড্রপকে দুটি কন্ট্যাক্টসের দিকে ঠেলতে থাকে এবং বেলের সার্কিটকে সম্পূর্ণ করে তোলে। বেলটি বাজতে শুরু করে।

■ ■

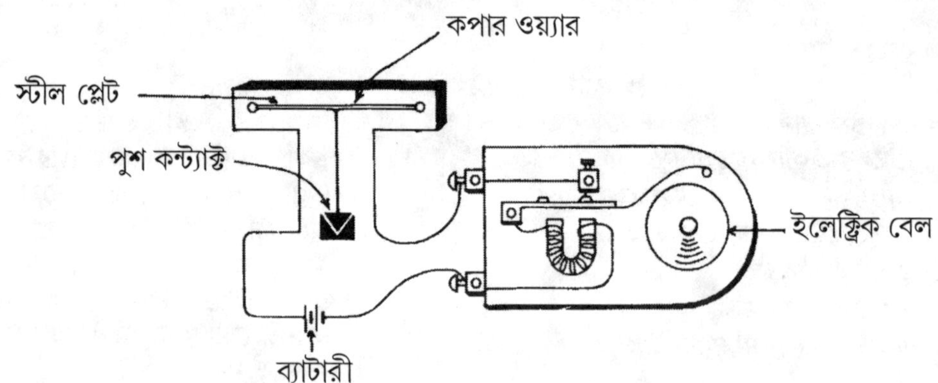

47. একটি দেশলাই কাঠি দিয়ে একটি টেবিল ল্যাম্প জ্বালানো

এই প্রোজেক্টটি ফটোইলেক্ট্রিক প্রভাবের ঘটনার ওপর ভিত্তি করে করা হয়েছে। যখন একটি দেশলাই কাঠি জ্বালানো হয় এবং তার আলো ফটো ডিটেক্টার অথবা LDR-এর ওপরে পড়ে, তখন ইলেক্ট্রিক সার্কিট সম্পূর্ণ হয়ে যায় আর এর ফলে ইলেক্ট্রিক বাল্ব আলো প্রদান করতে শুরু করে।

আপনার প্রয়োজন

- *6 ভোল্ট D.C. ব্যাটারী*
- *একটি টেবিল ল্যাম্প যার সাথে লাগানো 6 ভোল্টের একটি বাল্ব*
- *একটি LDR অথবা ফটো ডিটেক্টার*
- *একটি ট্রানজিস্টার 2N 1177*
- *50 kilo-ohm পোটেনশিওমিটার*
- *একটি সুইচ*
- *একটি প্লাস্টিক শীট*

কি করতে হবে

- একটি প্লাস্টিক শীট নিন আর ফিগারে দেখানো অনুযায়ী সমস্ত উপাদানগুলিকে যুক্ত করুন।
- ফিগারে দেখানো অনুযায়ী টেবিল ল্যাম্পের দুটি টার্মিনালকে সার্কিটের সাথে যুক্ত করুন।
- একটি মেটাল ক্যাপ দিয়ে ফটো ডিটেক্টার অথবা কে LDR কে কভার করুন যাতে বাইরে থেকে কোন আলো যেন তার ওপর না পড়ে।
- যখন আপনি বাল্ব জ্বালানোকে ব্যাখ্যা করতে চাইবেন তখন সুইচ অন করুন আর দেশলাই কাঠি জ্বালান আর তাকে LDR অথবা ফটো ডিটেক্টারের কাছে নিয়ে আসুন। বাল্বটি জ্বলতে শুরু করবে।
- যতক্ষণ টেবিল ল্যাম্পের বাল্ব থেকে আলো ডিটেক্টারের ওপর পড়তে থাকবে, সার্কিটটি ততক্ষণ অন থাকবে, যখন আপনি বাল্বটি বন্ধ করতে চাইবেন তখন আপনাকে সার্কিটের মেন সুইচ বন্ধ করে দিতে হবে।

■■

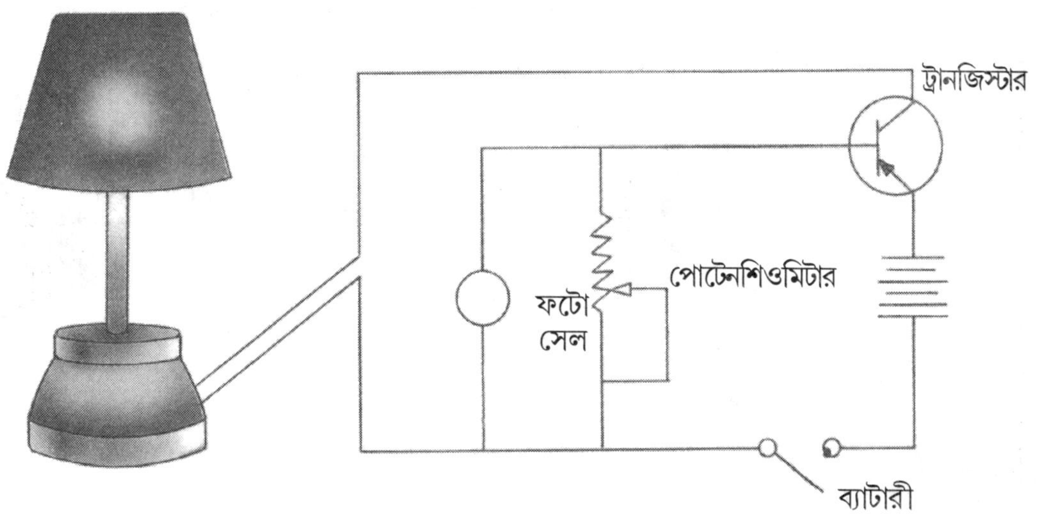

48. একটি ইলেক্ট্রনিক বার্গলার অ্যালার্ম তৈরী করা

এই প্রোজেক্টে ব্যাখ্যা করা বার্গলার অ্যালার্মটি একটি সহজ সলিড স্টেট ডিভাইস এবং এটি চোর এবং অনধিকার প্রবেশকারীকে খুঁজে বার করার জন্যে ব্যাবহার করা যেতে পারে। এটি লাইট সেন্সেটিভ ট্রানজিস্টারের ওপর নির্ভরশীল, যতক্ষণ পর্যন্ত ফটোট্রানজিস্টার একটি বাল্বের আলোকে গ্রহণ করে ততক্ষণ সার্কিটটি লাউডস্পীকার দ্বারা কোন শব্দ সৃষ্টি করে না, এটি ঘটে কারণ যখন আলো ফটোট্রানজিস্টারের ওপরে পড়ে তখন ট্রানজিস্টার AC 128 -এর বেস এমিটার সার্কিটটি ছোট হয় আর রীলে-তে কোন কারেন্ট পাঠাতে পারে না, কিন্তু যখন ফটোট্রানজিস্টারের ওপর পড়া আলোকে আটকে দেওয়া হয়, তখন ট্রানজিস্টারের কনডাক্টিভিটি কমে যায় এবং কারেন্ট রীলে-তে চলে যায় আর তা চালু করে দেয়। সার্কিটটি কাজ করতে শুরু করে দেয় এবং লাউডস্পীকার দ্বারা শব্দ সৃষ্টি হয়, যা ইঙ্গিত করে যে কেউ আলোকে বাধা দিয়েছে।

আপনার প্রয়োজন

- *একটি প্লাস্টিক বক্স*
- *একটি ফটোট্রানজিস্টার AC 126*
- *একটি ট্রানজিস্টার AC 128*
- *একটি ট্রানজিস্টার 25877*
- *একটি রীলে 6 volt 3-5 mA*
- *দুটি ক্যাপাসিটার একটি 0.5 mF এর এবং অন্যটি 0.1 mF-এর*
- *তিনটি রেজিস্টার — দুটি 10 -এর এবং একটি 1.9 kΩ-এর*
- *একটি আউটপুট ট্রান্সফরমার*
- *একটি লাউডস্পীকার 4Ω*
- *5 ড্রাই সেল, কানেক্টিং ওয়্যার*
- *60 ওয়াটের একটি বাল্ব*

কি করতে হবে

- ইলেক্ট্রনিক কম্পোনেন্টকে আটকানোর জন্যে একটি ঢাকনা ছাড়া প্লাস্টিক বক্স নিন।
- একটি AC 126 ট্রানজিস্টার নিন আর খুব সাবধানে তার মেটালিক ক্যাপটি সরান। তারপর যতক্ষণ না

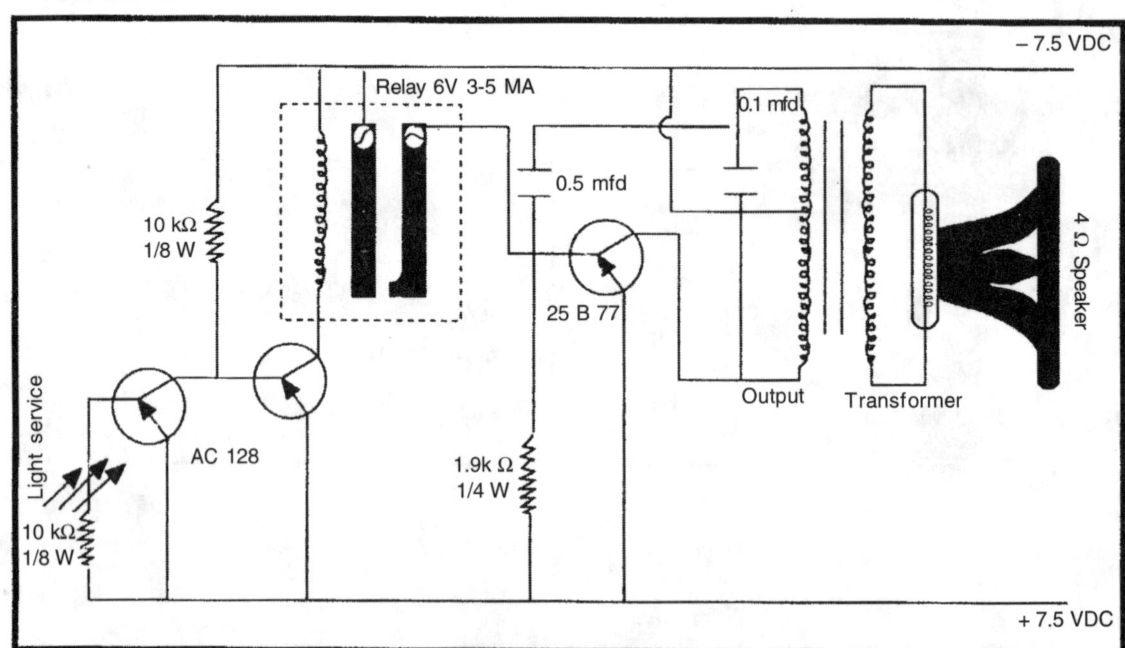

বার্গলার অ্যালার্মের সার্কিট ডায়গ্রাম

সাদা পেস্টের মতো বস্তুটি সম্পূর্ণভাবে চলে যাচ্ছে ততক্ষণ পর্যন্ত কার্বণ টেট্রাক্লোরাইড দিয়ে এর ভেতরটা পরিস্কার করুন। এখন ট্রানজিস্টারকে আর্দ্রতা এবং ক্ষতিগ্রস্ত হওয়া থেকে রক্ষা করার জন্যে একটি স্বচ্ছ কাঁচের ক্যাপ দিয়ে ঢেকে দিন। এই ভাবে, আপনার ফটোট্রানজিস্টার তৈরী হয়ে যাবে।

- সার্কিট ডায়গ্রামে যেরকম দেখানো হয়েছে ঠিক সেই ভাবে প্লাস্টিক বক্সের নীচের অংশে সার্কিটটিকে সম্পূর্ণ করুন।
- 7.5 ভোল্ট পাওয়ার জন্যে পাঁচটি ড্রাই সেলকে ধারাবাহিক ভাবে যুক্ত করুন। এই কম্বিনেশনকে সার্কিটের সাথে যুক্ত করুন।
- 60 ওয়াট লাইট বাল্বকে জ্বালান আর তার আলোকে ফটোট্রানজিস্টারের ওপরে পড়তে দিন। যতক্ষণ ফটোট্রানজিস্টারের ওপর পর্যপ্ত আলো পড়বে ততক্ষণ সার্কিটটি সক্রিয় হবে না।
- এখন, বাল্ব আর ফটোট্রানজিস্টারের মধ্যে কিছু কার্ডবোর্ডের টুকরো নিয়ে এসে আলোকে আটকান, আর সার্কিটটি সক্রিয় হয়ে উঠবে এবং আপনি একটি শব্দ শুনতে পাবেন।

নোট: *আপনি নিম্নলিখিত ভাবে একটি সহজ বার্গলার অ্যালার্ম তৈরী করতে পারেন। এটিকে দরজার সাথে আটকানো যেতে পারে এবং একটি ডোরম্যাটের নীচে মেক এবং ব্রেক সুইচকে রাখা যেতে পারে। যখনই কেউ পা দিয়ে সুইচটি টিপবে, তখনই বেলটি বাজতে শুরু করবে।*

■■

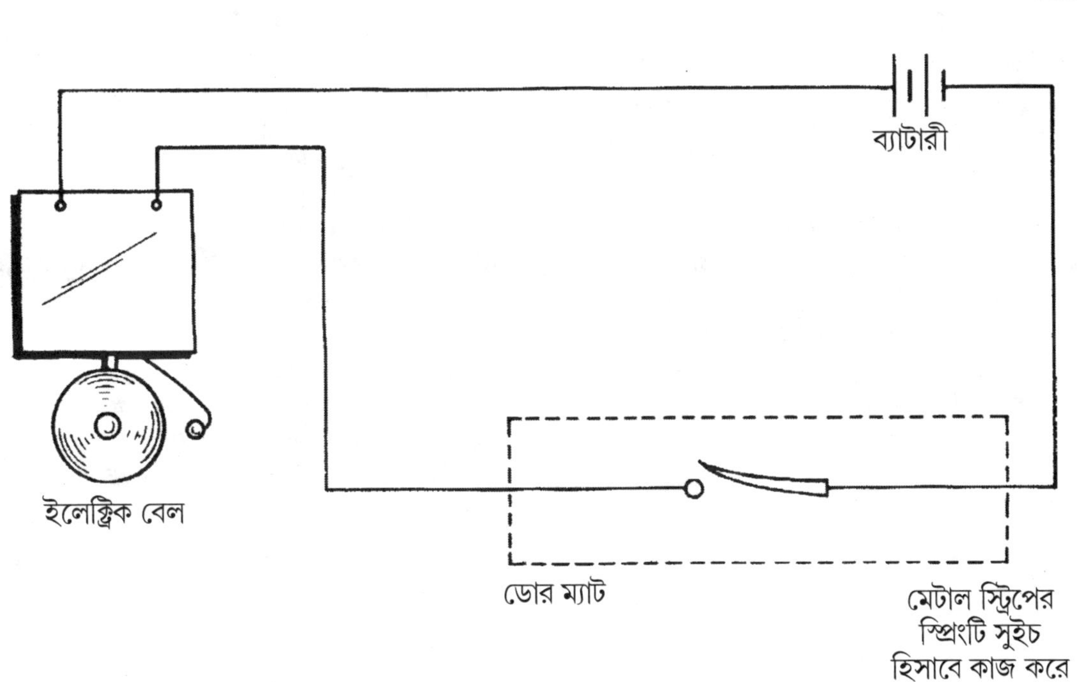

49. একটি টাচ অ্যালার্ম তৈরী করা

এই প্রোজেক্টে বর্ণনা করা টাচ অ্যালার্ম হল এক অসাধারণ ইলেক্ট্রনিক ডিভাইস (উপকরণ)। যখন আপনি লাঞ্চবক্সের ওপরের অংশে আটকানো একটি কপার প্লেটকে শুধু স্পর্শ করেন, তখন এক অদ্ভুত শব্দ সৃষ্টি হয়।

সার্কিটটির মধ্যে দুটি ধাপ আছে। প্রথম ধাপে T_1 এবং T_2 ট্রানজিস্টার থাকে যা ট্রিগার সার্কিট গঠন করে। যখন কপার প্লেটকে স্পর্শ করা হয়, ট্রানজিস্টার T_1 কন্ডাক্ট করে এবং খুব হালকা পাল্স সৃষ্টি করে যা T_2 দ্বারা অ্যাম্প্লিফায়েড হয়, দ্বিতীয় সার্কিটটি T_3 এবং T_4 দ্বারা তৈরী করা একটি অডিও অসিলেটার। ট্রিগার অংশের সিগনাল একটি অডিও সিগনালে পরিণত হয়ে যায় যা লাউডস্পীকার দ্বারা শব্দে রূপান্তরিত হয়।

আপনার প্রয়োজন

- *একটি প্লাস্টিক লাঞ্চ বক্স*
- *একটি সাধারণ PC বোর্ড*
- *চারটি ট্রানজিস্টার T_1-BC 149; T_2-BC 149;*
- *T_3-BC 147 এবং T_4-AC 128*
- *পাঁচটি ট্রানজিস্টার R_1-5MΩ; R_2-100KΩ; R_3-220 KΩ R_4-10KΩ এবং R_5-1.2KΩ*
- *দুটি ক্যাপাসিটার C_1-1mF; 6 V; C_2 0. 01 mF (ডিস্ক সেরামিক)*
- *একটি লাউডস্পীকার 80Ω 500 mW*
- *একটি টাচ প্লেট হিসাবে কাজ করার জন্যে একটি কপার প্লেট (1" ব্যাস)*
- *সোল্ডার ওয়্যার, কানেক্টিং ওয়্যার*
- *6 ভোল্ট প্রদান করার জন্যে ধারাবাহিক ভাবে যুক্ত করা 4 টি ড্রাই সেল।*

কি করতে হবে

- একটি সাধারণ PCB নিন এবং সার্কিট ডায়গ্রামে দেখানো অনুযায়ী বিভিন্ন উপাদানগুলিকে যুক্ত করুন।
- PCB কে প্লাস্টিক লাঞ্চ বক্সের মধ্যে আটকে দিন।
- লাউডস্পীকারকে প্লাস্টিক বক্সের ওপর আটকান।
- কপার প্লেটকে প্লাস্টিক বক্সের ওপরের অংশে আটকানো যেতে পারে অথবা একেবারে আলাদা জায়াগায় রেখে দেওয়া যেতে পারে।
- 6 ভোল্ট ইলেক্ট্রিসিটি তৈরী করার জন্যে চারটি ড্রাই সেলকে যুক্ত করুন এবং ফিগারে দেখানো অনুযায়ী সার্কিটের সাথে পজিটিভ এবং নেগেটিভ টার্মিনালসকে যুক্ত করুন।
- যখনই আপনি কপার প্লেটকে স্পর্শ করবেন, তখনই একটি অদ্ভুত শব্দ শুনতে পাওয়া যাবে।

নোট: *আপনি বাজার থেকে একটি প্লাস্টিকের টয় বয় কিনতে পারেন এবং তার গালে কপার প্লেটকে রেখে টয়বয়ের ভেতরে সার্কিটকে আটকাতে পারেন। যখন আপনি তার গালকে অর্থাৎ টয়বয়ের কপার প্লেটকে স্পর্শ করবেন তখন কান্নার শব্দ সৃষ্টি হবে।*

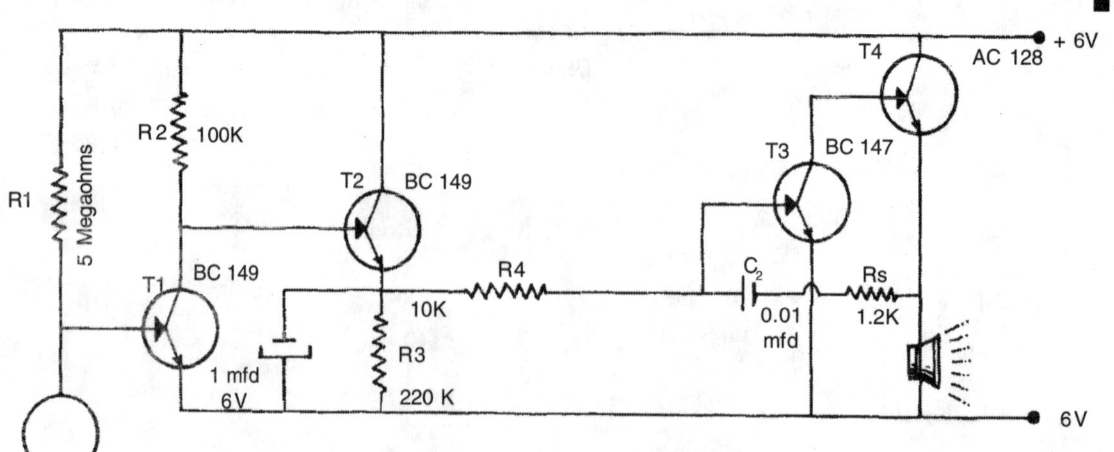

Circuit diagram of touch alarm

50. একটি ইলেক্ট্রনিক টাইমার তৈরী করা

ইলেক্ট্রনিক টাইমার হল একটি ডিভাইস যা একটি ইলেক্ট্রিকাল অ্যাপলায়েন্স-এর অন/অফ টাইমকে নিয়ন্ত্রণ করে। ইলেক্ট্রনিক টাইমার্স ফটোগ্রাফিক ডার্করুম, ইনেক্ট্রোপ্লেটিং প্লান্ট, ওয়াশিং মেশিন, এক্স-রে মেশিন ইত্যাদিতে ব্যাবহার করা হয়।

এই প্রোজেক্টে বর্ণনা করা ইলেক্ট্রনিক টাইমারটি দুটি ভাগে বিভক্ত-পাওয়ার সাপ্লাই সার্কিট এবং টাইমার সার্কিট। পাওয়ার সাপ্লাই পার্ট 220 ভোল্ট AC কে 15 ভোল্ট DC কে পরিবর্তন করে। ট্রান্সফরমার 220 ভোল্ট AC কে 17 ভোল্ট AC তে পরিবর্তন করে, যা ডায়োড ব্রিজ D1, D2, D3 এবং T_1 দ্বারা সংশোধিত হয়। ব্রিজ সার্কিটের আউটপুট, ক্যাপাসিটার C_1 সহ ফিল্টার সার্কিট দ্বারা ধীরভাবে প্রবাহিত হয়। একটি থ্রী পিন ভোল্টেজ রেগুলেটার LM 7812 প্রদান করে 12 ভোল্ট DC এর রেগুলেটেড ভোল্টেজ।

টাইমার সার্কিটে IC 555 এর ব্যাবহার করা হয়। এতে 8 টি পিন আছে। সার্কিটে, একটি সুইচকে IC-এর Pin No. 2 তে এবং একটি রীলে LED কে Pin No. 3 তে যুক্ত করা হয়। সার্কিটকে একটি জেনারেল পারপাস PC বোর্ডের ওপর ওয়্যার করা যেতে পারে। যখন সুইচ S1 বন্ধ হয়ে যায়, তখন ভোল্টেজ IC-এর Pin No. 3 তে দেখতে পাওয়া যায়। এই আউটপুট রীলেকে চালনা করে এবং হলুদ LED কে অফ এবং সবুজ LED কে অন করে। রীলের সময় R1, R2 এবং Ci দ্বারা রীলের সময় নিয়ন্ত্রিত হয়। এই সার্কিটে সময়কে 1 সেকেন্ড থেকে 1 মিনিট পর্যন্ত সেট করা যেতে পারে।

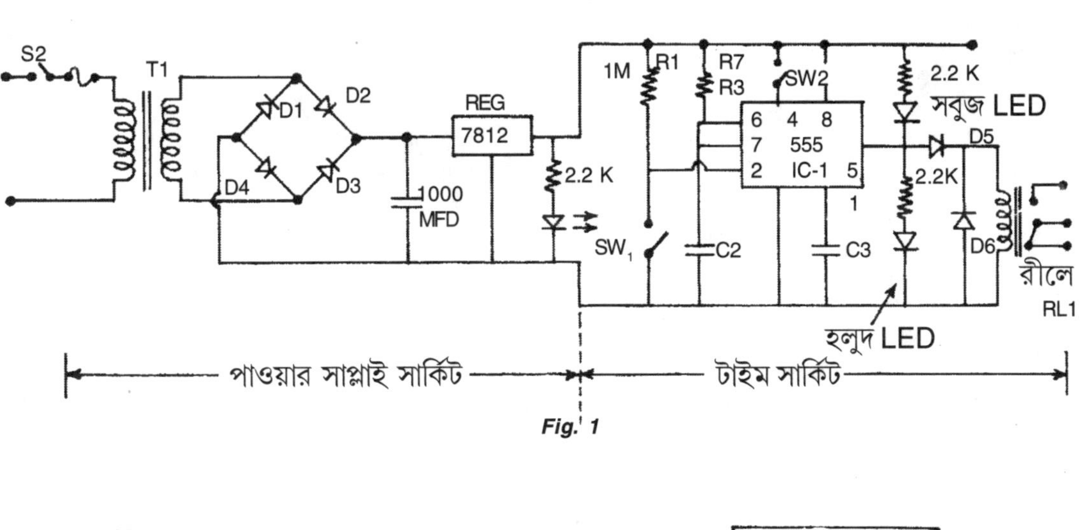

Fig. 1

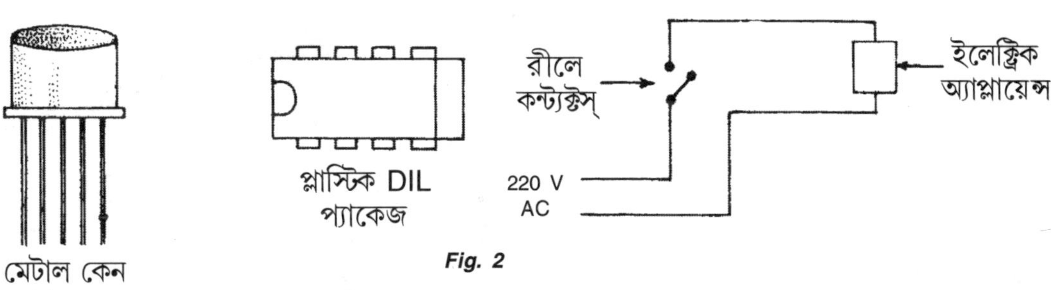

Fig. 2

ইলেক্ট্রনিক টাইমারের সার্কিট ডায়গ্রাম

আপনার প্রয়োজন

- *জেনারেল পারপাস PCB*
- *সোল্ডারিং ওয়্যার, কানেক্টিং ওয়্যার*
- *ট্রান্সফরমার T_1-প্রাইমারী 220 V সেকেন্ডারী 17 ভোল্ট*
- *ছয়টি ডায়োড D_1, D_2, D_3, D_4, D_5 এবং D_6-1 N 400'1*
- *তিনটি ক্যাপাসিটার C_1-1000 mF, 50V, $C_2$100 mF, 50 V, C_3-0.01 mF*
- *তিনটি রেজিস্টার R_1-1 mΩ 1/4 W, R_2-10 KΩ 1/4 W, R_3-কার্বণ পোটেনশিওমিটার 1000 KΩ একটি IC 555; একটি ভোল্টেজ রেগুলেটার LM 7812-রেগ*
- *একটি রীলে RL_1 12VDC সিঙ্গল কন্ট্যাক্ট সুইচ SW_1*
- *একটি অন/অফ সুইচ SW_2*
- *তিনটি LED—হলুদ, সবুজ এবং লাল*
- *একটি প্লাস্টিক লাঞ্চ বক্স, সার্কিটকে আটকানোর জন্যে*

কি করতে হবে

- PCB-এর ওপর ইলেক্ট্রনিক কম্পোনেন্ট গুলি সাজিয়ে রাখুন এবং একটি প্লাস্টিক বক্সের মধ্যে সেটিকে বন্ধ করে রাখুন LED গুলিকে বক্সের ওপরের অংশের ওপর আটকাতে হবে।
- সুইচ SW_2, কে টিপুন, হলুদ LED জ্বলে উঠবে।
- অ্যাপলায়েন্সকে যুক্ত করুন, যেমন একটি বাল্ব এবং পোটেনশিওমিটারের ওপর সময়কে সেট করুন। সুইচ SW_1, কে টিপুন, হলুদ LED অফ হয়ে যাবে এবং সবুজ LED অন হয়ে যাবে। রীলে এনার্জাইজড হয়ে যাবে। 220 ভোল্টের AC সাপ্লাই, এই রীলের মাধ্যমে অ্যাপলায়েন্সে যোগান দেবে।
- সেট করা সময় কেটে গেলে, রীলে ডী-এনার্জাইজড হয়ে যাবে, হলুদ LED অন হয়ে যাবে এবং সবুজ LED অফ হয়ে যাবে।

■■

51. একটি পোর্টেবল মেটাল ডিটেক্টার তৈরী করা

এই ডিভাইসটি কে মাটি অথবা শরীরের মধ্যে রাখা কোন লুকোনো মেটাল অবজেক্টকে খোঁজা অথবা নির্ণয় করার জন্যে ব্যাবহার করা যেতে পারে।

সার্কিটে দুটি অসিলেটার থাকে, দুটিই প্রায় 455 kHz এ কাজ করে। প্রথম অসিলেটার, ট্যাঙ্ক সার্কিট হিসাবে একটি ট্রানজিস্টার রেডিও'-র একটি IFT কয়েলকে ব্যাবহার করে। অন্য অসিলেটার, ট্যাঙ্ক সার্কিট হিসাবে একটি সার্চ কয়েল এবং একটি ভেরিয়েবল ক্যাপাসিটারকে ব্যাবহার করে। যখন কোন মেটাল অবজেক্ট, সার্চ কয়েলের কাছাকাছি আসে, তখন অসিলেটারের ফ্রীকোয়েন্সী বদলে যায়। এর ফলে একটি বীট নোট তৈরী হয়, যা ডায়োড দ্বারা নির্ণয় করা যাবে এবং তা একটি ট্রানজিস্টার অ্যামপ্লিফায়ারের কাছে যায় যেখানে স্পীকার থেকে একটি অডিও টোন শুনতে পাওয়া যায়।

ডিটেক্টার ব্যাবহার করার আগে তার ক্রমাঙ্ক নির্ণয় করতে হবে। ইন্সট্রুমেন্ট "অন" করার সাথে, সার্চ কয়েলকে মেটাল অবজেক্টের কাছে রাখুন। তারপর VC1 কে অ্যাডজাস্ট করতে থাকুন যতক্ষণ না একটি টোন শুনতে পাওয়া যায়। এখন, সার্চ কয়েল থেকে মেটাল অবজেক্টকে দূরে সরিয়ে দিন, টোন অদৃশ্য হয়ে যাবে। মেটাল অবজেক্টকে যখন আরোও কাছাকাছি নিয়ে আসা হবে তখন তা আবার শুনতে পাওয়া যাবে এবং তার জোর আরও বেড়ে যাবে।

সার্চ কয়েলের মাঝখানে প্রায় 20 টি পাক আছে (30 গজ, এনামেল করা কপার ওয়্যার) যা 6X6 ইঞ্চি ফ্রেমের ওপর ঘোরানো থাকে। এটি যেন ইনসুলেশন টেপ দিয়ে মোড়া থাকে এবং প্লাইবোর্ডের একটি টুকরোর সাথে অ্যারালডাইট দিয়ে লাগানো থাকে। প্লাইবোর্ডের মাঝখানে যেন একটি হ্যান্ডেল লাগান থাকে এবং ইলেক্ট্রনিক্সের বাকী অংশ যেন একটি বক্সের মধ্যে আটকানো আর হ্যান্ডেলের সাথে ক্ল্যাম্প করা থাকে, ঠিক যেরকম ফিগারে দেখানো হয়েছে।

আপনার প্রয়োজন!

- *একটি প্লাস্টিক লাঞ্চবক্স*
- *শক্ত প্লাস্টিক টিউব*
- *একটি প্লাইবোর্ড (7" × 7"')*
- *সার্চ কয়েল তৈরী করার জন্যে একটি কাঠের ফ্রেম (6" × 6")*
- *আটটি ক্যাপাসিটার C_1-0.47 mF, C_2-22pF, C_3- 390 pF, C_4 = 22pF, C_5= IFT এর অংশ, C_6-0.01mF, C_7-5 mF, 10 VDC, C_8-100 mF 10 VDC*
- *2 Joule গ্যাং ক্যাপাসিটার VC_1*
- *সার্চ কয়েল-D_1, কে কাঠের ফ্রেমের ওপর ঘোরাতে হবে*
- *লাউডস্পীকার 15Ω(Ls)*
- *ব্যাটারী B_1-9V*
- *সুইচ অন/অফ S_1*
- *পাঁচটি রেজিস্টার R_1-1mΩ 1/4 W, R_2-2 KΩ 1/4W, R_3-1mΩ 1/4 W, R_4,-10kΩ 1/4 W, R_5-27kΩ 1/4W*
- *তিনটি ট্রানজিস্টার TR_1, TR_2 and TR_3-BC 109C*
- *ডায়োড D_1-0A91 ওয়্যার*

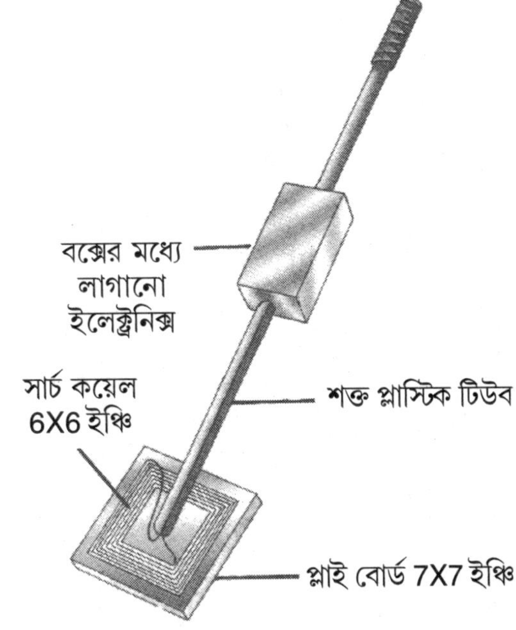

কি করতে হবে

- সার্কিট ডায়গ্রামে যেরকম ভাবে দেখানো হয়েছে ঠিক সেইভাবে একটি প্লাস্টিক লাঞ্চবক্সের মধ্যে সার্কিটকে সাজান।
- একটি কাঠের ফ্রেম (6"x 6") নিন আর মাঝখানে প্রায় 20 পাকের একটি সার্চ কয়েল তৈরী করুন (30 গজ এনামেল করা কপার ওয়্যার). একে ইনসুলেশন টেপ দিয়ে মুড়ে দিন এবং একটি প্লাইবোর্ডের টুকরোর ওপর একে ফেভিকল দিয়ে লাগান (7" × 7"), ঠিক যেরকম ফিগারে দেখানো হয়েছে।
- প্লাই বোর্ডের মাঝখানে প্লাস্টিক টিউবের একটি হ্যান্ডেল লাগান এবং সেই প্লাস্টিক বক্সকে লাগান যার মধ্যে এই টিউব সহ ইলেক্ট্রনিক্স আছে।
- এখন, যদি আপনি সার্চ কয়েলকে কিছু মেটাল অবজেক্টের কাছাকাছি নিয়ে আসেন তাহলে আপনি একটি শব্দ শুনতে পাবেন।

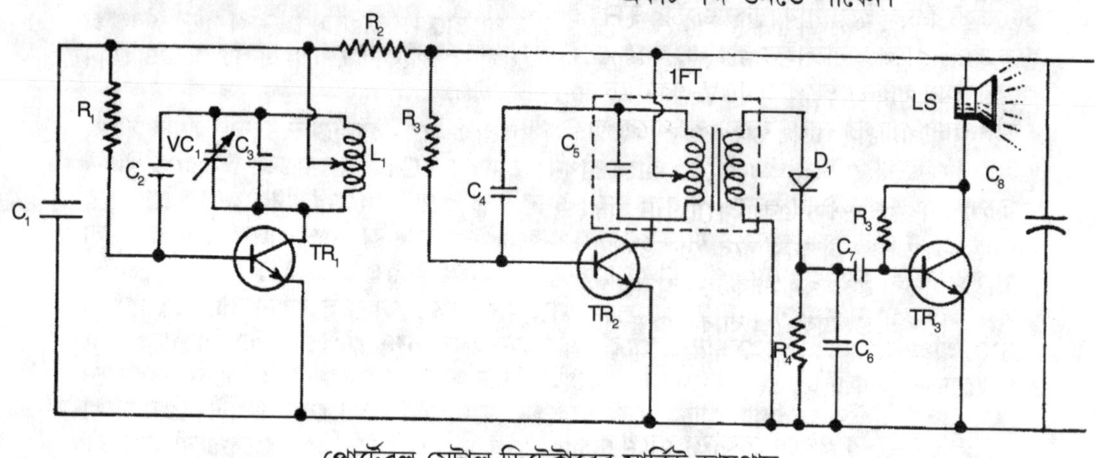

পোর্টেবল মেটাল ডিটেক্টারের সার্কিট ডায়গ্রাম

পার্টসের তালিকা

C_1	—	0.47 µF
C_2	—	22 pf
C_3	—	390 pf
C_4	—	22 pf
C_5	—	IFTএর অংশ
C_6	—	0.01 µF
C_7	—	5 µF 10V DC
C_8	—	100 µF IOV DC
VC1	—	2J গ্যাং কনডেন্সার (শুধুমাত্র একটি অংশ ব্যাবহার করা হয়েছে)
L1	—	সার্চ কয়েল (টেক্সট দেখুন)
IFT	—	সাধারণ ট্রানজিস্টার I FT
LS	—	লাউড স্পীকার 15Ω, ন্যুনতম
B_1	—	ব্যাটারী, 9V
S_1	—	অন/অফ সুইচ
R_1	—	1MΩ, 1/4W
R_2	—	2KΩ, 1/4W
R_3	—	1MΩ, 1/4W
R_4	—	10KΩ, 1/4W
R_5	—	27KΩ, 1/4W
TR_1	—	BC 109C
TR_2	—	BC 109C
TR_3	—	BC 109C
D_1	—	OA91

52. একটি টেলিফোন রেকর্ডিং ইন্টারফেস তৈরী করা

এই ইন্টারফেস ব্যাবহার করে একটি ক্যাসেট রেকর্ডারের ওপর নিজে থেকেই সমস্ত টেলিফোন কল গুলিকে রেকর্ড করা যেতে পারে।

লাইন ভোল্টেজের প্রতিটি পোলারিটির সুবিধার জন্যে টেলিফোন লাইন A এবং B কে একটি ব্রিজ সার্কিটের মধ্যে দিয়ে একটি ভোল্টেজ সেন্সিং সার্কিটে যুক্ত করা হয়। যখন টেলিফোনকে ব্যাবহার করা হয় না তখন লাইন ভোল্টেজ প্রায় 40V কে ছাড়িয়ে যায় এবং TR_1 হাই ভোল্টেজ ট্রানজিস্টার চালু হয়ে যায়। ট্রানজিস্টার TR_2 এবং TR_3 তে যুক্ত হওয়া আর্লিংটন পেয়ার বন্ধ হয়ে যায়, রীলে এনার্জাইড হয় না, আর সেই জন্যে রীলের কন্ট্যাক্টগুলি খুলে যায়। একটি কলের সময় লাইন ভোল্টেজ 40V-এর নীচে চলে যায়, তাই TR_1 বন্ধ হয়ে যায়। এই কন্ট্যাক্টগুলি একটি জ্যাক প্লাগের সাথে যুক্ত করা থাকে যা একটি রেকর্ডার রীমোট কন্ট্রোল ইনপুটের সাথে লাগানো থাকে।

টেলিফোন থেকে স্পীচ একটি 100 nF ব্লকিং ক্যাপাসিটারের মাধ্যমে যোগান দেওয়া হয় এবং স্টেপডাউন অডিও ট্রান্সফর্মারকে রেকর্ডারের ওপর একটি জ্যাক প্লাগে নিয়ে আসা হয় যা হয়ত তখনই কার্যকরী হয় যখন সার্কিটকে আনপ্লাগ না করে টেলিফোন লাইনকে ব্যাবহার করা হয় না, যেমন: রীওয়াইন্ডিং এবং প্লে ব্যাক। মেন পাওয়ারকে রেকর্ডারে দেওয়ার জন্যে এই সার্কিটকে গ্রহণ করা যেতে পারে। যখন টেলিফোন ব্যাবহার করা হয় না তখন 9V ব্যাটারী থেকে টানা কারেন্ট খুবই কম হয়।

টেলিফোন লাইনের ওপরে রেকর্ডিং রীপ্লে করার জন্যে একটি প্লাগকে রেকর্ডারের আউটপুটের সাথে লাগানো যেতে পারে।

যখন টেলিফোন ব্যাবহার করা হয় না তখন ভোল্টেজ সিউইয়ং সার্কিট (Voltage Sewing Circuit), লাইন থেকে খুবই কম কারেন্ট টানে।

আপনার প্রয়োজন

- *একটি টেপ রেকর্ডার*
- *সার্কিটকে সাজানোর জন্যে একটি প্লাস্টিক লাঞ্চবক্স*
- *তিনটি রেজিস্টার R_1-MΩ 1/2 W, R_2-15KΩ 1/2W, R_3-1MΩ 1/2W*
- *একটি ক্যাপাসিটার C_1-100 nF সেরামিক*
- *পাঁচটি ডায়োড D_1, D_2, D_3, D_4-IN 4004 এবং D_5-IN 4001*
- *তিনটি ট্রানজিস্টার TR_1-2N3440, TR_2 এবং TR_3-BC-107*
- *একটি কয়েল রেজিস্টেন্স 2500Ω এর সাথে একটি 9 ভোল্ট রীলে*
- *একটি অন/অফ সুইচ S_1*
- *একটি অডিও স্টেপডাউন ট্রান্সফরমার T_1*
- *রেকর্ডারের জন্যে একটি জ্যাক প্লাগ*

কি করতে হবে

- একটি প্লাস্টিক লাঞ্চবক্স নিন এবং তার নীচের অংশে সার্কিট কম্পোনেন্টকে সাজান। আপনি একটি প্রিন্টেড সার্কিট বোর্ড ও ব্যাবহার করতে পারেন।
- রেকর্ডার মাইক্রোফোন ইনপুটের ওপর একটি জ্যাক প্লাগের সাথে অডিও স্টেপডাউন ট্রান্সফর্মারের আউটপুটকে যুক্ত করুন।
- টেলিফোনের মাধ্যমে আসা মেসেজ, রেকর্ডারের টেপের ওপর রেকর্ড হয়ে যাবে।

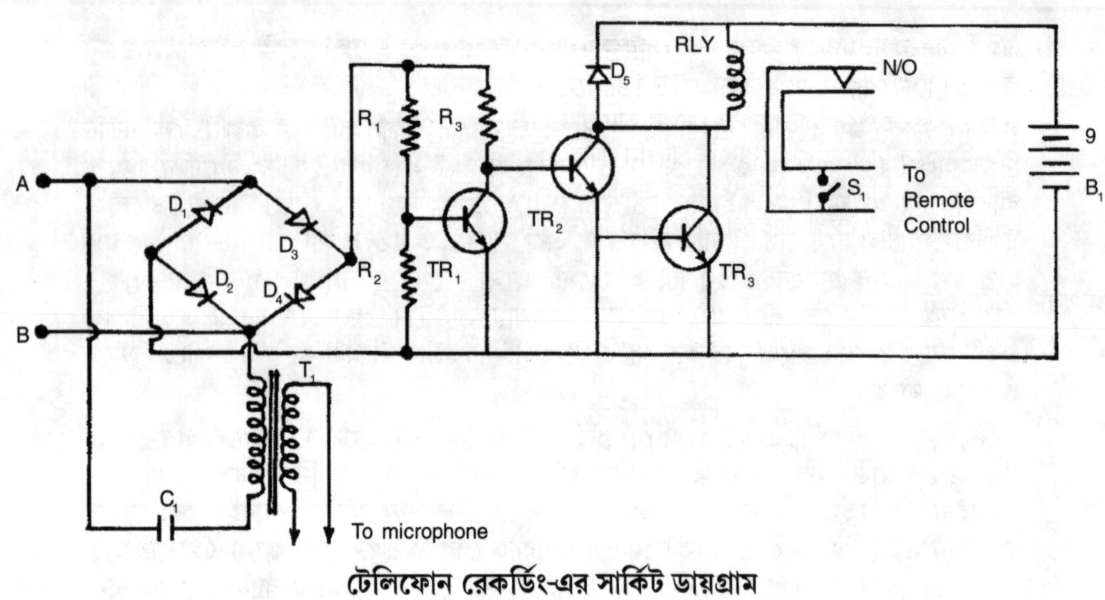

টেলিফোন রেকর্ডিং-এর সার্কিট ডায়গ্রাম

পার্টসের তালিকা

R_1	—	1MΩ, 1/2W
R_2	—	15KΩ, 1/2W
R_3	—	1MΩ, 1/2W
C_1	—	100nf সেরামিক
D_1	—	1N4004
D_2	—	1N4004
D_3	—	1N4004
D_4	—	1N4004
D_5	—	1N4001
TR_1	—	2N3440
TR_2	—	BC 107
TR_3	—	BC 107
RLY	—	9V রীলে কয়েল রেজিস্টেন্স্ 2500Ω
S_1	—	অন/অফ সুইচ

53. একটি লাইট সেন্সিটিভ LDR অ্যালার্ম তৈরী করা

এই প্রোজেক্টটি একটি লাইট সেন্সোটিভ অ্যালার্মের মাধ্যমে LDR-এর কাজ করাকে বর্ণনা করে। LDR শব্দের অর্থ হল লাইট ডিপেন্ডেন্ট রেজিস্টার। LDR-এর রেজিস্টেন্স, আলোর তীব্রতা-এর ওপরে নির্ভর করে। যখন আলো LDR-এর ওপরে পড়ে, তখন তা লো রেজিস্টেন্স প্রদর্শন করে কিন্তু অন্ধকারে এটি প্রদর্শন করে হাই রেজিস্টেন্স। যে বক্সের মধ্যে LDR লাগানো থাকে সেটা যদি খুলে যায় তাহলে একটি অ্যালার্ম বেজে ওঠে। যদি কেউ একটি আলোকিত ঘরে বক্সটিকে খোলে তাহলে অ্যালার্মটি নিজে থেকেই সক্রিয় হয়ে উঠবে।

আপনার প্রয়োজন

- *100 kΩ, 56kΩ এবং 10kΩ -এর রেজিস্টেন্স R_1, R_2 এবং R_3*
- *নম্বর BC558 এবং BC548-এর দুটি ট্রানজিস্টার T_1 এবং T_2 of*
- *LDR*
- *ক্যাপাসিটার C_1 – 0.04 μF*
- *3vDC (দুটি সেল)*
- *স্পীকার – 2.5″, 8Ω .*

কি করতে হবে

- দুটি ট্রানজিস্টার NPN এবং PNP পজিটিভ ফীডব্যাক R-C আসিলেটারের সাথে একটি কমপ্লিমেন্টারী পেয়ার হিসাবে যুক্ত করা থাকে।
- LDR পয়েন্ট A এবং B এর সাথে যুক্ত করা থাকে এবং প্রদান করা ভোল্টেজ NPN এর বেসের সাথে যুক্ত থাকে।
- PNP-এর আউটপুট স্পীকারের সাথে যুক্ত থাকে।
- যখন আলো LDR-এর ওপরে পড়ে, তখন অ্যালার্ম সক্রিয় হয়ে ওঠে।

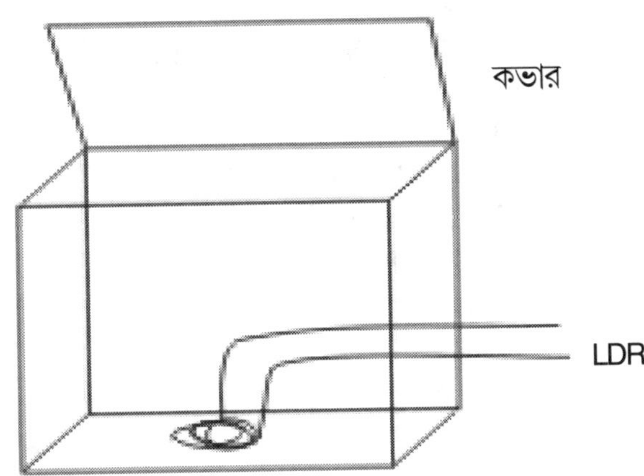

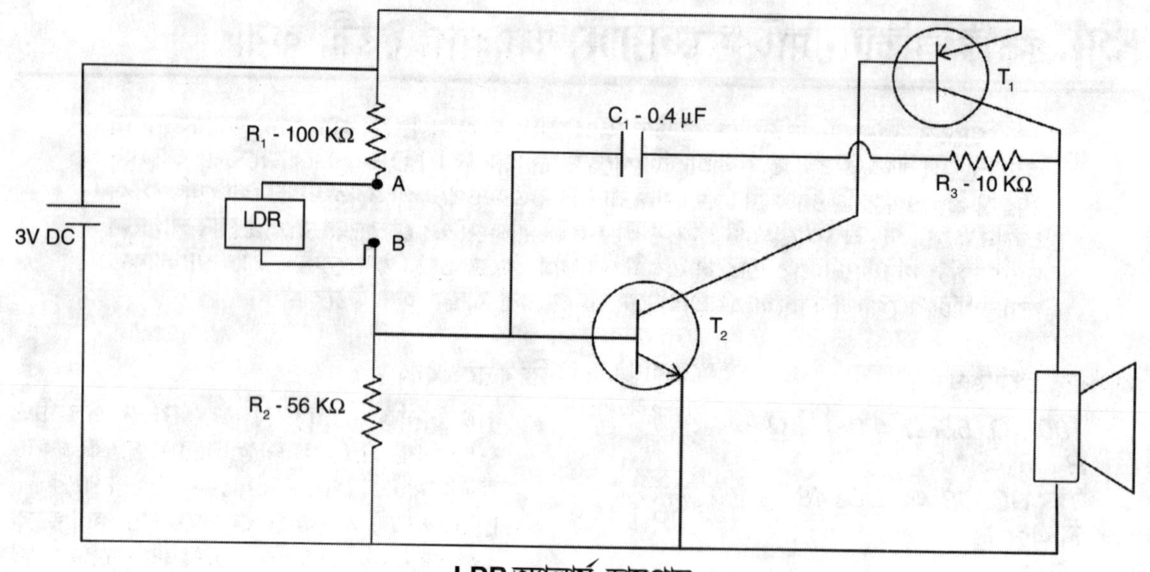

LDR অ্যালার্ম ডায়গ্রাম

কম্পোনেন্ট

1. রেজিস্টেন্স
   R_1 – 100 kΩ
   R_2 – 56 kΩ
   R_3 – 10 kΩ
2. ট্রানজিস্টার T_1 – BC558
3. ট্রানজিস্টার T_2 – BC548
4. LDR
5. ক্যাপাসিটার C_1 – 0.04 μF
6. 3 vDC (দুটি সেল)
7. স্পীকার – 2.5 ইঞ্চি, 8 ওহম্।

■■

54. একটি অটোম্যাটিক টোয়াই লাইট সুইচ তৈরী করা

এই সুইচটি প্যরচ্ লাইট হিসাবে স্ট্রীট লাইটের অটোম্যাটিক কার্যকলাপকে নিয়ন্ত্রণ করার জন্যে ব্যাবহার করা যেতে পারে। এই সার্কিটটি নিজে থেকেই বিকেলবেলা লাইটকে জ্বেলে দেয় আর ভোরবেলা এগুলিকে নিভিয়ে দেয়। এটি লম্বা বিল্ডিং এবং টিভি টাওয়ার ইত্যাদির ওপর ব্যাবহার করা যেতে পারে। যেখানে এগিয়ে আসা এয়ারক্রাফ্টকে সতর্ক করে দেওয়ার জন্যে একটি লাল আলোর ব্যাবহার করা হয়।

লাইট ডিপেন্ডেন্ট রেজিস্টার (LDR) কে ট্রায়ক অন অথবা অফ করার জন্যে পরিবেষ্টনকারী আলোর মাত্রাকে অনুভব করার জন্যে ব্যাবহার করা হয়। যখন আলোর LDR-এর ওপরে পড়ে, তখন তার রেজিস্টেন্স এত কম হয়ে যায় যে এর পাশে যে ভোল্টেজ ড্রপ করে তা খুবই সামান্য হয় এবং IC-এর Pin 2 এতে ভোল্টেজ, সাপ্লাই-এর থেকে একটু কম হয়।

IC-একটি Schmidt Trigger হিসাবে কাজ করে যাতে ল্যাম্পটি অন/অফ অপারেশনের সময়ে দপদপ না করে। IC-এর সাপ্লাই, জেনর ডায়োড দ্বারা স্থির করা হয়, যাতে IC-এর ট্রিগার এবং থ্রেশোল্ড লেভেল নির্বিশেষে 1 /3 x 5.1 =1.7 V এবং 2/3 x 5.1 = 3.4 V-তে স্থির হয়ে যায়। পরিবেষ্টনকারী আলো LDR-এর ওপরে পড়লে, Pin 2 তে ভোল্টেজ থ্রেশোল্ড ভোল্টেজের (3.4 V) থেকে বেশী হয় এবং ফলে IC-এর আউটপুট কম হয়, যাতে ল্যাম্পটি বন্ধ হয়ে যায়। যখন অন্ধকার হতে থাকে, আলোর LDR-এর ওপর পড়া আলোর তীব্রতা কমতে থাকে। এটি IC-এর Pin 2 তে ভোল্টেজকে কম করে দেয়। যখন এই ভোল্টেজ ট্রিগার লেভেল (1.7V) - এর কম হয়ে যায়, তখন IC আউটপুট বেশী হয়ে যায়। এটি ট্রায়কের জন্যে ট্রিগার এজ কারেন্ট প্রদান করে। ট্রায়ক কাজ করা শুরু করে দেয় আর তার ফলে, ল্যাম্প লোড অন হয়ে যায়। ল্যাম্পটি একবার জ্বলে উঠলে তা Schmidt Trigger Action দ্বারা প্রদান করা হিস্টেরেসিস-এর কারণে ততক্ষণ 'অন' থাকে। যতক্ষণ পর্যন্ত LDR -এর ওপরে পড়া আলোর তীব্রতা পর্যাপ্ত পরিমাণে বেড়ে যায়। ফলে IC-এর Pin 2 তে ভোল্টেজ বেড়ে 3.4V এর বেশী হয়ে যায়।

D_1, D_2, C_1, R_1 এবং Z_1 প্রয়োজনীয় DC লো ভোল্টেজ প্রদান করে। ট্রায়ক-এর জন্যে হীট সিঙ্ক প্রদান করতে হবে। টাইপ STO 44 ট্রায়ক-এর জন্যে সর্বাধিক লোড যেন 500 watt-কে ছাড়িয়ে না যায়। পোটেনশিওমিটার VR_1 হল সেন্সেটিভিটি কন্ট্রোলের জন্যে।

সবথেকে বেশী ফলাফলের জন্যে এটিকে নিয়ন্ত্রণ করতে হবে। LDR-কে এমনভাবে লাগাতে হবে যাতে তা সরাসরি সূর্য্যের আলো না পায় কিন্তু শুধু প্রাকৃতিক আলো পায়। অন্য কোন আলো যেন LDR-এর কাজে হস্তক্ষেপ না করে। ধূলো এবং বৃষ্টি থেকে রক্ষা করার জন্যে এটিকে স্বচ্ছ কাঁচ দিয়ে ঢেকে রাখতে হবে।

আপনার প্রয়োজন

- *একটি প্লাস্টিক বক্স*
- *একটি PCB*
- *তিনটি ট্রানজিস্টার - R_1-15 Ω1 ওয়াট, R_2 – 1KΩ 1/4 ওয়াট, R_3-22Ω 1/4 ওয়াট*
- *দুটি ক্যাপাসিটার C_1-500 μf 16V, C_2-0. 01 mF, 16V*
- *একটি লাইট ডিপেন্ডেন্ট রেজিস্টার (LDR) একটি 10KΩ পোটেনশিওমিটার (VR_1), দুটি ডায়োডস্ D_1-IN 4001 এবং D_2-IN 4002*
- *একটি জেনের ডায়োড Z_1-5.IV, IW*
- *একটি IC-LM 555*
- *একটি ট্রান্সফরমার T_1,-প্রাইমারী 220 ভোল্ট*
- *সেকেন্ডারী 6-0-6 ভোল্ট 250 mA*
- *ট্রায়ক-400V, 4A (STO 44 অথবা সমতুল্য)*
- *একটি ওয়ান-অফ সুইচ (S_1)*
- *একটি নীয়ন ইন্ডিকেটার ল্যাম্প (N_1)*
- *কানেক্টিং ওয়্যার*
- *সোল্ডারিং আয়রন*
- *সোল্ডারিং ওয়্যার*

কি করতে হবে

- একটি প্রিন্টেড সার্কিট বোর্ড নিন এবং সার্কিট ডায়গ্রামে দেখানো অনুযায়ী ইলেক্ট্রনিক কম্পোনেন্টগুলিকে একে অপরের সাথে সংযুক্ত করুন।
- হীট সিঙ্কের সাথে ট্রায়ক কে আটকান।
- প্রতিটি 220 ভোল্ট এবং 60 ওয়াটের 5 টি ইলেক্ট্রিক বাল্ব হিসাবে লোডকে বেছে নেওয়া যেতে পারে। এগুলিকে যেন সমান্তরালভাবে যুক্ত করা হয়।
- প্রিন্টেড সার্কিট বোর্ডকে একটি ছোট প্লাস্টিক লাঞ্চবক্সের মধ্যে আটকানো যেতে পারে।
- সার্কিটের সেন্সেটিভিটিকে ভেরিয়েবল পোটেনশিওমিটার দ্বারা নিয়ন্ত্রণ করা যেতে পারে।

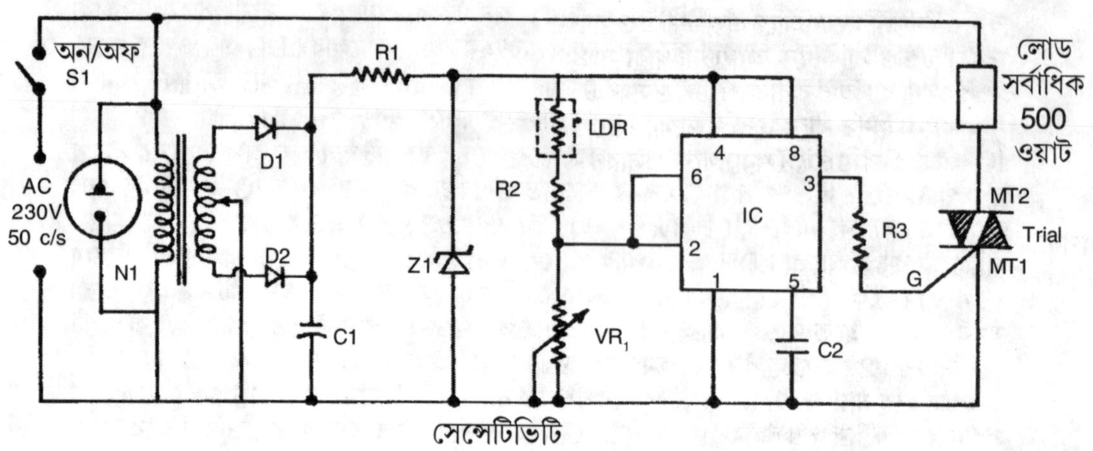

পার্টসের তালিকা

R_1 – 15Ω, 1/4W

R_2 – 1kΩ, 1/4W

R_3 – 220Ω, 1/4W

C_1 – 500μF,16V

C_2 – 0.01μ (ডিস্ক, সেরামিক)

LDR – লাইট ডিপেন্ডেন্ট রেজিস্টার

VR_1 – 10KΩ, পোটেনশিওমিটার

D_1 – IN4001

D_2 – IN4002

Z_1 – 5.1V, 1W, জেনের ডায়োড

IC – LM 555

ট্রায়ক – 400V, 4A, টাইপ STO44 অথবা সমতুল্য

T_1 – 6-O-6V, 250 mA সেক্ ট্রান্সফরমার

55. একটি রেডিওসেট তৈরী করা (একটি সেমিকন্ডাক্টার ব্যাবহার করে)

একটি রেডিও স্টেশন থেকে আসা রেডিও ওয়েভস্‌কে একটি অ্যান্টেনা দ্বারা সংগ্রহ করে নেওয়া হয়। ওয়্যারের মধ্যে দিয়ে প্রবাহিত হওয়ার জন্যে ওয়েভস্‌ আলাদা আলাদা ইলেক্ট্রিক কারেন্ট তৈরী করে। এই কারেন্টগুলি রেডিও সেটের মধ্যে দিয়ে প্রবাহিত হয়ে মাটির নীচে যায়। রেডিও সেটের মধ্যে আছে একটি টিউন্ড সার্কিট যা একটি ক্যাপাসিটার এবং একটি কয়েল দিয়ে তৈরী। টিউন্ড সার্কিটকে অ্যান্টেনা দ্বারা সংগ্রহ করা মিশ্রণ থেকে প্রয়োজনীয় সিগনাল নির্বাচন করার জন্যে ব্যাবহার করা হয়। টিউন্ড সার্কিট এবং ইয়ারফোনের মাঝখানে সংযুক্ত একটি ডায়োড সিগনালকে নির্ণয় করে এবং ডেমোডিউলেট করে। ইয়ার ফোন একে শব্দে পরিবর্তিত করে এবং আমরা রেডিও স্টেশন থেকে প্রসারণ করা প্রোগ্রাম শুনতে পাই।

আপনার প্রয়োজন

- *এনামেল করা কপার ওয়্যার*
- *প্লাস্টিক টিউব*
- *টেপ*
- *30 pF-এর একটি ক্যাপাসিটার*
- *একটি সেমিকন্ডাক্টার ডায়োড*
- *একটি ইয়ারফোন*
- *একটি কাঠের বোর্ড*
- *থাম ট্যাক*
- *একটি স্টেপল*
- *একটি লম্বা মেটাল রড*

কি করতে হবে

- 22 থেকে 24 গজের এনামেল করা কপার ওয়্যার নিন এবং একটি প্লাস্টিক টিউব (1 " থেকে 2" ডায়মিটার এবং 4" লম্বা) -এর ওপর একটি কয়েলকে প্রায় 100 পাকে ঘোরান। কয়েলটি তৈরী করার জন্যে, টেপের সাহায্যে টিউবের একটি প্রান্তকে ওয়্যারের একটি প্রান্তের সাথে যুক্ত করে

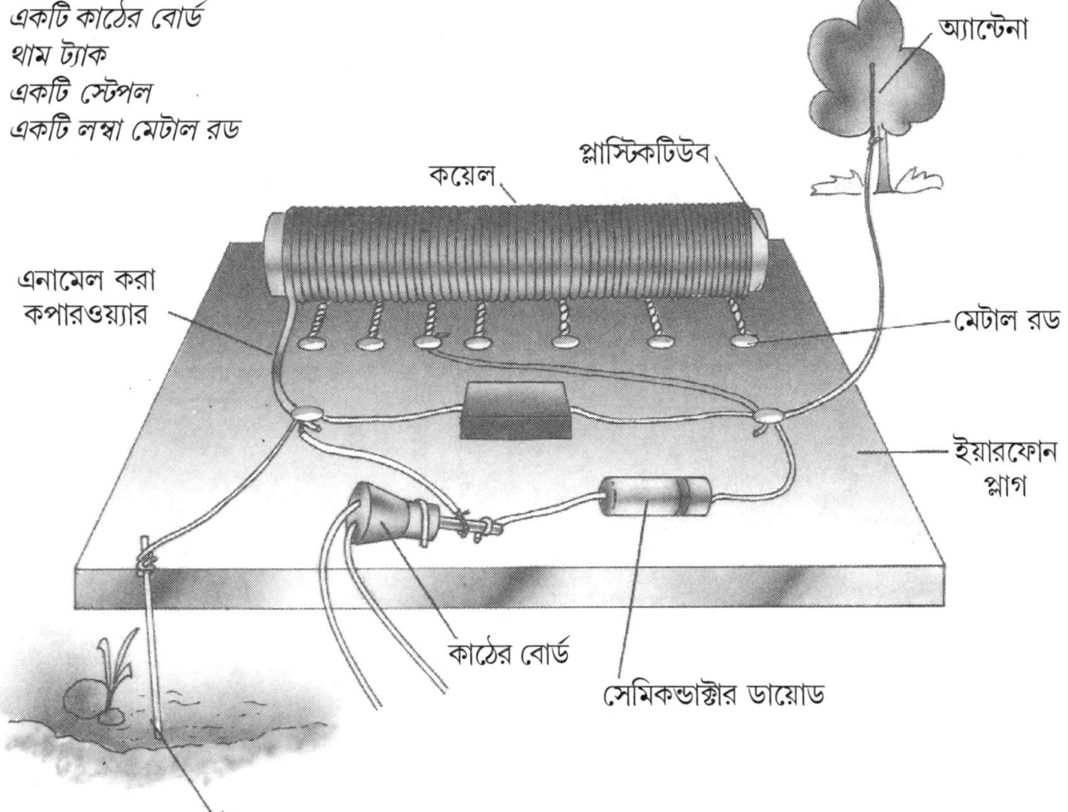

শুরু করুন অথবা টিউবের মধ্যে দুটি ছোট গর্ত করুন আর তার মধ্যে দিয়ে ওয়্যারটিকে ঢোকান। তারপরে টিউবের চারপাশে সুন্দরকরে ওয়্যারটিকে ঘোরান যাতে পাকগুলি পাশাপাশি অবস্থায় থাকে। কিছু দূরে দূরে, ওয়্যারটিকে পেঁচিয়ে একটি "টেল"-এর আকার তৈরী করুন যা কয়েল থেকে বেরিয়ে থাকবে আর তারপর ঘোরাতে থাকুন। প্রায় ছয়টি এইরকম টেল তৈরী করুন, সেগুলি যেন কয়েলের একটি প্রান্তের কাছে একসঙ্গে কাছাকাছি থাকে।

- একটি 300 pF ফিক্সড ক্যাপাসিটার এবং একটি সেমিকন্ডাক্টার ডায়োড কিনুন। রীসিভ করা রেডিও সিগনালে শুনতে পাওয়ার জন্যে আপনাকে একটি ইয়ারফোনও কিনতে হবে।
- একটি কাঠের বোর্ডের ওপর কম্পোনেন্টগুলিকে লাগান এবং ফিগারে যেরকম দেখানো হয়েছে ঠিক সেইভাবে কানেকশান গুলিকে করুন। এগুলিকে থাম ট্যাকের সাথে লাগানো যেতে পারে। ইয়ারফোন প্লাগকে লাগানোর জন্যে একটি স্টেপলের প্রয়োজন।
- এগুলিকে সঠিক জায়গায় রাখার আগে কপারওয়্যার এবং টেল-এর প্রান্ত থেকে এনামেলকে ঘষে তুলে ফেলুন।
- একটি ওয়্যারকে বাড়ীর বাইরে নিয়ে এসে একটি সুবিধাজনক হাই পয়েন্টের সাথে যুক্ত করুন। এটি অ্যান্টেনা হিসাবে কাজ করবে।
- একটি মেটাল রড নিন এবং আর্থের তলায় প্রায় 2 ফিট নীচে সেটিকে রাখুন। একটি ওয়্যারের সাথে এটিকে যুক্ত করুন।
- সিগনাল পাওয়ার জন্যে, একটার পর একটা কয়েল কানেকশানের ওপর ফ্রী ওয়্যারকে স্পর্শ করান। এইরকম করে, আপনি একটি শক্তিশালী রেডিও স্টেশনে টিউন ইন করতে পারবেন এবং প্রসারণ করা প্রোগ্রাম শুনতে পারবেন।

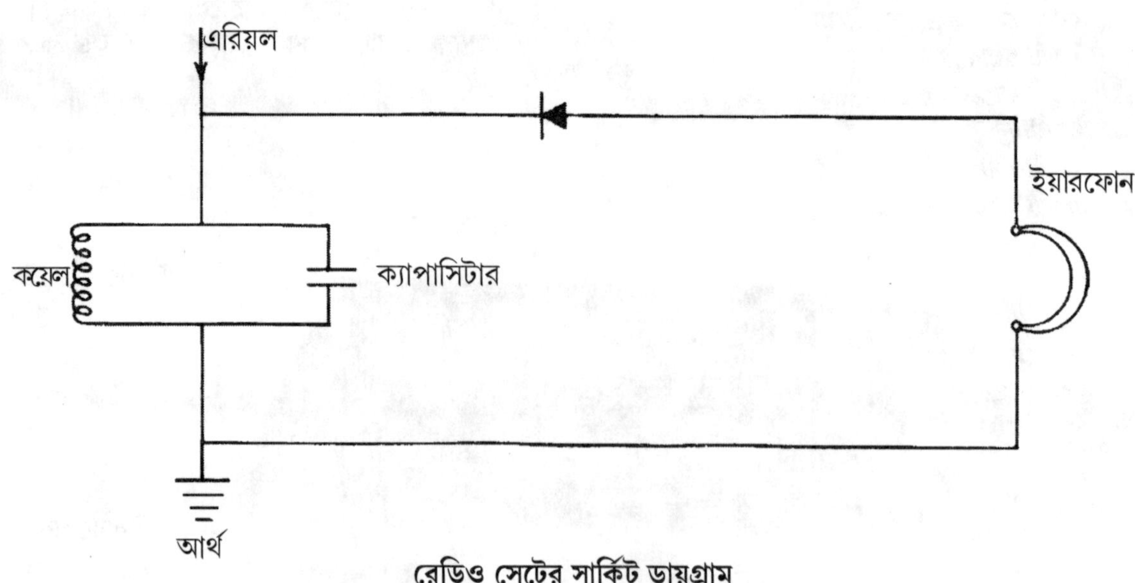

রেডিও সেটের সার্কিট ডায়গ্রাম

56. একটি রেডিওসেট তৈরী করা (একটি ভেরিয়েবল ক্যাপাসিটার ব্যাবহার করে)

আপনার প্রয়োজন

- *এনামেল করা কপার ওয়্যার (22 থেকে 24 গজ)*
- *প্লাস্টিক অথবা কার্ডবোর্ড টিউব (1 " থেকে 2" ব্যাস এবং 4" লম্বা)*
- *একটি সেমিকন্ডাক্টার ডায়োড*
- *একটি ভেরিয়েবল ক্যাপাসিটার*
- *একটি হেডফোন*
- *একটি কাঠের বোর্ড (6" × 4 ')*
- *স্যান্ডপেপারের একটি টুকরো*

কি করতে হবে

- প্লাস্টিক অথবা কার্ডবোর্ড টিউবের ওপর এনামেল করা কপার ওয়্যারের প্রায় 20 পাক ঘোরান। কয়েলের দুটি খোলা প্রান্ত নিন এবং স্যান্ডপেপারের একটি টুকরোর সাহায্যে ঘষে এনামেলকে সরিয়ে দিন।
- ফিগারে যেরকম দেখানো হয়েছে ঠিক সেই ভাবে একটি কাঠের বোর্ডের ওপরে বিভিন্ন কম্পোনেন্টের কানেকশান তৈরী করুন।
- কিছু লম্বা কপার ওয়্যারকে এরিয়ল হিসাবে ব্যাবহার করুন।
- আপনার কানের ওপরে হেডফোনকে রাখুন আর ক্যাপাসিটারের হাতল কে খুব ধীরে ধীরে ঘোরাতে থাকুন। আপনি কিছু রেডিও স্টেশন ধরতে পারবেন এবং প্রোগ্রাম শুনতে পারবেন।

■■

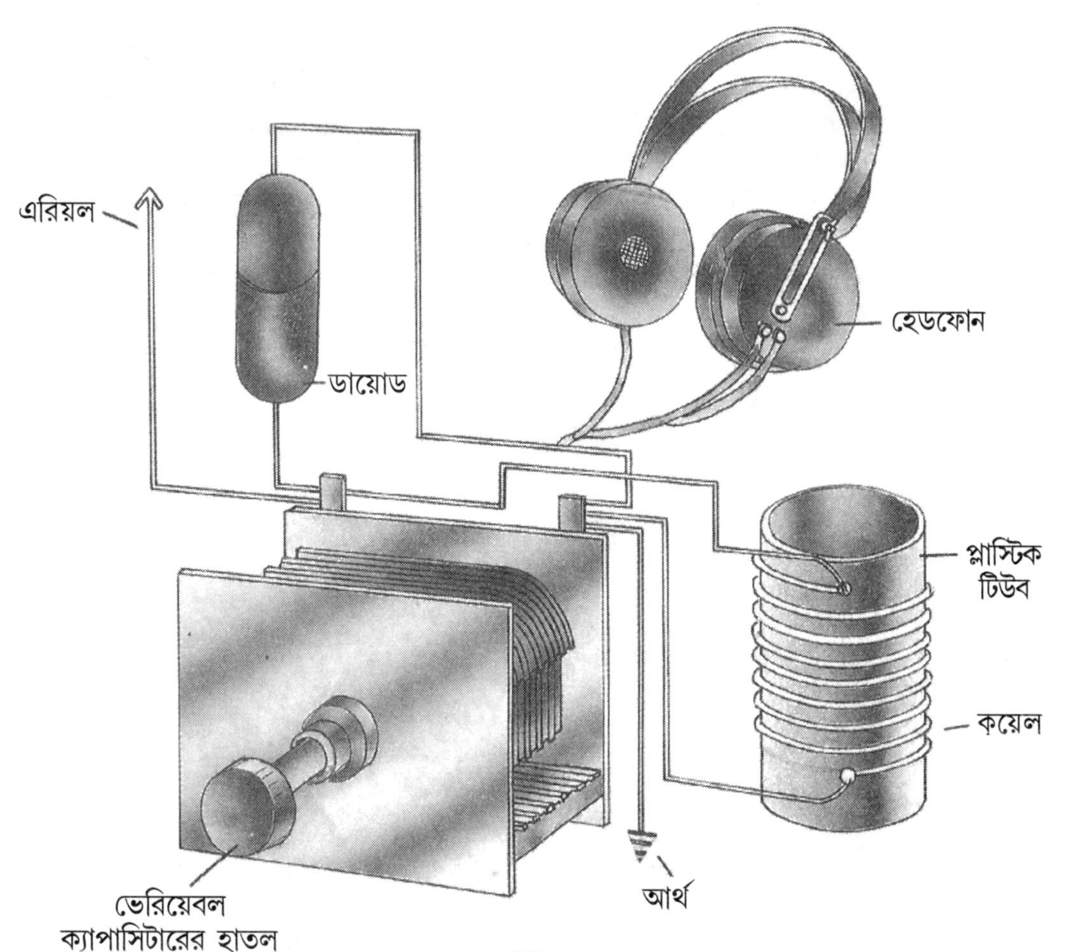

57. আয়োডোফর্ম তৈরী করা

আয়োডোফর্ম হল আয়োডিন থেকে প্রাপ্ত এক রাসায়নিক দ্রব্য। এটি আয়োডিন, মেথিলেটেড স্পিরিট এবং ওয়াশিং সোডা ব্যাবহার করে তৈরী করা হয়। এটি একটি শক্তিশালী কীটণাশক এবং একটি অ্যান্টিসেপ্টিক হিসাবে ব্যাবহার করা হয়। কেটে গেলে অথবা আঁচড় লাগলে সেখানকার জীবাণুদের মেরে ফেলার জন্যে আয়োডোফর্ম ব্যাবহার করা হয়। এটি প্রথম বিশ্বযুদ্ধের সময় হাজার হাজার আহত সৈন্যদের রক্ষা করেছে। আপনি নিম্নলিখিতভাবে আয়োডোফর্ম তৈরী করতে পারেন।

আপনার প্রয়োজন

- *আয়োডিন ক্রিস্টাল-3 গ্রাম*
- *মেথিলেটেড স্পিরিট-30 সিসি*
- *ওয়াশিং সোডা-20 গ্রাম*
- *জল-30 সিসি*
- *250 মিলির একটি বীকার*
- *একটি গ্লাস রড*
- *একটি স্পিরিট ল্যাম্প*

কি করতে হবে

- প্রায় 20 গ্রাম ওয়াশিং সোডা (সোডিয়াম কার্বোনেট) নিন এবং একটি বীকারে 30 সিসি জলের মধ্যে এটিকে মেশান।
- এর মধ্যে 30 সিসি মেথিলেটেড স্পিরিট মেশান এবং মিশ্রণটিকে নাড়ুন।
- এই মিশ্রণে 3 গ্রাম আয়োডিন পাউডার মেশান এবং একটি স্পিরিট ল্যাম্পের আগুণের ওপর বীকারটিকে হাল্কা গরম করুন। একে খুব গরম করবেন না কিন্তু নাড়তে থাকুন। এক হলুদ উজ্জ্বল শক্ত পদার্থ আলাদা হয়ে যাবে। মিশ্রণটি ঠান্ডা করুন। একটি ব্লটিং পেপারের ওপর হলুদ শক্ত পদার্থকে শুকনো করুন। এটিকে আয়োডোফর্ম হিসাবে ব্যাবহার করা হয়।

নোট: আপনি টিংচার আয়োডিন ও তৈরী করতে পারেন যা ক্ষত সারানোর জন্যে ব্যাবহার করা হয়।

- 5 গ্রাম আয়োডিন ক্রিস্টাল নিন এবং তাকে 100 সিসি জলে তৈরী করা 5 গ্রাম পটাশিয়াম আয়োডিন সলিউশনের মধ্যে মেশান।
- এই মিশ্রণের মধ্যে 250 সিসি রেক্টিফায়েড স্পিরিট মেশান। আপনার টিংচার আয়োডিন এখন প্রস্তুত।
- বোতলে "বিষ" এবং "শুধুমাত্র বাইরে ব্যাবহারের জন্যে" লেবেল লাগান। এটিকে ফুলে যাওয়া এবং কাটা অংশের ওপর লাগানো যেতে পারে।

■■

58. ঘি-এর মধ্যে ভেজাল নির্ধারণ করা

বনস্পতি ঘি, ভেজিটেবিল অয়েলের হাইড্রোজেনেশন দ্বারা তৈরী করা হয়। হাইড্রোজেনেশানের প্রক্রিয়ায়, নিকেলকে একটি ক্যাটালিস্ট হিসাবে ব্যাবহার করা হয় এবং হাইড্রোজেন প্রবাহিত হয়। এই প্রক্রিয়ার দ্বারা আনস্যাচুরেটেড অয়েল স্যাচুরেটেড-এ পরিণত হয়। বিশুদ্ধ ঘি-এর মধ্যে বনস্পতি ঘি-এর ভেজালকে নিশ্চিত করার জন্যে আমরা নিকেল পার্টিকলের পরীক্ষা করি, যা সবসময়েই বনস্পতি ঘি-এর মধ্যে দেখতে পাওয়া যায়।

আপনার প্রয়োজন

- *একটি টেস্ট টিউব*
- *হাইড্রোক্লোরিক অ্যাসিড*
- *বনস্পতি ঘি-এর সাথে মেশানো বিশুদ্ধ ঘি*
- *অ্যালকোহলে ফারফুরলের 2% সলিউশন*
- *স্পিরিট ল্যাম্প*

ঘি এর নমুনা

কি করতে হবে

- একটি টেস্ট টিউবে প্রায় 5 সিসি বিশুদ্ধ ঘি নিন আর তার সাথে অল্প পরিমাণ বনস্পতি ঘি মেশান। একটি স্পিরিট ল্যাম্পের শিখার ওপর তাকে গরম করুন।
- টেস্ট টিউবের মধ্যে সমান পরিমাণ হাইড্রোক্লোরিক অ্যাসিড ঢালুন এবং প্রায় এক মিনিট ধরে খুব ভালভাবে মিশ্রণটিকে নাড়তে থাকুন।
- এখন টেস্ট টিউবের মধ্যে কয়েক ফোঁটা 2% অ্যালকোহলিক সলিউশন মেশান এবং প্রায় 2 থেকে 3 মিনিট ধরে তা নাড়তে থাকুন।
- মিশ্রণটিকে প্রায় 2 মিনিট ধরে থিতিয়ে যেতে দিন। যদি আপনি টেস্ট টিউবের মধ্যে গোলাপী রঙ দেখতে পান, তাহলে তা বনস্পতি-এর উপস্থিতিকে ইঙ্গিত করছে।

■■

59. তেলের বীজ থেকে ফ্যাট বার করে নেওয়া

ফ্যাট হল অর্গ্যানিক এবং বৈশিষ্ট্যে নন-পোলার, তাই এগুলি কার্বণ টেট্রাক্লোরাইডের মত্যে দ্রবণে মিশে যায়। গুঁড়ো তেলের বীজের সাথে কার্বণ টেট্রোক্লোরাইড মেশালে, আমরা বীজের মধ্যে থাকা ফ্যাটকে গলিয়ে দিতে পারি। ফিল্টারেট থেকে কার্বণ টেট্রাক্লোরাইড কে ছেঁকে নিয়ে এবং বাষ্পীভূত করে ফ্যাটকে আলাদা করা যেতে পারে। বীজের মধ্যে থাকা ফ্যাটের শতাংশকে নির্ধারণ করা যেতে পারে ফ্যাট এবং গুঁড়ো বীজকে ওজন করে এবং তাদের অনুপাত নিয়ে অর্থাৎ-

ফ্যাটের শতাংশ = ফ্যাটের ওজন x 100 / গুঁড়ো বীজের ওজন

আপনার প্রয়োজন

- *5 টি টেস্ট টিউব*
- *100 মিলি'র 5 টি বীকার*
- *পিপেট*
- *ফিজিকাল ব্যালেন্স*
- *ওয়াটার বাথ*
- *স্পিরিট ল্যাম্প*
- *ফানেল*
- *ফিল্টার পেপার*
- *কার্বণ টেট্রাক্লোরাইড*
- *ওয়ালনাটের বীজ*
- *আমন্ডের বীজ*
- *শুকনো নারকোল*
- *গ্রাউন্ডনাট*
- *সরষের বীজ*

কি করতে হবে

- প্রতিটি বীজ (ওয়ালনাট, আমন্ড, নারকোল, গ্রাউন্ড নাট এবং সরষে) 5 গ্রাম করে নিন এবং আলাদা আলাদা করে সেগুলিকে গুঁড়ো করুন।
- 100 মিলি ক্ষমতার 5 টি বীকার নিন এবং প্রতিটির মধ্যে 20 মিলি কার্বণ টেট্রাক্লোরাইড ঢালুন। আলাদাভাবে প্রতিটি বীকারের মধ্যে 5 গ্রাম গুঁড়ো বীজ মেশান।
- প্রায় 10 মিনিট পরে, প্রতিটি বীকারের মিশ্রণকে ছেঁকে নিন এবং অবশিষ্টাংশকে ফেলে দিন।
- প্রতিটি বীকারের ফিল্ট্রেট নিন এবং একটি ওয়াটার বাথের ওপর তাকে গরম করতে থাকুন যতক্ষণ পর্যন্ত না সমস্ত কার্বণ টেট্রাক্লোরাইড বাষ্পীভূত হয়ে যাচ্ছে। অবশিষ্ট অংশটি হবে বীজের তেল।
- বীকারের সাথে ফ্যাটকে ওজন করুন এবং টেস্ট টিউবের মধ্যে ফ্যাটকে রাখুন। তারপর আলাদাভাবে খালি বীকারকে ওজন করুন। প্রতিটি ক্ষেত্রে ওজনের পার্থক্য আপনাকে প্রদান করবে ফ্যাটের পরিমাণ।
- উপরে দেওয়া ফর্মূলাটি প্রয়োগ করুন এবং প্রতিটি ধরণের বীজের মধ্যে ফ্যাটের শতাংশের হিসাব করুন।

■■

60. ইলেক্ট্রোলাইসিস দ্বারা জলের গঠন অনুসন্ধান করা

যখন একটি ব্যাটারী থেকে ইলেক্ট্রিক কারেন্ট জলের মধ্যে দিয়ে প্রবাহিত হয়, তখন তা জলকে তার মৌলিক অংশে অর্থাৎ হাইড্রোজেন এবং অক্সিজেনে ভাগ করে দেয়। একে জলের ইলেক্ট্রোলাইসিস হিসাবে জানা যায়। দুটি টেস্ট টিউবে দুটি গ্যাসকে সংগ্রহ করা যেতে পারে এবং জলের গঠনের অধ্যয়ন করা যেতে পারে।

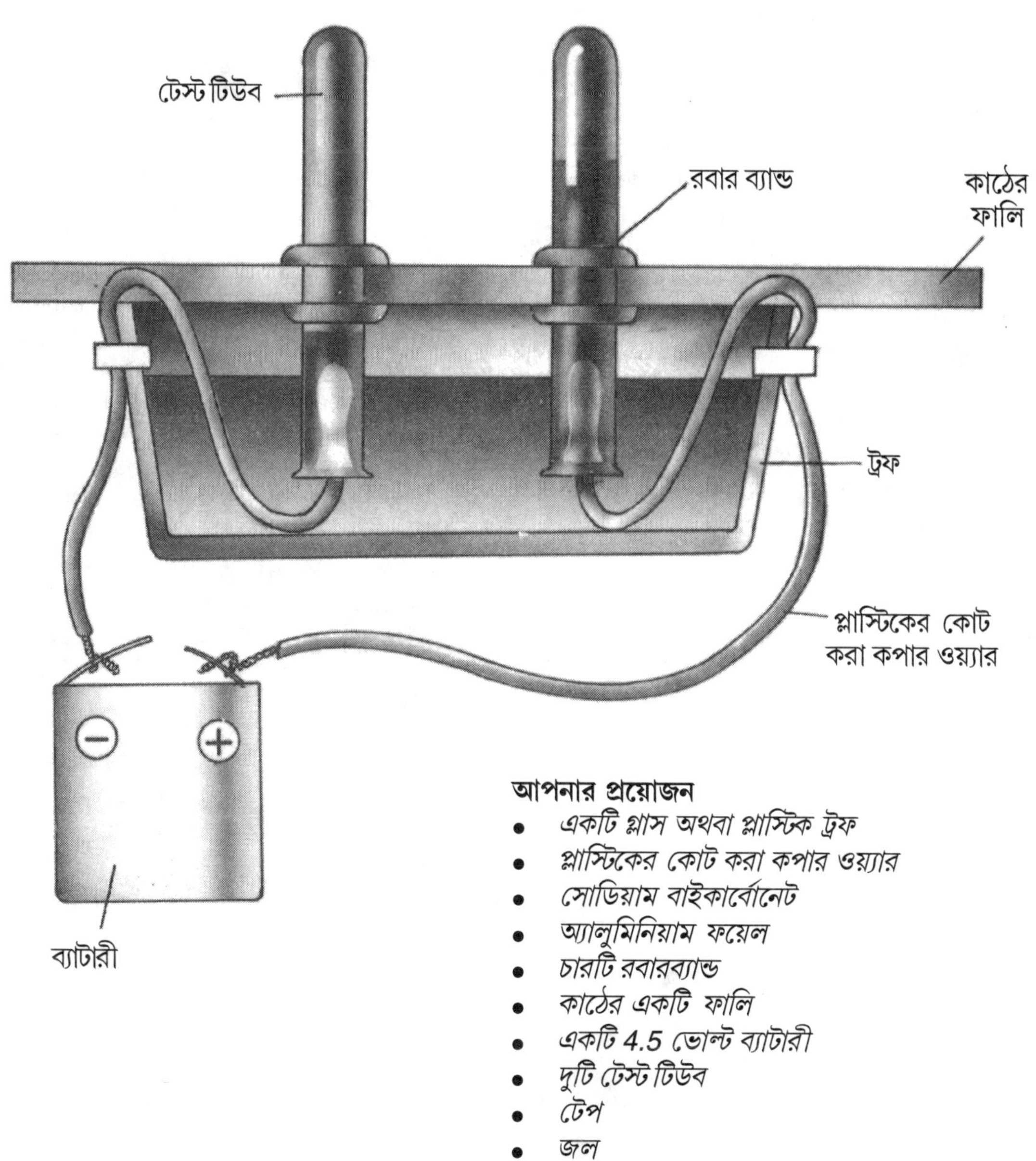

আপনার প্রয়োজন

- *একটি গ্লাস অথবা প্লাস্টিক ট্রফ*
- *প্লাস্টিকের কোট করা কপার ওয়্যার*
- *সোডিয়াম বাইকার্বোনেট*
- *অ্যালুমিনিয়াম ফয়েল*
- *চারটি রবারব্যান্ড*
- *কাঠের একটি ফালি*
- *একটি 4.5 ভোল্ট ব্যাটারী*
- *দুটি টেস্ট টিউব*
- *টেপ*
- *জল*

কি করতে হবে

- একটি গ্লাস অথবা প্লাস্টিক ট্রফ নিন আর তার মধ্যে কিছু জল রাখুন। জলকে কন্ডাক্ট করার জন্যে এক চা চামচ সোডিয়াম বাইকার্বোনেট অথবা কয়েক ফোঁটা সালফিউরিক অ্যাসিড মেশান।
- প্লাস্টিকের কোট করা কপার ওয়্যারের দুটি টুকরো নিন এবং এদের শেষপ্রান্ত গুলি থেকে প্লাস্টিক কোটিং সরিয়ে দিন। অ্যালুমিনিয়াম ফয়েলের ছোট টুকরো দিয়ে প্রতিটি ওয়্যারের একটি প্রান্তকে মুড়ে দিন। জলের সাথে সংস্পর্শ করার জন্যে এই টুকরোগুলিকে ইলেক্ট্রোড হিসাবে ব্যাবহার করা হয়।
- Fig. 1 -এ যেরকম দেখানো হয়েছে ঠিক সেইভাবে একটি টেস্ট টিউবের সাথে কাঠের ফালির চারপাশে একটি জোরালো রবারব্যান্ডকে টেনে আটকান। অন্য টেস্ট টিউবের জন্যেও এরকম করুন। টেস্ট টিউবটিকে জল দিয়ে ভরে দিন।
- ওয়্যার এবং ট্রফ এন্ডে টেপ লাগান যাতে ওয়্যারগুলি সঠিক অবস্থায় থাকে।
- এখন ট্রফের ওপরে টেস্ট টিউবের সাথে কাঠের ফালিটি রাখুন, এবং অ্যালুমিনিয়াম ফয়েলকে দুটি টেস্ট টিউবের মধ্যে আলাদা আলাদা ভাবে ঠেলতে থাকুন।
- 4.5 ভোল্ট ব্যাটারীর পজিটিভ এবং নেগেটিভ টার্মিনালের সাথে দুটি ওয়্যারের দুটি প্রান্তকে যুক্ত করুন।

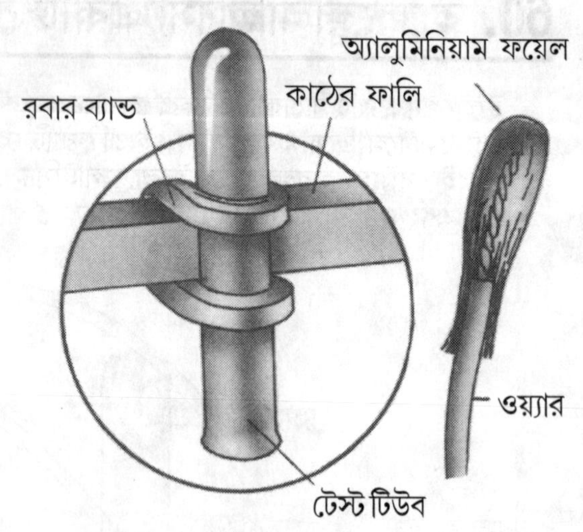

ফিগার 1

- যখন কারেন্ট জলের মধ্যে দিয়ে প্রবাহিত হয়, তখন ইলেক্ট্রোডস্ থেকে গ্যাসের বুদবুদ বেরিয়ে আসে এবং গ্যাস দুটি টেস্ট টিউবের মধ্যে জমা হয়। দুটি গ্যাসের অনুপাত হবে 1: 2 এখন, একটি টেস্ট টিউব নিন যেখানে বেশী গ্যাস থাকবে। একটি জ্বালানো দেশলাইকে তার মুখের কাছে নিয়ে যান যা নীচের দিকে পয়েন্ট করা থাকবে। এটি খুব জোরে বিস্ফোরিত হবে। এই গ্যাস হল হাইড্রোজেন। অন্য টিউবের ওপরে জ্বালানো দেশলাইটি আরোও উজ্জ্বলভাবে জ্বলতে থাকবে। এই গ্যাসটি হল অক্সিজেন। হাইড্রোজেন এবং অক্সিজেনের অনুপাত 2:1 এটি প্রদর্শিত করছে যে জল হাইড্রোজেন এবং অক্সিজেন দিয়ে তৈরী, যা 2:1 অনুপাতে উপস্থিত আছে।

■■

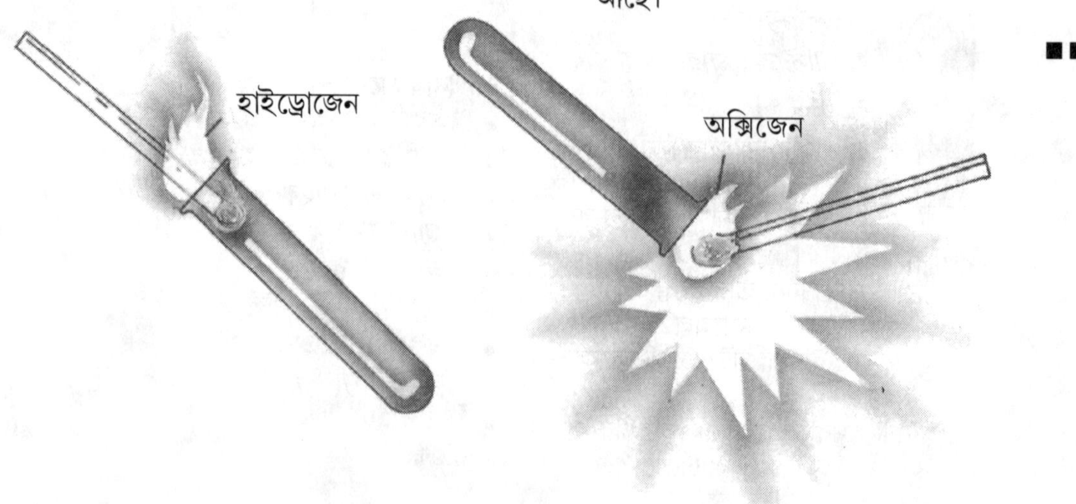

61. কপারের সাহায্যে একটি ব্রাস কী কে ইলেক্ট্রোপ্লেটিং করা

ইলেক্ট্রোপ্লেটিং হল একটি প্রক্রিয়া যেখানে কারেন্ট প্রবাহিত করিয়ে একটি মেটালের পাতলা কোটিং কে অন্য বেস মেটালে প্রয়োগ করা হয়। এই প্রক্রিয়াটি বেস মেটালের সৌন্দর্য্যকে আরোও বাড়িয়ে তোলে এবং তাকে আবহাওয়া থেকে রক্ষা করে। ইলেক্ট্রোলাইসিসের ওপর ভিত্তি করে এই প্রক্রিয়াটি করা হয়।

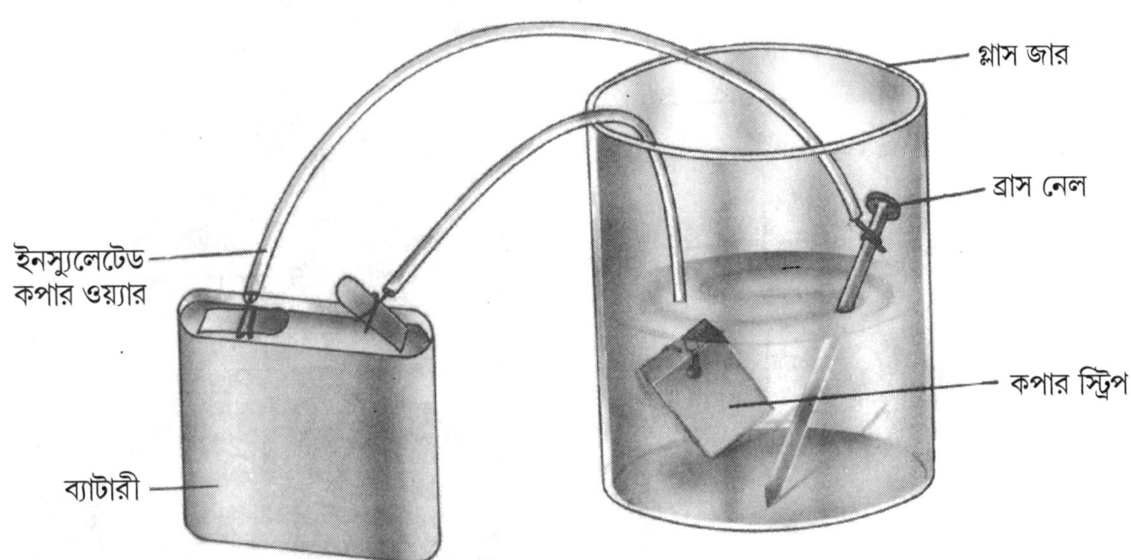

আপনার প্রয়োজন

- *কপার সালফেট ক্রিস্টাল*
- *একটি কপারের ফালি (প্রায় 3" × 2")*
- *একটি ব্রাস কী অথবা ব্রাস নেল*
- *একটি ব্যাটারী 4.5 ভোল্ট*
- *একটি গ্লাস অথবা প্লাস্টিকের জার অথবা বীকার*

কি করতে হবে

- একটি গ্লাস অথবা প্লাস্টিকের জার নিন। এর তিন চতুর্থাংশ গরম জল দিয়ে ভরুন। এর মধ্যে কিছু কপার সালফেট ক্রিস্টাল মেশান, যাতে নীল-রঙের সলিউশন পাওয়া যায়।
- একটি কপারের ফালি নিন, তার মধ্যে একটি ছোট গর্ত করুন এবং একটি এনামেল করা কপার ওয়্যারের সাথে ব্যাটারীর পজিটিভ টার্মিনালকে তার সাথে যুক্ত করুন।
- ব্রাস ডোর কী অথবা পেরেককে পরিষ্কার করুন এবং কপার ওয়্যারের সাথে ব্যাটারীর নেগেটিভ টার্মিনালকে তার সাথে যুক্ত করুন।
- ফিগারে দেখানো অনুযায়ী জারের কপার সালফেট সলিউশনের মধ্যে দুটি জিনিসকেই ডোবান।
- কয়েক মিনিট পরে, আপনি দেখবেন যে কপারের সূক্ষ্ম স্তর, ডোর কী-এর ওপরে জমছে। যখন কী সম্পূর্ণভাবে কপার প্লেটেড হয়ে যাবে, তখন তা সরিয়ে নিন এবং জল দিয়ে তা পরিষ্কার করে নিন।

■■

62. একটি ফায়ার এক্সটিংগুইশার (অগ্নি নির্বাপক) তৈরী করা

একটি সোডা-অ্যাসিড এক্সটিংগুইশারে সোডিয়াম কার্বোনেট এবং অ্যাসিডের ব্যাবহার করা হয়। এই দুটিকে সাধারণতঃ একসঙ্গে মেশার অনুমতি দেওয়া হয় না। শুধমাত্র যখন আমরা আগুণ নেভাতে চাই তখন সোডিয়াম বাইকার্বোনেট এবং অ্যাসিডকে মেশান হয়। এই মিশ্রণটি ফেনাযুক্ত কার্বণ ডাইঅক্সাইড তৈরী করে। এটি জেট এর আকারে ফায়ার এক্সটিংগুইশার (অগ্নি নির্বাপক) এর মাধ্যমে বেরিয়ে আসে। জেট সরাসরি আগুণের দিকে লক্ষ্য করা থাকে। এই ফেনাযুক্ত গ্যাস আগুণকে নিভিয়ে দেয়।

আপনার প্রয়োজন

- *খুব শক্ত ভাবে আটকানো ঢাকনার সাথে একটি ক্যান*
- *একটি পেরেক*
- *সোডিয়াম বাইকার্বোনেট পাউডার*
- *এক কাপ ভিনিগার*

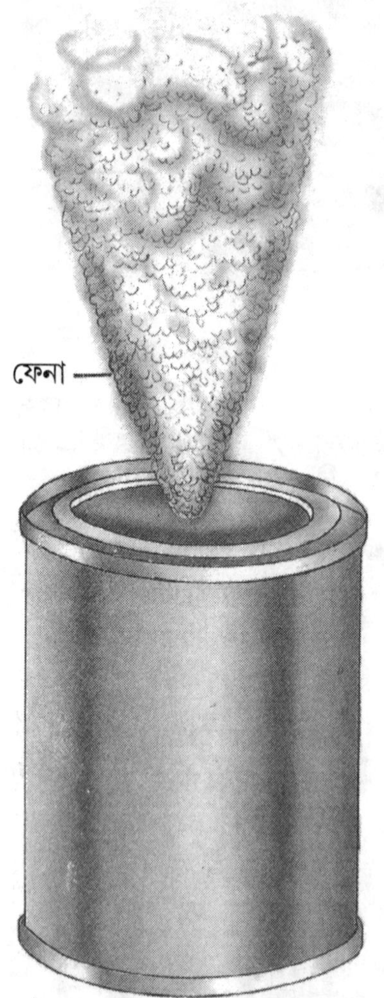

ফায়ার এক্সটিংগুইশার (অগ্নি নির্বাপক)

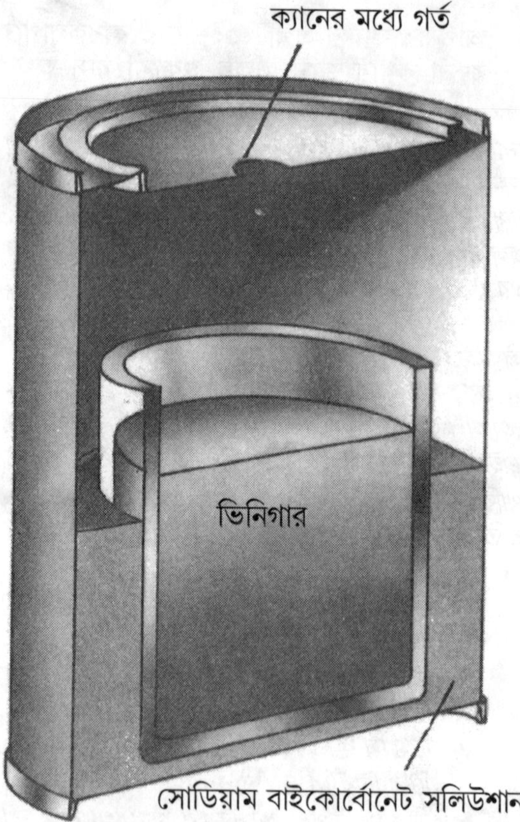

কি করতে হবে

- একটি শক্ত করে আটকানো ঢাকনা সহ একটি ক্যান নিন এবং ঢাকনার মধ্যে প্রায় 3 মিমি ব্যাসের একটি গর্ত করুন এবং তার মধ্যে কাঠের একটি ব্লককে রাখুন আর তার মধ্যে একটি পেরেক লাগান।
- জলের মধ্যে সোডিয়াম কার্বোনেটের স্যাচুরেটেড সলিউশন তৈরী করুন এবং সেটিকে ক্যানের মধ্যে ঢালুন।

- একটি ছোট কাপের মধ্যে একটু ভিনিগার নিন এবং সেটিকে ক্যানের মধ্যে রাখুন। এই সময়ে ভিনিগার এবং সোডিয়াম বাইকার্বোনেট সলিউশনকে একসঙ্গে মিশতে দেবেন না। যদি আপনি দেখেন যে ক্যানের মধ্যে সলিউশন বেশী আছে, তাহলে অতিরিক্ত পরিমাণকে বার করে দিন।
- খুব সাবধানে ঢাকনাটিকে রাখুন। ফায়ার এক্সটিং গুইশারটি (অগ্নি নির্বাপক) এখন ব্যাবহারের জন্যে প্রস্তুত।
- আপনার ফায়ার এক্সটিংগুইশারের কার্যকলাপকে বর্ণনা করার জন্যে, কিছু শুকনো ঘাস অথবা পাতাকে পোড়ান। আপনার এক্সটিংগুইশার নিন এবং গর্তটিকে আগুণের দিকে পয়েন্ট করুন। এইরকম করলে, দুটি তরল পদার্থ অর্থাৎ সোডিয়াম বাইকার্বোনেট সলিউশন এবং ভিনিগার একসঙ্গে মিশে যায়। ভিনিগারের মধ্যে অ্যাসেটিক অ্যাসিড, সোডিয়াম বাইকার্বোনেটের সাথে প্রতিক্রিয়া করে এবং কার্বণ ডাই অক্সাইড তৈরী করে। ফেনাযুক্ত কার্বণডাইঅক্সাইড জেট ক্যানের ঢাকনার গর্তের মধ্যে দিয়ে বেরিয়ে আসে (ফিগার 1) এবং আগুণকে নিভিয়ে দেয়।

নোট: *কখনো ফায়ার এক্সটিং গুইশার (অগ্নি নির্বাপক) কে নিজের দিকে অথবা অন্য কারুর দিকে পয়েন্ট করবেন না, তাহলে ফেনার শক্তিশালী জেট আপনার জামাকাপড়কে নষ্ট করে দেবে। এই ধরণের ফায়ার এক্সটিংগুইশার (অগ্নি নির্বাপক) গুলি সাধারণ আগুণ নেভানোর জন্যে ব্যাবহার করা হয়। এগুলিকে বৈদ্যুতিক আগুণ নেভানোর জন্যে ব্যাবহার করা যাবে না। আসলে জলভিত্তিক ফায়ার এক্সটিংগুইশার (অগ্নি নির্বাপক) গুলিকে বৈদ্যুতিক আগুণ নেভানোর জন্যে ব্যাবহার করা উচিত নয়, কারণ এর ফলে এর সাথে যুক্ত লোকেদের বিদ্যুত প্রবাহের কারণে প্রাণহানি হতে পারে। কার্বণ টেট্রাক্লোরাইডের ব্যাবহারের ওপর ভিত্তি করা একটি ফায়ার এক্সটিংগুইশার (অগ্নি নির্বাপক) কে বৈদ্যুতিক আগুণ নেভানোর জন্যে ব্যাবহার করা হয়। কার্বণটেট্রাক্লোরাইড লিক্যুইড যখন জ্বলন্ত জিনিসের সংস্পর্শে আসে তখন তা বাষ্পীভূত হতে থাকে। কার্বণটেট্রাক্লোরাইড বাষ্পের প্রভাব থেকে নিজেকে সুরক্ষিত রাখার জন্যে ভিজে কাপড় দিয়ে নিজের মুখ এবং নাক ঢেকে রাখার পরামর্শ দেওয়া হয়।*

অন্যান্য ধরণের ফায়ার এক্সটিংগুইশার (অগ্নি নির্বাপক), যা তেল এবং বৈদ্যুতিক আগুণের জন্যে ব্যাবহার করা হয়, তা হল কার্বণ ডাই অক্সাইড এক্সটিংগুইশার, ড্রাই কেমিকেল এক্সটিংগুইশার, এবং ভেপরাইজিং লিক্যুইড এক্সটিংগুইশার।

পাব্লিক বিল্ডিং, ফ্যাক্টরী এবং স্কুলে আইনের দ্বারা ফায়ার এক্সটিংগুইশার প্রদান করা হয়। বেশীর ভাগ বড় শহর গুলিতে আগুণ প্রতিরোধ এবং নিয়ন্ত্রণের জন্যে ফায়ার ব্রিগেড থাকে।

■■

63. একটি মডেল অ্যাক্টিভ ভলক্যানো (আগ্নেয়গিরি) তৈরী করা

একটি অ্যাক্টিভ ভলক্যানো (আগ্নেয়গিরি) তে আকাশে বাষ্প, ছাই এবং লাভার সাদা মেঘ ওপরে ওঠে। আপনি ভিনিগার আর বেকিং সোডা দিয়ে একটি মডেল ভলক্যানো (আগ্নেয়গিরি) তৈরী করতে পারেন। যদিও এই ভলক্যানো (আগ্নেয়গিরি) তে কোন আগুণ নেই, তবুও আপনি দেখবেন যে ভলক্যানোর (আগ্নেয়গিরি) ওপর থেকে লাভা বেরিয়ে আসছে। এটি এক আসল ভলক্যানিক কোনের দৃশ্য প্রদান করবে।

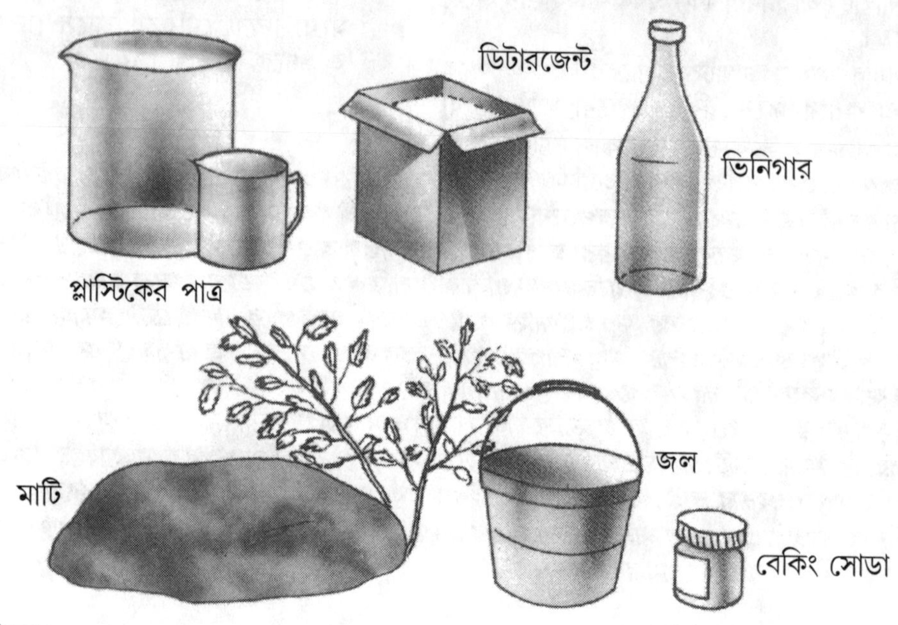

আপনার প্রয়োজন

- *মাটি*
- *জল*
- *প্লাস্টিকের পাত্র*
- *বেকিং সোডা*
- *ডিটারজেন্ট*
- *লাল রঙ*
- *ভিনিগার*

কি করতে হবে

- ফিগারে যেরকম দেখানো আছে ঠিক সেই ভাবে মাটি দিয়ে ভলক্যানোর (আগ্নেয়গিরির) একটি মডেল তৈরী করুন। (Fig. 1) এর মধ্যে প্লাস্টিকের পাত্রকে বসানোর জন্যে এই ভলক্যানোর (আগ্নেয়গিরির) ওপরের কিছু অংশ ছেড়ে দিন। এটিকে শুষ্ক করার জন্যে সূর্যের আলোর তলায় রাখুন।
- যখন আপনি এর কার্যকলাপ দেখাতে চাইবেন, তখন পাত্রের মধ্যে তিন অথবা চার চামচ ভর্তি

(Fig. 1)

বেকিং সোডা দিন।

- আধ কাপ জল, এক চতুর্থাংশ কাপ ডিটারজেন্ট, এক-চতুর্থাংশ কাপ ভিনিগার এবং কিছু লাল রঙ অন্য একটি পাত্রের মধ্যে একসঙ্গে মেশান।
- এই মিশ্রণকে প্লাস্টিকের পাত্রের মধ্যে ঢালুন যেখানে বেকিং সোডা রাখা হয়েছে।
- আপনি দেখতে পাবেন যে ভলক্যানোর কোন থেকে ধোঁয়া এবং বুদবুদ বেরিয়ে আসছে ঠিক সেইভাবে যেভাবে একটি আসল ভলক্যানো (আগ্নেয়গিরি) থেকে বেরোয়।
- আসলে, বেকিং সোডা এবং ভিনিগারের মিশ্রণ কার্বণ ডাইঅক্সাইড গ্যাস তৈরী করে, যা একটি ভলক্যানোর (আগ্নেয়গিরির) বিস্ফোরণের দৃশ্য প্রদান করে। লাল রঙ তৈরী করে ভলক্যানিক ম্যাগমারের এক প্রভাব এবং ডিটারজেন্ট সৃষ্টি করে আরোও অনেক বেশী বুদ বুদ।

জলের তলার ভলক্যানো (আগ্নেয়গিরি)

কখনো কখনো ভলক্যানোর (আগ্নেয়গিরির) সমুদ্রের মধ্যে বিস্ফোরণ ঘটে। আপনি নিম্নলিখিতভাবে একটি জলের তলার ভলক্যানো (আগ্নেয়গিরি) তৈরী করতে পারেন:

- একটি বড় কাঁচের জার, একটি ছোট বোতল, দড়ি এবং খাবারের লাল রঙ নিন। জারে ঠান্ডা জল ভরুন।
- ছোট বোতলে গরম জল ভরুন। এর মুখের চারপাশে একটি দড়ি বাঁধুন, এবং তার সাথে একটু খাবারের লাল রঙ মেশান।
- দড়ির একটি প্রান্ত ধরে, ছোট বোতলটিকে খুব সাবধানে কাঁচের জারের মধ্যে রাখুন আর দেখুন ছোট বোতল থেকে যেন “লাভা” বেরোচ্ছে। এটি হল আপনার ছোট জলের তলার ভলক্যানো (আগ্নেয়গিরি)।

■■

64. ভলক্যানোর (আগ্নেয়গিরির) একটি বিকল্প মডেল

কেমিকেল ভলক্যানো (রাসায়নিক আগ্নেয়গিরির) অ্যামোনিয়াম ডাইক্রোমেটের এন্ডোথার্মিক ডিকম্পোজিশনের ওপর নির্ভরশীল। এটি স্পষ্টভাবে ভলক্যানিক বিস্ফোরণকে প্রদর্শন করে।

আপনার প্রয়োজন

- একটি বড় অ্যাডবেসটস ওয়্যার গজ
- সাধারণ মাটি
- কাঠের ছড়ি
- অ্যামোনিয়াম ডাইক্রোমেট 250 গ্রাম
- ম্যাগনেশিয়াম পাউডার 65 গ্রাম
- দেশলাই

কি করতে হবে

- 12" × 12" মাপের একটি অ্যাজবেসটস ওয়্যার গজ নিন। (এটি আপনার কেমিস্ট্রি ল্যাবরেটরীতে পাওয়া যাবে)।
- সাধারণ ভিজে মাটির সাহায্যে প্রায় 8" ব্যাস এবং 12" উচ্চতার এক ভলক্যানিক কোন তৈরী করুন। যখন মাটি ভিজে থাকবে তখন একটি কাঠের ছড়ির সাহায্যে কোনের মধ্যে একটি 2" গভীর গর্ত করুন। এটিকে শুষ্ক করার জন্যে দুই-তিন ধরে সূর্য্যের আলোর তলায় রাখুন।
- 65 গ্রাম ম্যাগনেশিয়াম পাউডার কে 250 গ্রাম অ্যামোনিয়াম ডাইক্রোমেট পাউডারের সাথে মেশান।
- একটি ট্রাইপড স্ট্যান্ডের ওপরে ভলক্যানিক কোনের সাথে অ্যাজবেসটস গজকে রাখুন, এবং একটি বুন্সেন বার্ণারের শিখার ওপর এর মাঝামাঝি অংশকে গরম করুন, ঠিক যেভাবে ফিগারে দেখানো হয়েছে।
- ভলক্যানোর (আগ্নেয়গিরির) কোনের মধ্যে কিছু পরিমাণ মিশ্রণ ঢালুন। নাইট্রোজেন তৈরী হওয়ার কারণে স্ফুলিঙ্গ সহ ধোঁয়া বেরিয়ে আসবে এবং এক ভলক্যানিক বিস্ফোরণের দৃশ্য প্রদান করবে।

■■

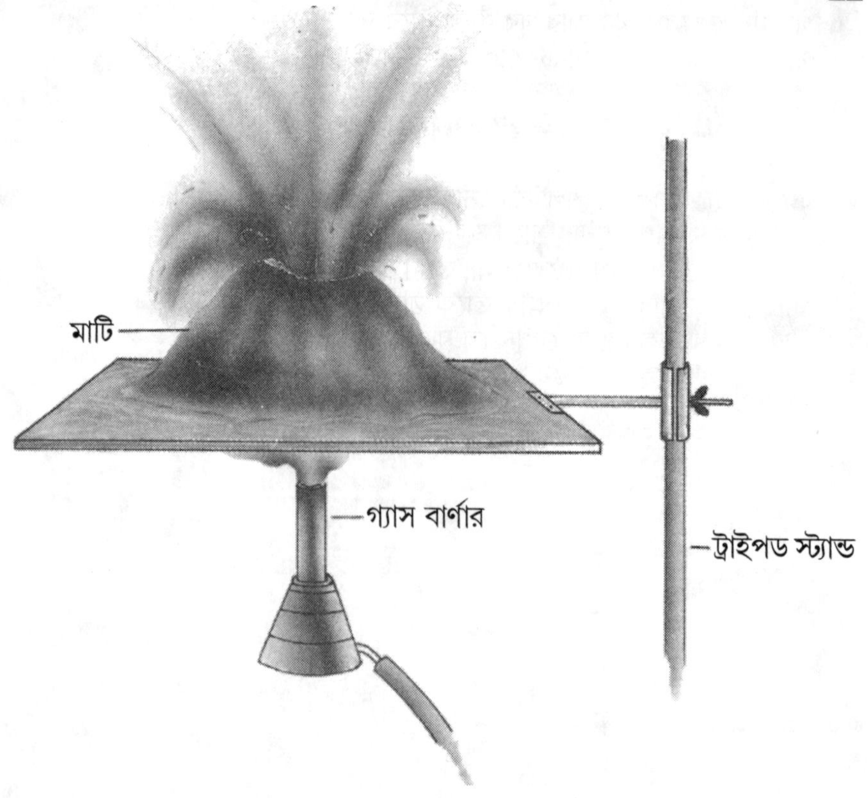

65. কাঠের ডেস্ট্রাক্টিভ ডিস্টিলেশনকে ব্যাখ্যা করা

কাঠকে তার রাসায়নিক উপাদানে পরিবর্তন করার প্রক্রিয়াকে বলা হয় কাঠের ডেস্ট্রাক্টিভ ডিস্টিলেশন। যখন কাঠকে গরম করা হয়, তখন তা গ্যাসের মিশ্রণ নির্গত করে যা এক ধোঁয়াটে শিখার সাথে জ্বলতে থাকে। এই প্রোজেক্টে, কাঠের উপরের অংশকে ঘষে তাকে গরম করে এবং এই প্রক্রিয়ায় তৈরী হওয়া গ্যাসকে জ্বালিয়ে কাঠের ডেস্ট্রাক্টিভ ডিস্টিলেশনের ব্যাখ্যা করতে পারেন।

আপনার প্রয়োজন

- *একটি পুশ-ফিট লিডের সাথে একটি ছোট ক্যান*
- *একটি পাতলা পেরেক*
- *ঘষা কাঠ অথবা কাঠের গুঁড়ো*
- *কিচেন স্টোভ*

কি করতে হবে

- পুশ-ফিট লিডের সাথে একটি ছোট ক্যান নিন। লিডকে একটি কাঠের ব্লকের ওপর রেখে এবং তার মধ্যে দিয়ে একটি পেরেক ঠুকে লিডের মধ্যে প্রায় 3 মিমি ব্যাসের একটি গর্ত তৈরী করুন।
- ক্যানের মধ্যে কিছু ঘষা কাঠ অথবা কাঠের গুঁড়ো নিন এবং লিডকে খুব শক্ত করে বন্ধ করুন।
- এখন ক্যানকে কিচেন স্টোভের অথবা কিচেন গ্যাসের ওপরে রাখুন আর খুব ধীরে ধীরে তাকে গরম করুন। কয়েক মিনিট পরে, দেখা যাবে যে লিডের গর্ত থেকে এক সমান কাঠের গ্যাস বেরিয়ে আসছে। এই গ্যাস হল হাইড্রোজেন, মিথেন এবং অন্যান্য গ্যাসের সংমিশ্রণ।
- এখন গ্যাসকে একটি দেশলাইয়ের সাহায্যে জ্বালান। এটি এক ধোঁয়াটে শিখার সাথে জ্বলতে থাকবে।
- যখন আর কোন গ্যাস বেরোবে না, তখন ক্যানকে গরম থেকে সরিয়ে নিন আর তাকে ঠান্ডা হতে দিন। লিডটি খুলুন আর দেখুন যে ক্যানের মধ্যে কি পড়ে আছে। কালো কঠিন বস্তুটিই হল চারকোল।

■■

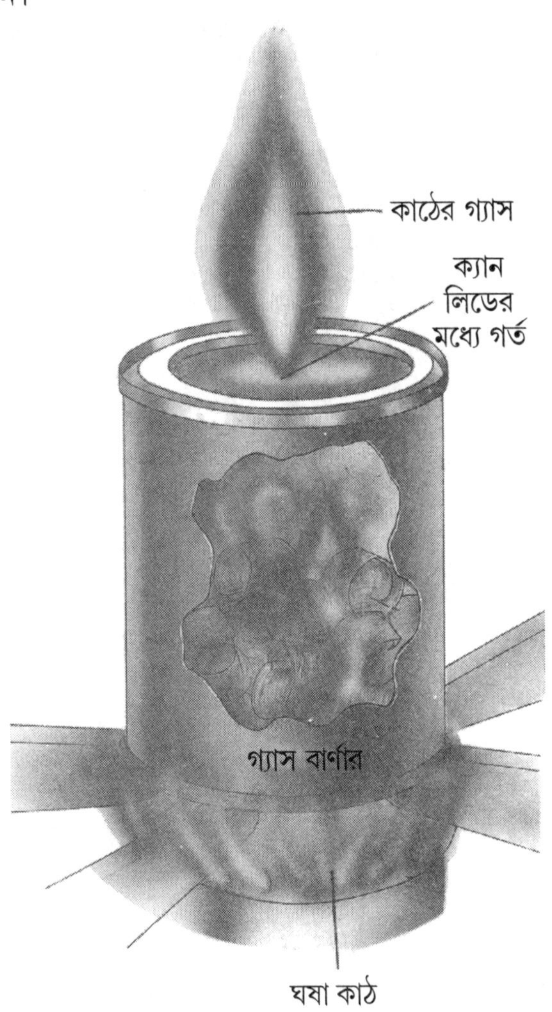

66. একটি রাসায়নিক ফটোইলেক্ট্রিক সেল তৈরী করা

একটি ফটোইলেক্ট্রিক সেল হল এমন এক ডিভাইস যাকে নির্দিষ্ট ওয়েভলেন্থ এর আলোতে যখন নিয়ে আসা হয় তখন তা ইলেক্ট্রিক কারেন্ট তৈরী করে। ফটোসেল গুলিকে লাইট সুইচ, লাইট ডিটেক্ট্রার এবং লাইট মিটার হিসাবে ব্যাবহার করা হয়। এছাড়াও এগুলিকে টিভি ক্যামেরা, বার্গলার অ্যালার্ম এবং আরোও অন্যান্য ডিভাইসে ব্যাবহার করা হয়। আপনি নিম্নলিখিতভাবে একটি কপার প্লেট এবং লীড নাইট্রেট সলিউশন ব্যাবহার করে এক সহজ লিক্যুইড ফটোসেল তৈরী করতে পারেন।

আপনার প্রয়োজন

- *250 মিলি'র একটি বীকার*
- *একটি কপার প্লেট (10 × 2.5 সেমি)*
- *একই মাপের একটি লীড প্লেট*
- *কানেক্টিং ওয়্যার*
- *একটি গ্যালভানোমিটার*
- *বুন্সেন বার্ণার*
- *নাইট্রিক অ্যাসিড*
- *লীড নাইট্রেট*
- *টর্চ অথবা টেবিল ল্যাম্প*

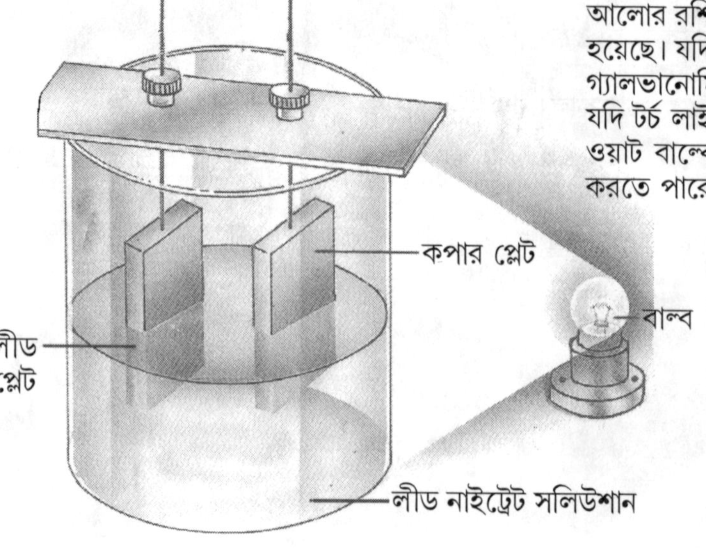

কি করতে হবে

- প্রায় 10 সেমি লম্বা এবং 2.5 সেমি চওড়া একটি কপারের ফালি নিন। এটিকে বুন্সেন বার্ণারের শিখার কাছে নিয়ে আসুন যাতে, গরম করলে, এটি যেন কালো কপার অক্সাইডের সাথে ঢেকে যায়। এটিকে ঠান্ডা করুন এবং নাইট্রিক অ্যাসিডের মধ্যে রাখুন যতক্ষণ পর্যন্ত না এর ওপরে কিউপ্রাস অক্সাইডের লাল স্তর তৈরী হচ্ছে। আসলে এই স্তরটি আলোর প্রতি অনুভূতিশীল এবং এটি ফটোইলেক্ট্রন নির্গত করে।
- প্রায় 250 মিলির একটি বীকার নিন এবং জলের মধ্যে লীড নাইট্রেটের একটি সলিউশন তৈরী করুন।
- এই বীকারের মধ্যে কপার প্লেট এবং একটি লীড প্লেটকে ডোবান। একটি সংযোগকারী ওয়্যারের সাহায্যে দুটি প্লেটকে একটি গ্যালভানোমিটারের সাথে যুক্ত করুন।
- এখন কিউপ্রাস অক্সাইড প্লেটের ওপরে খুব জোরালো টর্চ লাইটকে ফেলুন। যতক্ষণ আলো প্লেটের ওপরে পড়বে, ততক্ষণ গ্যালভানোমিটার এক ডিফ্লেকশান প্রদর্শন করবে যা ইঙ্গিত করবে যে আলোর রশ্মি পড়ার ফলে ইলেক্ট্রিক কারেন্ট তৈরী হয়েছে। যদি আপনি লাইট বন্ধ করে দেন তাহলে গ্যালভানোমিটারের ডিফ্লেকশান শূণ্য হয়ে যাবে। যদি টর্চ লাইট পর্যাপ্ত না হয়, তাহলে আপনি 60 ওয়াট বাল্বের একটি টেবিল ল্যাম্পকে ব্যাবহার করতে পারেন।

67. একটি রাসায়নিক বাগান তৈরী করা

একটি রাসায়নিক বাগান, জলের গ্লাসের সলিউশনে ক্রিস্টাল গ্রোথের প্রক্রিয়ার ওপর নির্ভর করে। এটি জীবনহীন উদ্ভিদ দিয়ে তৈরী একটি বাগান কিন্তু খুবই আকর্ষণীয়।

আপনার প্রয়োজন

- *একটি কাঁচের জার অথবা অ্যাকোয়েরিয়াম ট্যাঙ্ক*
- *ডিস্টিল্ড ওয়াটার*
- *কপার ক্লোরাইডের টুকরো*
- *কপার সালফেট*
- *কপার নাইট্রেট*
- *ম্যাগনেশিয়াম সালফেট*
- *অ্যালুমিনিয়াম সালফেট*
- *ফেরাস সালফেট*
- *ফেরাস ক্লোরাইড*
- *নিকেল সালফেট*
- *ফটকিরি*
- *জলের গ্লাস*

কি করতে হবে

- একই পরিমাণ জল এবং জলের গ্লাসকে মেশান এবং এই সলিউশনকে কাঁচের জার অথবা অ্যাকোয়েরিয়াম ট্যাঙ্কের মধ্যে ঢালুন।
- সলিউশনের মধ্যে কয়েক টুকরো রাসায়নিক সল্ট মেশান যেমন কপার ক্লোরাইড, কপার সালফেট, কপার নাইট্রেট, ম্যাগনেশিয়াম সালফেট, অ্যালুমিনিয়াম সালফেট, ফেরাস সালফেট, ফেরাস ক্লোরাইড, ফটকিরি, নিকেল সালফেট ইত্যাদি। এই টুকরোগুলি যেন একে অপরের থেকে একটু দূরে দূরে থাকে।
- জারটিকে একটি সুরক্ষিত জায়গায় রেখে দিন। কয়েক ঘন্টা পরে, আকর্ষণীয় ক্রিস্টালাইন গ্রোথ দেখতে পাওয়া যাবে কারণ রাসায়নিক দ্রব্যগুলি সলিউশনের সাথে প্রতিক্রিয়া করে। কিছু দিনের মধ্যেই জারের মধ্যে এক সুন্দর বাগানের মতো গ্রোথ দেখতে পাওয়া যাবে।

■■

68. কপার সালফেটের ক্রিস্টালকে বাড়ানো

সলিউশন পদ্ধতির দ্বারা কপার সালফেট, সোডিয়াম ক্লোরাইড (সাধারণ সল্ট), চিনি ইত্যাদির ক্রিস্টালকে বাড়ানো যেতে পারে। কোন বস্তু যেমন কপার সালফেটের এক স্যাচুরেটেড সলিউশনকে 50 মিলি ডিস্টিল্ড ওয়াটারের মধ্যে তৈরী করা যেতে পারে। কিছু পরিমাণ সলিউশনকে 2-3 দিনের জন্যে একটি ঢালু প্লেটের মধ্যে রাখুন। কয়েকদিন পরে, প্লেটের মধ্যে কয়েকটি ক্রিস্টাল দেখতে পাওয়া যাবে। এই প্লেট থেকে একটি ভাল ক্রিস্টালকে একটি সীড ক্রিস্টাল হিসাবে নির্বাচন করে এবং তাকে একটি সূতো বেঁধে কপার সালফেটের একটি স্যাচুরেটেড সলিউশন ভরা একটি বীকারের মধ্যে ঝুলিয়ে দিন। ছয় সাত দিন পরে, কপার সালফেটের একটি বিশাল ক্রিস্টাল পাওয়া যাবে।

আপনার প্রয়োজন

- *একটি বীকার 200 মিলি*
- *একটি কাঁচের রড*
- *একটি প্লেট*
- *সূতো*
- *একটি পেন্সিল*
- *ডিস্টিল্ড ওয়াটার*

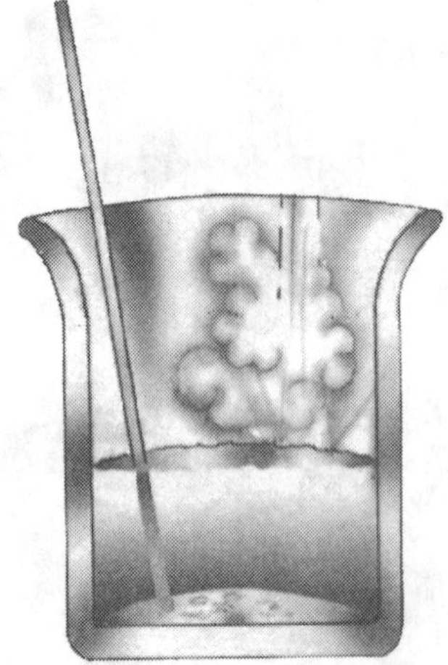

কি করতে হবে

- কিছু কপার সালফেট পাউডার নিন এবং একটি বীকারে প্রায় 50 মিলি গরম জলের মধ্যে তা ঢালুন। এবং যতক্ষণ না পুরো কপার সালফেট মিশে যাচ্ছে ততক্ষণ নাড়তে থাকুন।
- অল্প পরিমাণ সলিউশন একটি পাত্রে ঢালুন এবং কোনরকম বাধা ছাড়াই তাকে ঠান্ডা হতে দিন। কয়েক ঘন্টা পরে, আপনি পাত্রের মধ্যে কিছু ছোট ছোট ক্রিস্টাল দেখতে পাবেন।

- একটি ভাল ক্রিস্টাল নিন আর তার চারপাশটা একটি সূক্ষ্ম সূতো দিয়ে বাঁধুন।
- ফিগারে যেভাবে দেখানো আছে ঠিক সেইভাবে একটি বীকারের মধ্যে কপার সালফেট সলিউশনে এই ক্রিস্টালকে ঝুলিয়ে দিন।

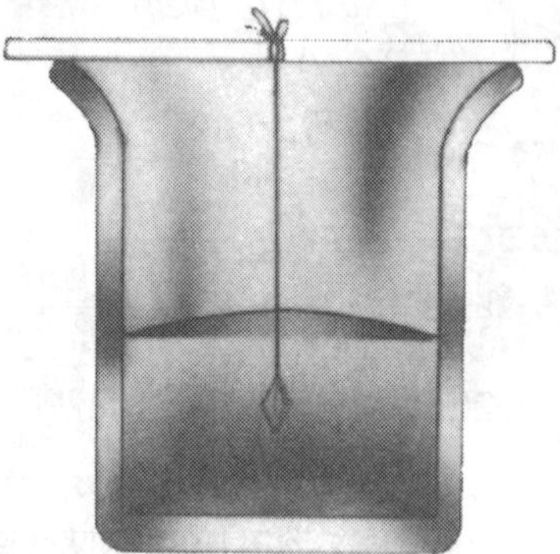

- কয়েকদিনের জন্যে ক্রিস্টালকে কোনরকম নাড়াচাড়া না করে রেখে দিন। সলিউশন থেকে যখন জল বাষ্পীভূত হতে শুরু করবে, তখন সীড ক্রিস্টাল আরোও বড় হতে শুরু করবে। তাকে সরিয়ে নিয়ে এসে একটি ব্লটিং পেপারের সাহায্যে শুষ্ক করুন। সূতোকে কেটে দিয়ে সরিয়ে দিন। আপনার ক্রিস্টাল এখন প্রস্তুত।

অতিরিক্ত ক্রিস্টাল গ্রোথ প্রোজেক্টস্

উপরে বর্ণনা করা একই পদ্ধতির প্রয়োগ করে, আপনি ফটকিরি, কপার অ্যাসিটেট, সোডিয়াম নাইট্রেট, নিকেল সালফেট এবং সোডিয়াম ক্লোরাইড ক্রিস্টালের গ্রোথকে দেখতে পারেন।

■■

69. মাটি ছাড়া উদ্ভিদকে বাড়ানো

উদ্ভিদ মাটির মধ্যে বেড়ে ওঠে কারণ তারা মাটি থেকে সমস্ত ধরণের প্রয়োজনীয় পুষ্টিতত্ত্ব, (নিউট্রিয়েন্ট), খনিজ (মিনারেল) এবং জল পায়। এছাড়াও তারা মাটির মধ্যে দাঁড়ানোর জন্যে সহায়তা পায়। যদি বাইরে থেকে প্রয়োজনীয় সহায়তা, পুষ্টিতত্ত্ব, খনিজ এবং জল দেওয়া যেতে পারে, তাহলে তা মাটি ছাড়াই বেড়ে উঠতে পারবে। এই প্রোজেক্টটি একটি বীকারের (মাটি ছাড়া) মধ্যে একটি উদ্ভিদের বৃদ্ধিকে ব্যাখ্যা করে যেখানে একটি উদ্ভিদকে বাড়ানোর জন্যে প্রয়োজনীয় সমস্ত পুষ্টিতত্ত্ব প্রদান করা হয়েছে।

আপনার প্রয়োজন

- *1000 সিসি'র একটি জার অথবা বোতল*
- *একটি ছোট উদ্ভিদ*
- *ক্যালসিয়াম নাইট্রেট পাউডার (প্রায় এক গ্রাম)*
- *পটাশিয়াম নাইট্রেট (0.2 গ্রাম)*
- *ম্যাগনেশিয়াম সালফেট (0.2 গ্রাম)*
- *আয়রন ফসফেট (100 মিগ্রা)*
- *ইউরিয়া (0.2 গ্রাম)*
- *জল (1000 সিসি)*

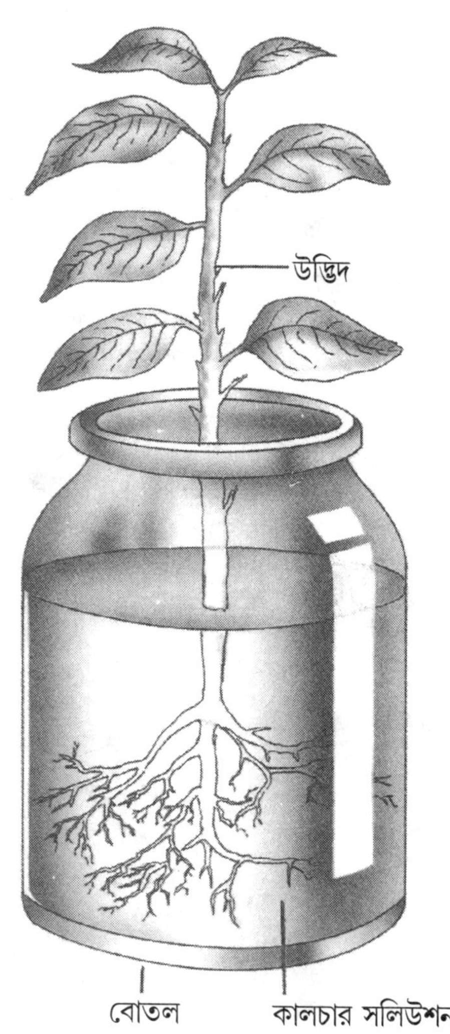

কি করতে হবে

- এক লিটার ক্ষমতাসম্পন্ন একটি বোতল নিন এবং তাকে এক লিটার জল দিয়ে ভর্তি করুন।
- প্রায় 1 গ্রাম ক্যালসিয়াম নাইট্রেট, 0.2 গ্রাম পটাশিয়াম নাইট্রেট, 0.2 গ্রাম ম্যাগনেশিয়াম সালফেট, 100 মিগ্রা আয়রন ফসফেট এবং 0.2 গ্রাম ইউরিয়াকে মেশান। এক বোতল জলের মধ্যে যথাযথভাবে এই সমস্ত সল্টগুলিকে গুলে নিন।
- এই মিশ্রণের মধ্যে একটি উদ্ভিদকে রাখুন। আপনি বীকারের মুখের সাথে একটি সূতো বেঁধে অথবা একটি কার্ডবোর্ড ডিস্কে গর্ত করে তাকে তার ওপর রেখে উদ্ভিদকে সোজাভাবে রাখতে সাহায্য করতে পারেন।
- মাটির মধ্যে যেরকম উদ্ভিদ বেড়ে ওঠে ঠিক সেইরকমই এই সলিউশনের মধ্যেও তা বেড়ে উঠবে কারণ এই সলিউশন থেকে সে তার বৃদ্ধির জন্যে সমস্ত প্রয়োজনীয় পুষ্টিতত্ত্ব পাবে।

■■

70. ইস্টের চিনি খাওয়াকে বর্ণনা করা

ইস্ট হল একটি ফাংগাস, এটি এক জীবন্ত উদ্ভিদ যা চিনি খায় এবং কার্বণ ডাইঅক্সাইড আর হয় অ্যালকোহল অথবা জল প্রদান করে। পাঁউরুটি, বীয়ার এবং অনেক কার্বোনেটেড ড্রিঙ্ক তৈরী করার জন্যে ইস্টের ব্যাবহার করা হয়। এই প্রোজেক্টে, আপনি কিছু ইস্টের বৃদ্ধি করবেন এবং প্রমাণ করবেন যে এটি চিনি খায় আর কার্বণ ডাইঅক্সাইড তৈরী করে।

আপনার প্রয়োজন

- *8 টি ক্যাম্পা কোলা অথবা সোডা ওয়াটারের বোতল*
- *8 টি বেলুন*
- *ইস্ট*
- *জল*
- *চিনির সলিউশন (সমান অংশের জল এবং চিনি মিশিয়ে তৈরী করা)*

কি করতে হবে

- চারটি বোতলকে চিনির সলিউশন দিয়ে অর্ধেক ভর্তি করুন। একটি `S' দিয়ে এই বোতল গুলিকে চিহ্নিত করুন।
- অন্য চারটি বোতল গুলিকে শুধু জল দিয়ে প্রায় অর্ধেকটা ভরুন। এই বোতলগুলিকে `W' দিয়ে চিহ্নিত করুন। জল এবং চিনির সলিউশন দুটিকেই ঘরের তাপমাত্রায় রাখুন।
- দুটি বোতলেই চিনির সলিউশনের সাথে এক চাচামচ ইস্ট মেশান। 'SY' দিয়ে এই বোতলগুলিকে চিহ্নিত করুন।
- দুটি বোতলে সাদা জলের সাথে এক চাচামচ ইস্ট মেশান। এই বোতল গুলিকে 'WY' দিয়ে চিহ্নিত করুন।
- আটটি বোতলের প্রতিটির ওপর একটি বেলুন লাগান। ফিগারে দেখানো অনুযায়ী এগুলিকে দুটি গ্রুপে বিভক্ত করুন। এখন দুটি গ্রুপ হবে W, WY, S, SY এবং W, WY, S, SY.
- চারটি বোতলের এই গ্রুপগুলির একটিকে রেফ্রিজেরেটারের মধ্যে রাখুন। অন্য গ্রুপটিকে গরম এলাকায় রাখুন যেমন একটি হীটার অথবা রেডিয়েটারের কাছে।

প্রতি চার ঘন্টা অন্তর দেখতে থাকুন এবং নিম্নলিখিত বিষয় গুলিকে নোট করুন:

- আটটি বোতলের প্রতিটির মধ্যে থাকা লিক্যুইডের কি ঘটছে?
- আটটি বোতলের প্রতিটির ওপরে থাকা বেলুনের কি হচ্ছে?
- শুধু জল আর চিনির সলিউশনের মধ্যে থাকা ইস্টের কি কি পার্থক্য হচ্ছে?

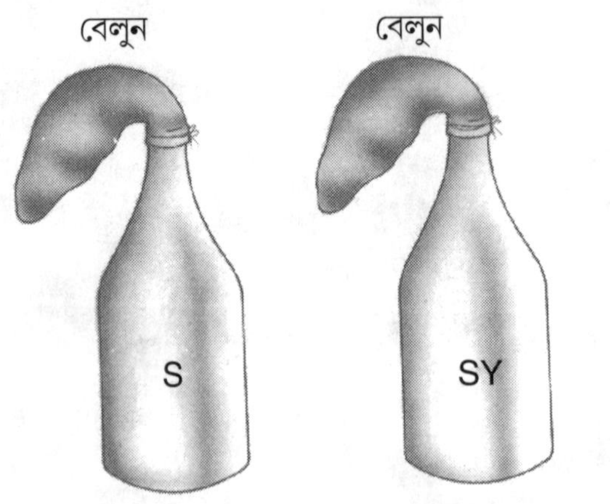

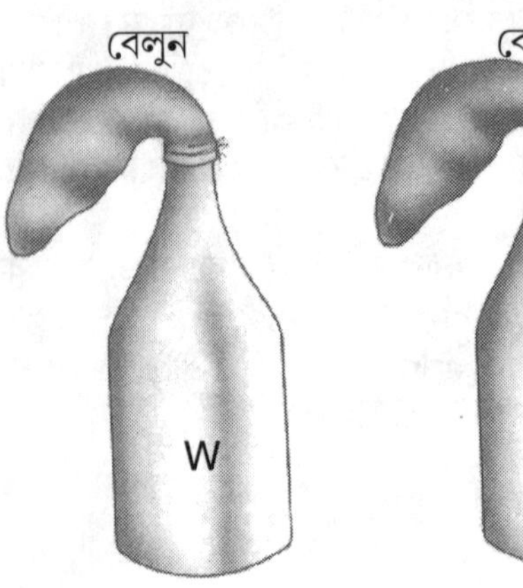

S = চিনির সলিউশন, SY= চিনির সলিউশন + ইস্ট W = জল WY = জল + ইস্ট

চিনির সলিউশন সহ চারটি বোতল

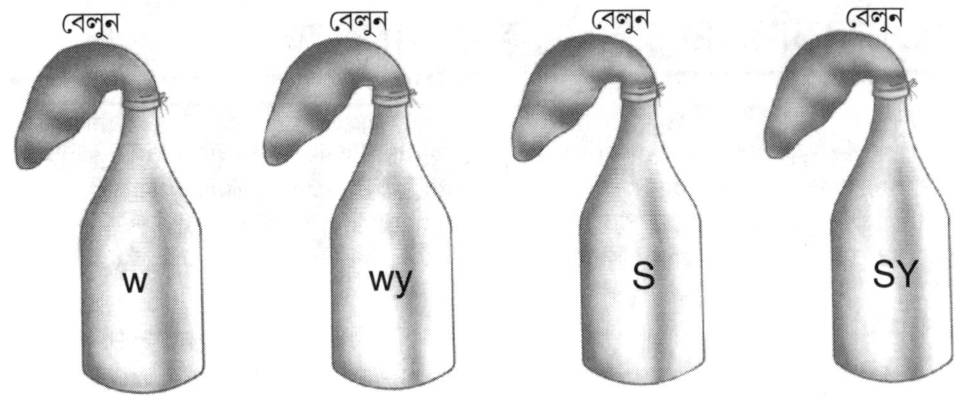

- রেফ্রিজেরেটার এবং গরম এলাকার মধ্যে ইস্টের বৃদ্ধির পার্থক্য কি?

এই ঘটনাগুলির জন্যে হওয়া কারণগুলি খোঁজার চেষ্টা করুন। আপনি দেখতে পাবেন যে গরম এলাকাতে রাখা SY দ্বারা চিহ্নিত করা বোতল গুলিতে কার্বণ ডাই অক্সাইড খুব তাড়াতাড়ি আকার নিচ্ছে এবং তৈরী হচ্ছে।

ইস্টের কার্যকরীতা ব্যাখ্যা করার আর একটি উপায়

- 1/4 চা চামচ চিনি এবং 2 চাচামচ অল্প গরম জল নিন। তাদের একসঙ্গে একটি বাটিতে মেশান। প্রায় 25 গ্রাম সক্রিয় শুকনো ইস্ট ছড়িয়ে দিন।
- প্রায় 20 মিনিট অপেক্ষা করুন আর দেখুন যে লিক্যুইডটি ফেনায়িত হয়ে গেছে। কার্বণ ডাইঅক্সাইড তৈরী হওয়ার কারণে এটি ঘটেছে।
- এখন দু কাপ ময়দা এবং এক চা চামচ নুন নিন। জল আর ইস্টের মিশ্রণকে ময়দার সাথে মেশান। তালটি যতক্ষণ পর্যন্ত না নরম হয়ে উঠেছে ততক্ষণ পর্যন্ত মাখতে থাকুন।
- এখন তালটিকে একটি বাটির মধ্যে রাখুন আর বাটিটিকে একটি গরম জায়গায় রেখে দিন। তালটি এক ঘন্টার মধ্যেই ফুলে দ্বিগুণ আকার হয়ে যাবে।
- তালটিকে ঘুরিয়ে 1 /4" পুরু গোল পাঁউরুটির আকারে তৈরী করুন। প্রায় 20-35 মিনিট ধরে তাকে একটি গ্রীজ করা প্যানে বেক করুন। এই পুরো প্রোজেক্টটি ইস্টের কার্যকরীতাকে ব্যাখ্যা করছে। ইস্ট ময়দার স্টার্চকে চিনিতে পরিবর্তন করে আর তার পরে কার্বণ-ডাইঅক্সাইড তৈরী করার জন্যে প্রতিক্রিয়া করে।

■■

71. ফটোসিন্থেসিসের প্রণালীকে ব্যাখ্যা করা

অক্সিজেন এবং খাবার তৈরী করার জন্যে সবুজ উদ্ভিদ সূর্যের আলো থেকে এনার্জী এবং বায়ুমন্ডল থেকে কার্বণ ডাইঅক্সাইড ব্যাবহার করে। এই প্রণালীটিকে বলা হয় ফটোসিন্থেসিস। ফটোসিন্থেসিসের প্রণালীকে ব্যাখ্যা করার জন্যে, সবুজ উদ্ভিদের ব্যাবহার করা যেতে পারে এবং তৈরী হওয়া অক্সিজেনকে একটি টেস্ট টিউবের মধ্যে সংগ্রহ করা যেতে পারে।

আপনার প্রয়োজন

- *দুটি পরিষ্কার জলের উদ্ভিদ*
- *একটি কাঁচের ফানেল*
- *একটি কাঁচের ট্রফ*
- *একটি টেস্ট টিউব*
- *কিছু ম্যাগনেশিয়ামের ফালি*

কি করতে হবে

- যে কোন নার্সারী থেকে একটি পরিষ্কার জলের অ্যাকোয়েরিয়ামের জন্যে উপযুক্ত দুটি উদ্ভিদ কিনুন।
- উদ্ভিদের ওপরে রাখার জন্যে একটি কাঁচের ফানেল নিন এবং ফানেলের নলের ওপর বসে যায় এমন একটি টেস্ট টিউব নিন।
- একটি স্বচ্ছ কাঁচের ট্রফের মধ্যে উদ্ভিদ কে রাখুন এবং তা জল দিয়ে ভরে দিন।
- টেস্ট টিউবকে জল দিয়ে ভরে দিন (ফিগার 1) এবং তাকে জলের তলায় রেখে, ফিগার 2 তে দেখানো অনুযায়ী ফানেলের পাশ দিয়ে তাকে ঢুকিয়ে দিন।
- ফানেল এবং টেস্ট টিউবকে জলের উদ্ভিদের ওপর রাখুন। এই সময়ে, টেস্ট টিউবটি যেন জলে ভর্তি থাকে।

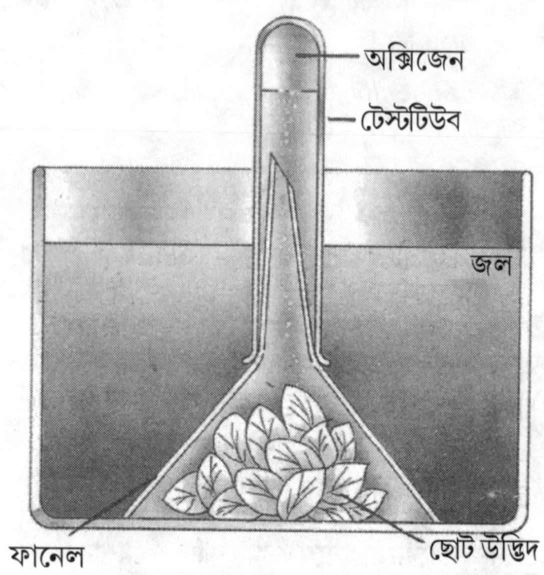

ফিগার 2

- ট্রফটিকে একটি রৌদ্রযুক্ত জায়গায় রাখুন আর প্রায় তিন ঘন্টা ধরে তাকে লক্ষ্য করুন। উদ্ভিদগুলি থেকে ছোট ছোট বুদবুদ আকারে অক্সিজেন বেরিয়ে আসবে এবং টেস্ট টিউবের মধ্যে ভেসে উঠবে।
- এই গ্যাসকে ম্যাগনেশিয়ামের একটি ফালি জ্বালিয়ে পরীক্ষা করা যেতে পারে যা টেস্ট টিউবের মধ্যে আরোও উজ্জ্বলভাবে জ্বলতে থাকবে এবং অক্সিজেনের উপস্থিতিকে নিশ্চিত করবে। (ফিগার 3)

■■

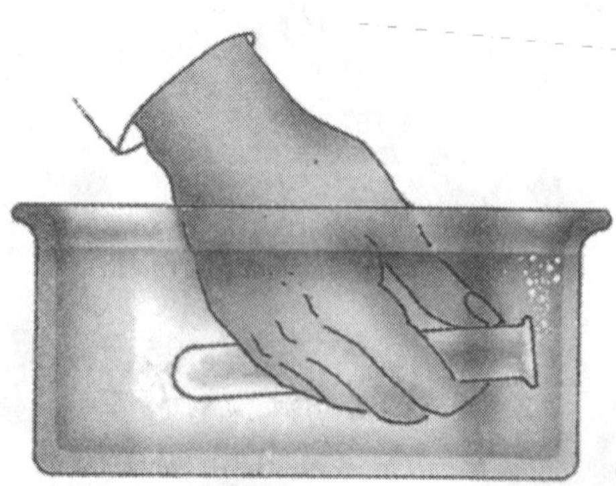
ফিগার 1- টেস্ট টিউবকে জলের সাথে লাগানো হচ্ছে।

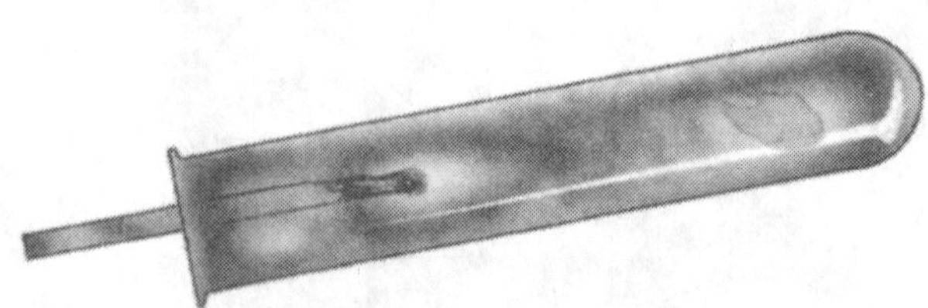
ফিগার 3- জ্বলন্ত দেশলাই শিখায় পরিণত হয়।

72. একটি অটোম্যাটিক কাট অফ টাইমার তৈরী করা

এই প্রোজেক্টটি IC ভিত্তিক। IC 555 ব্যাবহার করে টাইম নিজে থেকেই কাট অফ হয়ে যায়। এটি একটি মোনোস্টেবল টাইমার হিসাবে কাজ করে। যখন সুইচ অন করা হয়, তখন আগে থেকে অ্যাডজাস্ট করা সময়ের জন্যে টাইমার আউটপুট সবথেকে বেশী হয়। এই আউটপুটটি রীলে ড্রাইভার সার্কিটের সাহায্যে বৈদ্যুতিক যন্ত্রকে নিয়ন্ত্রণ করার জন্যে ব্যাবহার করা হয়। যখন IC-এর আউটপুট কম থাকে তখন সংযোগকারী যন্ত্রটি বন্ধ থাকে।

আপনার প্রয়োজন

- *ডায়োড D_1 – IN 4001*
- *ক্যাপাসিটার C_1 – 1000 µF/25v*
- *ক্যাপাসিটার C_2 – 1000 µF/25v*
- *ট্রান্সফরমার (স্টেপ ডাউন)*
  220 vAC – 0 – 12v/250 mA
- *ট্রানজিস্টার T_1 – BC 187*
- *রেজিস্টেন্স R_1 – 100 kΩ ভেরিয়েবল*
- *রেজিস্টেন্স R_2 – 1 kΩ*
- *রেজিস্টেন্স R_3 – 10 kΩ*
- *রীলে RL – 6 vDC রীলে*
- *পুশ টু সুইচ অন sw*
- *ইন্টিগ্রেটেড সার্কিট –1 – IC 555*
- *PCB*

কি করতে হবে

- PCB কে তালিকাভুক্ত করুন এবং তার ওপর স্টেপডাউন ট্রান্সফরমারটি আটকান।
- একটি ওয়্যারকে ট্রান্সফরমারের সেকেন্ডারী থেকে ক্যাপাসিটার C_1এ যুক্ত করুন।
- সার্কিট ডায়গ্রামে যেরকম দেখানো হয়েছে ঠিক সেই ভাবে প্রাইমারী থেকে দুটি ওয়্যারকে রীলের সাথে যুক্ত করুন।
- অন/অফ-এর টাইম পিরিয়েডকে নিয়ন্ত্রণ করার জন্যে RC কম্পোনেন্টকে IC-555-এর পিন 6 এবং 7 এর সাথে যুক্ত করা আছে।
- 1 kΩ এর রেজিস্টেন্স R_2 কে ট্রানজিস্টার T_1 -এর মধ্যে দিয়ে রীলে তে যুক্ত করতে হবে।
- R_3 রেজিস্টেন্স – 10 kΩ কে SW তে যুক্ত করা হয়েছে অর্থাৎ পুশ টু সুইচ অন-এ।
- ফিগারে দেখানো অনুযায়ী বাকী কানেকশানগুলি তৈরী করুন।

কম্পোনেন্ট

1. ডায়োড D_1 – IN 4001
2. ক্যাপাসিটার C_1 – 1000 µF/25v
3. ক্যাপাসিটার C_2 – 1000 µF/25
4. Q_1 – O – 12v/250 mA
5. ট্রানজিস্টার T_1 – BC 187
6. রেজিস্টেন্স R_1 – 100 kΩ ভেরিয়েবল
7. রেজিস্টেন্স R_2 – 1 kΩ
8. রেজিস্টেন্স R_3 – 10 kΩ
9. রীলে – 6vDC রীলে
10. SW – পুশ টু সুইচ অন
11. IC-I – IC555
12. PCB

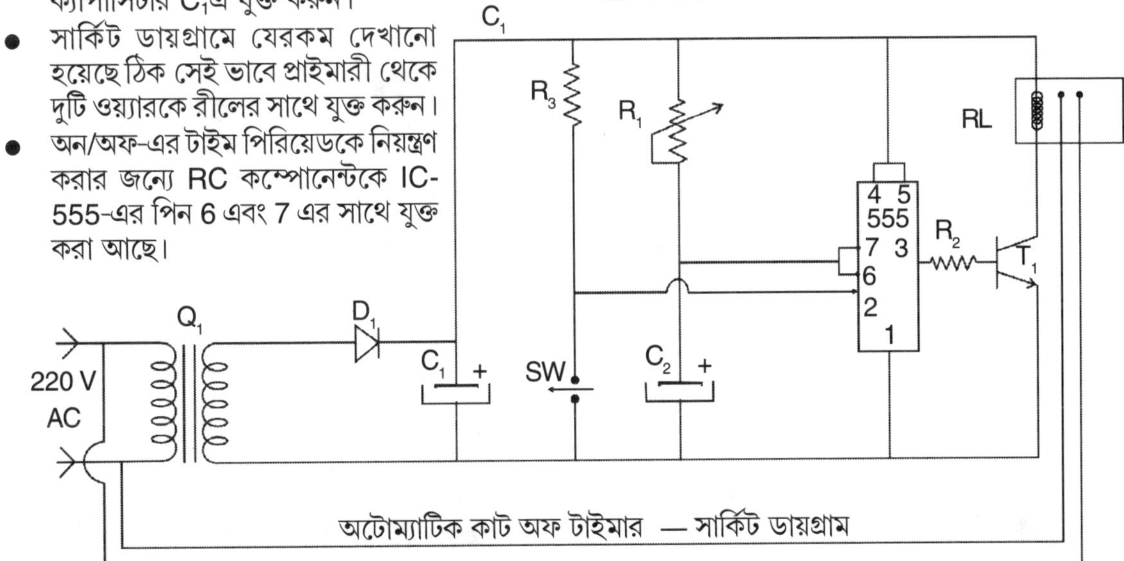

অটোম্যাটিক কাট অফ টাইমার — সার্কিট ডায়গ্রাম

73. একটি দিক নির্দেশকারী তীর তৈরী করা

এই দিক নির্দেশকারী তীরটি একটি টয়লেটের দিককে নির্দেশ করার জন্যে ব্যাবহার করা হয়। কখনো কখনো যখন একটি পার্টিতে অনেক লোকের সমারোহ হয় আর অতিথিরা টয়লেট খুঁজে পেতে অসফল হয়, তখন এই তীর নির্দেশকারীকে টয়লেটের দিক নির্দেশ করার জন্যে ব্যাবহার করা হয়। এই পয়েন্টারটি অনেক অতিথিদের জন্যে খুবই কার্যকরী।

আপনার প্রায়োজন

- *রেজিস্টেন্স R_1, R_2, R_3, R_4, R_5 – 470Ω*
- *রেজিস্টেন্স R_6 – 330Ω*
- *রেজিস্টেন্স R_7, R_8, R_9, R_{10}, R_{11} – 1 m2Ω (প্রতিটি)*
- *ক্যাপাসিটার C_1, C_2, C_3, C_4, C_5 – 150 KPF (প্রতিটি)*
- *16 পিন সকেট*
- *D_1 থেকে D_8 – রেড LED*
- *PCB*
- *ইন্টিগ্রেটেড সার্কিট N_1 থেকে N_6 – IC 1 – 4049*
- *6 ... 12 v ব্যাটারী অথবা CMOs ইনভার্টার*

কি করতে হবে

- একটি সিঙ্গল IC 4049-এর ওপর ভিত্তি করে সার্কিটটিকে তৈরী করা হয়েছে। যেখানে আছে ছয়টি CMOS ইনভার্টার। এর প্রতিটির আউটপুটে একটি RC নেটওয়ার্ট আছে যাতে পরবর্তী ইনভার্টার লাগানোর আগে একটি যথাযথ ডীলে প্রদান করা যায়।
- চিপের আউটপুটগুলি একটি LED কে সরাসরিভাবে ঠেলতে পারে। LED এর ডীলে টাইমকে ক্যাপাসিটারের ভ্যালু পরিবর্তন করে নিয়ন্ত্রণ করা যায়।
- সার্কিট ডায়গ্রাম অনুযায়ী PCB-এর ওপরে সমস্ত কম্পোনেন্টগুলিকে সোল্ডার করুন।
- একটি দিক নির্দেশকারী হিসাবে সার্কিট ডায়গ্রামকে পরীক্ষা করুন।
- LED-এর সার্কিটকে নিম্নলিখিত হিসাবে দেখানো হল:

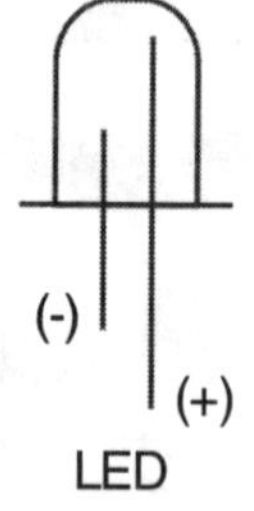

LED

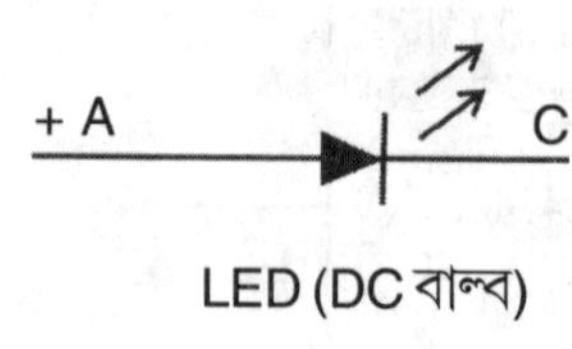

LED (DC বাল্ব)

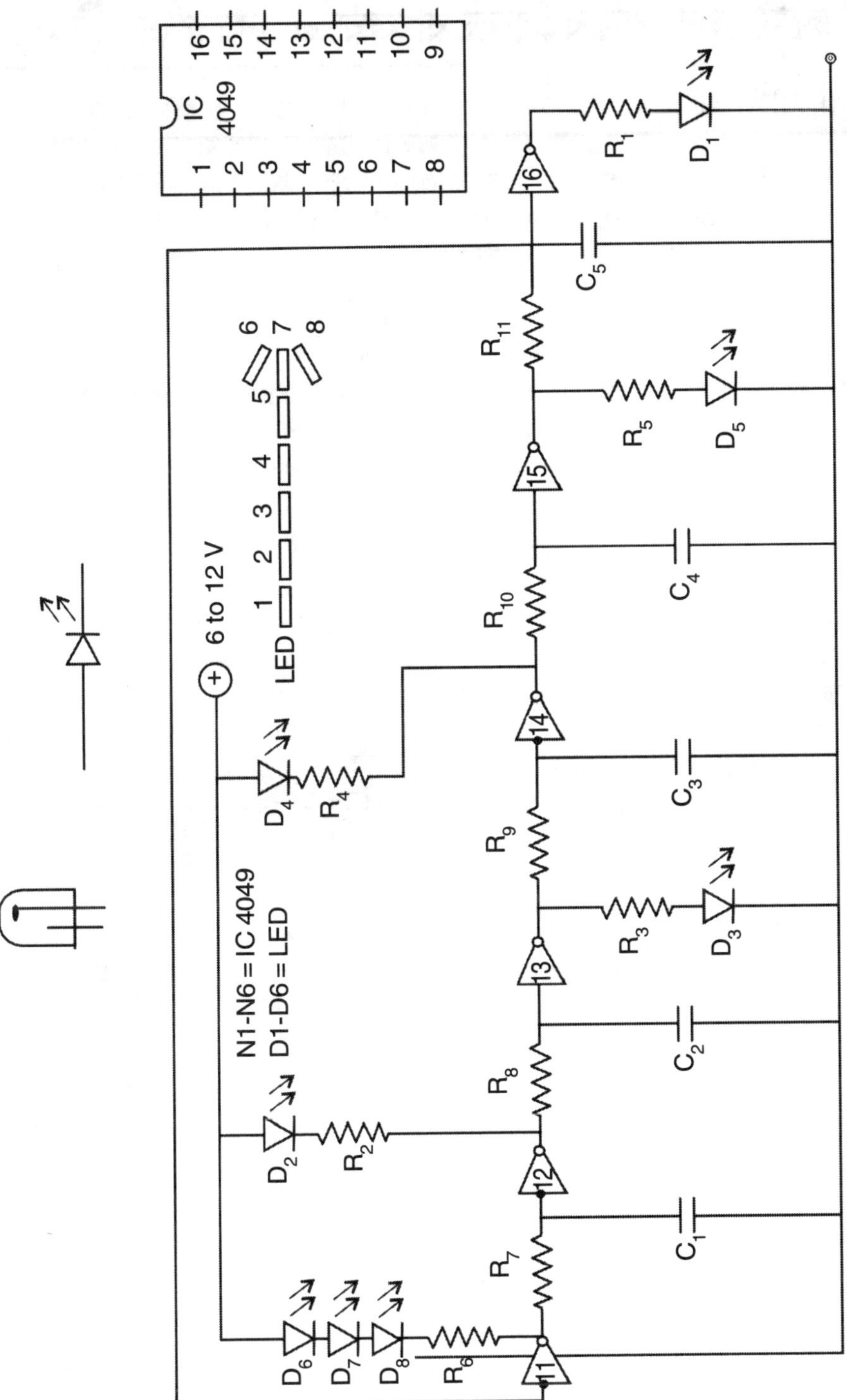
IC
4049
6 to 12 V
LED
N1-N6 = IC 4049
D1-D6 = LED

74. স্কিন রেজিস্টেন্সের পরিবর্তনের ওপর ভিত্তিকরে একটি লাই ডিটেক্টার তৈরী করা

এই প্রোজেক্টে দেওয়া লাই ডিটেক্টারটি যখন কেউ মিথ্যে কথা বলে তখন সেই কারণে হওয়া রেজিস্টেন্সের পরিবর্তনের ওপরে ভিত্তি করে করা হয়েছে। এটি শুধু একটি লাই ডিটেক্টারের মূখ্য নীতিকে ব্যাখ্যা করে। যখন ঘামের জন্যে রেজিস্টেন্সের পরিবর্তন হয়, তখন মিটার রীডিং এর পরিবর্তন হয়।

সার্কিটটি এক দুই ধাপের DC অ্যাম্প্লিফায়ার কারেন্ট যা সম্প্রসারিত হয়, এটি হল সেই কারেন্ট যা 9 ভোল্ট ব্যাটারী থেকে ব্যক্তির ত্বকের সার্ফেসের ওপর দিয়ে প্রবাহিত হয়। 1 kΩ রেজিস্টেন্স ট্রানজিস্টার লীকেজকে প্রতিরোধ করে এবং এর সার্কিট অপারেশনের ওপর প্রতিকূল প্রভাব ফেলে। 470 ওহম্ রেজিস্টেন্সও ট্রানজিস্টার লীকেজ এবং তাপমাত্রার পরিবর্তনকে বন্ধ করে দেয়। অতিরিক্ত কারেন্টের কারণে মীটার জ্বলে যাওয়া থেকে 10 kΩ সুরক্ষা প্রদান করে।

আপনার প্রয়োজন

- *একটি PCB অথবা প্লাস্টিক লাঞ্চ বক্স*
- *2.5 ভোল্ট স্কেল সহ একটি ভোল্ট মিটার*
- *একটি 9 ভোল্ট ব্যাটারী*
- *একটি পট (পোটেনশিওমিটার) 50 kΩ*
- *চারটি রেজিস্টার – 2.1 kΩ, 47 kΩ, 1 kΩ এবং 470Ω*
- *দুটি ট্রানজিস্টার T_1 এবং T_2 – BC149, একটি ডায়োড IN 4001*

কি করতে হবে

- একটি প্লাস্টিক লাঞ্চ বক্সের নীচে সমস্ত সার্কিট কম্পোনেন্টগুলিকে যুক্ত করুন।
- বক্স থেকে দুটি খোলা মেটালিক ওয়্যার বার করুন যা স্কিনের পরীক্ষার জন্যে ব্যাবহার করা হবে। স্কিনের পিছনের অংশটি হল খুব সুবিধাজনক এলাকা।
- সেই ব্যক্তিকে প্রশ্ন করুন যার সততার পরীক্ষা করতে হবে। একটি সৎ উত্তর স্কিন রেজিস্টেন্সে কোন পরিবর্তন নিয়ে আসবে না কিন্তু যদি ব্যক্তিটি অসৎ উত্তর দেয় এবং ভয় পায়, তাহলে স্কিন, রেজিস্টেন্সের পরিবর্তন প্রদর্শন করতে পারে। ব্যক্তিটিকে অনুভুতিশীল করে তুলুন তাহলে পরিবর্তনটি আরও সুস্পষ্ট হয়ে উঠবে।

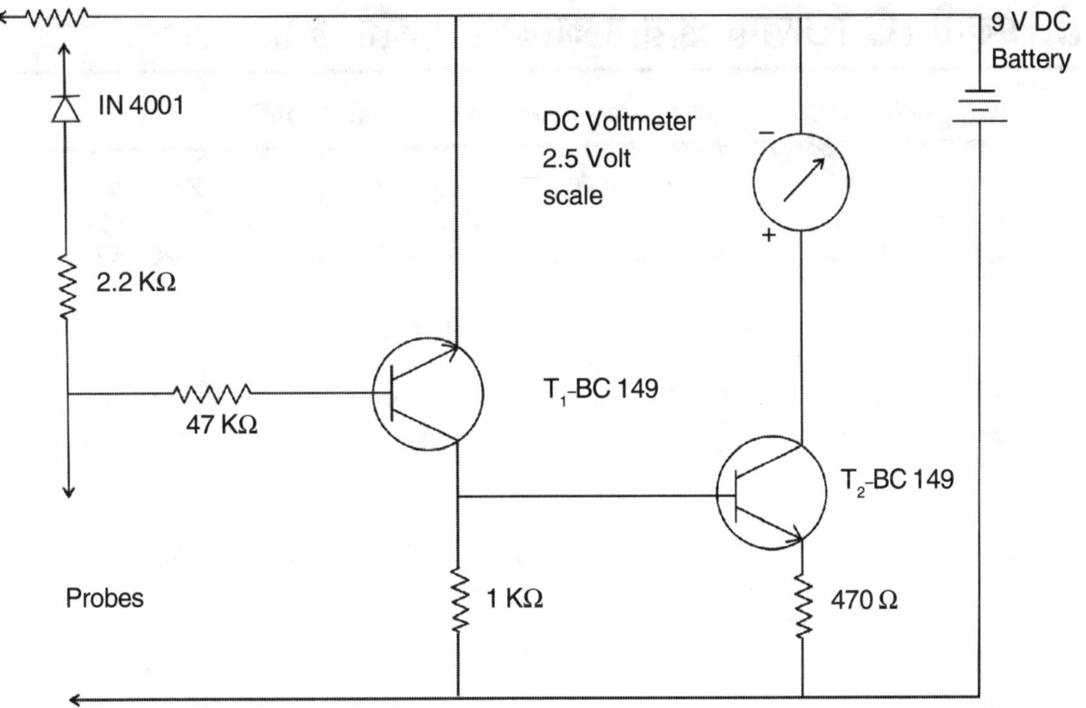

কম্পোনেন্ট

1. 50 kΩ পট
2. ডায়োড IN 4001
3. রেজিস্টেন্স
   2.2 kΩ
   47 kΩ
   1 kΩ
   470 Ω
4. পরীক্ষা করা (লাল এবং কালো)
5. ট্রানজিস্টার T_1 এবং T_2 – BC – 149
6. ভোল্টমিটার – 2.5 ভোল্ট স্কেল
7. ব্যাটারী – 9 vDC

■■

75. একটি IC ভিত্তিক ফায়ার অ্যালার্ম তৈরী করা

এখানে, একটি IC ভিত্তিক ফায়ার অ্যালার্মকে বর্ণনা করা হয়েছে। এই সার্কিটটিকে প্রায় 555 IC (টাইমার) দিয়ে তৈরী করা হয়েছে। একটি রীভার্স বায়াসড্ জার্মেনিয়াম ডায়োডকে এখানে একটি হীট সেন্সার হিসাবে ব্যাবহার করা হয়েছে। ঘরের তাপমাত্রায়, ডায়োডের খুব বেশী রীভার্স রেজিস্টেন্স থাকে (10-kΩ এর বেশী)। এর দ্বারা ট্রানজিস্টার T_1 এর ওপর কোন প্রভাবই পড়ে না, যা নীচু স্তরে (গ্রাউন্ড লেভেলে) IC – 1 এর রীসেট পিন 4 কে কন্ডাক্ট এবং বীপ করে, আর তাই অ্যালার্ম বাজে না।

যখন ডায়োড D_1 (সেন্সর) এর পার্শ্ববর্তী তাপমাত্রা, আগুণ লাগার কারণে বেড়ে যায়, তখন D_1 এর রীভার্স রেজিস্টেন্স কম হয়ে যায়। প্রায় 70°C -এতে, এর রেজিস্টেন্স কমে এমন একটি ভ্যালুতে আসে যা 1 kΩ এরও নীচে থাকে। এটি T_1's এর কন্ডাকশানকে বন্ধ করে আর IC-এর রীসেট পিন 4 রেজিস্টার R_2 -এর মধ্যে দিয়ে পজিটিভ হয়ে যায়, যা অ্যালার্মকে বাজায়।

আপনার প্রয়োজন

- *ক্যাপাসিটার 2 নম্বর – 0.01 μF*
- *ক্যাপাসিটার 1 নম্বর – 100 μF/16v*
- *রেজিস্টেন্স*
  R_1 – 1 kΩ
  R_2 – 4.7 kΩ
  R_3 – 10 kΩ
  R_4 – 47 kΩ
- *VR_1 – 100 kΩ (প্রীসেট)*
- *IC – 1 – IC 555 8 পিন IC বেস*
- *ট্রানজিস্টার T_1 – BC 548*
- *LS – 8Ω (স্পীকার)*
- *ডায়োড D_1 – DR 25 জার্মেনিয়াম ডায়োড*
- *PCB*

কি করতে হবে

- সার্কিট ডায়গ্রাম অনুযায়ী PCB এর ওপর সমস্ত কম্পোনেন্ট গুলিকে যুক্ত করুন।
- অ্যালার্ম ইন্সটলেশনের জন্যে, সমান্তরালভাবে যুক্ত করা দুটি অথবা তিনটি রীভার্স বায়াসড্ জার্মেনিয়াম ডায়োডগুলিকে বিভিন্ন জায়গায় রেখে দেওয়া যেতে পারে।
- আগুণ লাগলে, যে কোন ডায়োড গরম অনুভব করতে পারে এবং তাপমাত্রাকে বাড়িয়ে দেয়।

নোট: *DR25 ডায়োড একটি সেন্সর হিসাবে কাজ করে কিন্তু AC 128, AC 188 অথবা 2 N360 হিসাবে সেই জার্মেনিয়াম ট্রানজিস্টারের বেস এমিটার জাংশান গুলিকে ব্যাবহার করা যেতে পারে।*

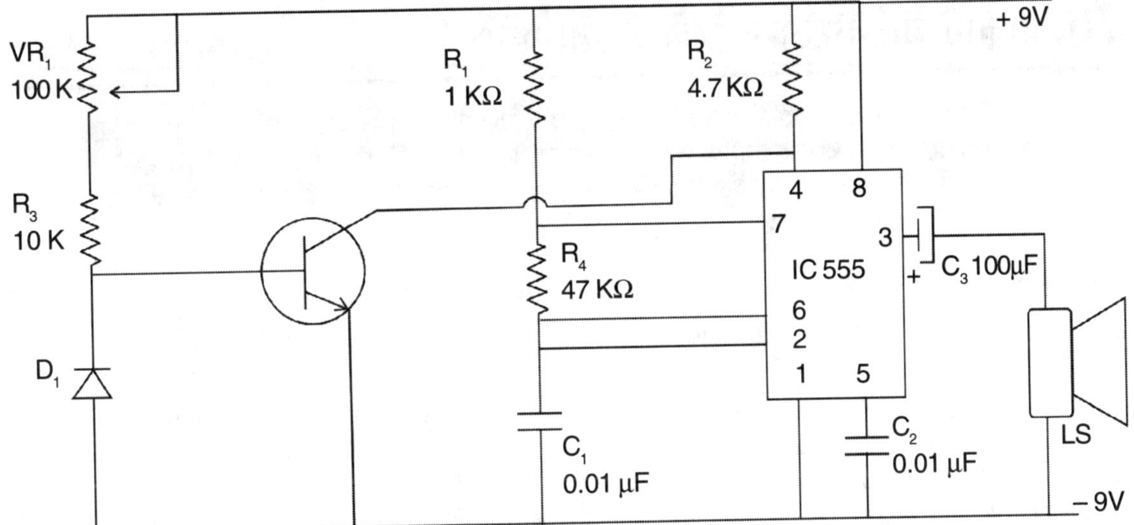

কম্পোনেন্ট

1. ট্রানজিস্টার T_1 – BC 548 – 1
2. ক্যাপাসিটার C_1 & C_2 – 0.01 μF – 2
3. ক্যাপাসিটার C_3 – 100 μF/16v – 1
4. রেজিস্টেন্স
   R_1 – 1 kΩ
   R_2 – 4.7 kΩ
   R_3 – 10 kΩ
   R_4 – 47 kΩ
   VR1 – 100 kΩ (প্রীসেট)
5. IC 555
6. লাউডস্পীকার 8 Ω
7. ডায়োড D_1 DR 25 Ge
8. PCB

■■

76. একটি মাল্টিটোন বেল তৈরী করা

মাল্টিটোন বেল হল একটি কল বেল, সামনের দরজা অথবা পিছনের দরজা অথবা কোনো পাশের প্রবেশপথ থেকে হওয়া কলের মধ্যে তফাতটাকে বুঝে এটি আপ এবং ডাউন ট্রিপগুলিকে বাঁচায়। তিনটি টোন সহ সার্কিটটিতে ফিগারে দেখানো অনুযায়ী একটি ইন্টিগ্রেটেড সার্কিট IC –741 -এর ব্যাবহার করা হয়।

আপনার প্রয়োজন

- *তিনটি প্রেস সুইচ – SW_1, SW_2, SW_3*
- *রেজিস্টেন্স*
  R_1 – 33 kΩ, R_2 – 47 kΩ, R_3 – 100 kΩ, R_4 – 100 kΩ, R_5 – 100 kΩ, R_6 – 100 kΩ
- *ইন্টিগ্রেটেড সার্কিট IC – 741*
- *ক্যাপাসিটার C_1 – .05 μF*
- *ট্রানজিস্টার – AC 187*
- *ট্রানজিস্টার – AC 188*
- *ক্যাপাসিটার C_2 – 100 μF*
- *ব্যাটারী 9vDC*
- *লাউডস্পীকার – 8Ω*
- *প্লাস্টিকের একটি ছোট লাঞ্চ বক্স অথবা PCB*

কি করতে হবে

- মাল্টিটোন বেল সার্কিটটি আসলে একটি স্কোয়্যার ওয়েভ জেনেরেটার, যেখানে তিনটি রেজিস্টেন্স R_1, R_2 এবং R_3 আলাদা আলাদা টোন সৃষ্টি করে, যখন তিনটি কল বাটনের যে কোন একটিকে টেপা হয়।
- স্পীকার খুব জোরালোটোন প্রদান করার জন্যে একটি কম্প্লিমেন্টারী ট্রানজিস্টার পেয়ার T_1 এবং T_2 দ্বারা 741-এর আউটপুটকে সম্প্রসারিত করা হয়।
- প্লাস্টিক লাঞ্চ বক্স অথবা PCB-এ সার্কিট ডায়গ্রাম অনুযায়ী সমস্ত কানেকশানগুলি করুন।

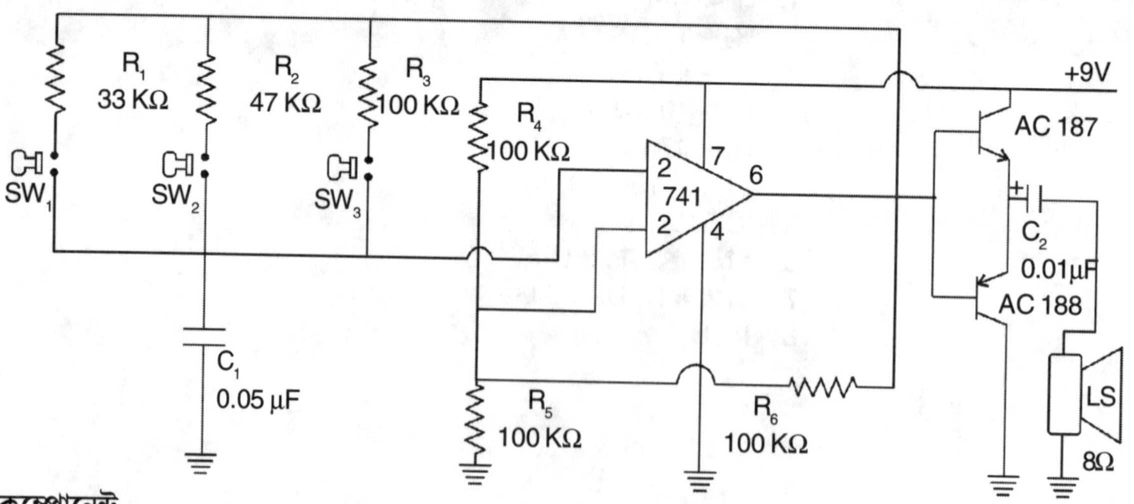

কম্পোনেন্ট

1. সুইচ SW_1, SW_2, SW_3
2. রেজিস্টেন্স
   R_1 – 33 kΩ
   R_2 – 47 kΩ
   R_3 – 100 kΩ
   R_4 – 100 kΩ
   R_5 – 100 kΩ
   R_6 – 100 kΩ
3. ক্যাপাসিটার C_1 – 0.05 μF এবং C_2 – 100 μF
4. ট্রানজিস্টার AC – 187, AC – 188
5. IC – 741
6. লাউডস্পীকার – 8 Ω
7. ব্যাটারী – 9vDC

■■

77. একটি জলের স্তর ইঙ্গিতকারী অ্যালার্ম

যখন আপনি একটি মোটর চালিয়ে আপনার জলের ট্যাঙ্ক ভরেন, তখন আপনি বুঝতে পারেন না যে কখন তা ভরে যাচ্ছে। তাই জলের স্তরের (ওয়াটার লেভেল) অ্যালার্ম, প্রতিটি বাড়ীর জন্যে একটি প্রাথমিক প্রয়োজনীয়তা হয়ে উঠেছে। যখন আমরা ট্যাঙ্ক ভরার জন্যে একটি মোটর চালু করি, তখন এই অ্যালার্মটি শব্দের ইঙ্গিত প্রদান করে। যখন ট্যাঙ্কটি জলে ভরে যায়, তখন অ্যালার্ম অন (চালু) হয়ে যায়। যখন আপনি জল ব্যাবহার করেন এবং দুটি ওয়্যার জলের সংস্পর্শে আসে না, তখন অ্যালার্ম অফ (বন্ধ) হয়ে যায়।

আপনার প্রয়োজন

- *রেজিস্টেন্স R_1 – 100 kΩ*
- *রেজিস্টেন্স R_2 – 56 kΩ*
- *রেজিস্টেন্স R_3 – 10 kΩ*
- *ট্রানজিস্টার T_1 – BC 548*
- *ট্রানজিস্টার T_2 – BC 558*
- *ক্যাপাসিটার C_1 – 0.01 μF*
- *ব্যাটারী 3 vDC (দুটি পেন্সিল সেল)*
- *লাউডস্পীকার – 2.5 ইঞ্চি, 8 ওহম্*
- *সেল কানেক্টার*
- *PCB*
- *জলের সাথে সংস্পর্শে আসার জন্যে দুটি ওয়্যার*

আপনাকে কি করতে হবে

- এই প্রোজেক্টে বিদ্যুতের সঞ্চারের (কন্ডাক্টের) জন্যে আমরা শুধুমাত্র 3 ভোল্ট পেন্সিল সেল ব্যাবহার করি। একটি কন্ডাক্টার হিসাবে কাজ করার জন্যে জলের মধ্যে খুব কম পরিমাণ ভোল্টেজের প্রয়োগ করা হয়।
- আমরা দুটি ট্রানজিস্টার ব্যাবহার করি, একটি NPN আর একটি PNP এই দুটিই একটি সহায়ক অসিলারেটার হিসাবে যুক্ত করা থাকে।
- রেজিস্টেন্স R_1, NPN-এর বেস্ এ পজিটিভ লো ভোল্টেজ প্রদান করে।
- রেজিস্টেন্স R_1 এবং C_1 একটি ফীডব্যাক সার্কিট হিসাবে যুক্ত করা থাকে। ফীডব্যাক সার্কিট একটি অসিলেশন সৃষ্টি করে এবং অ্যালার্ম একটি শব্দ প্রদান করে।

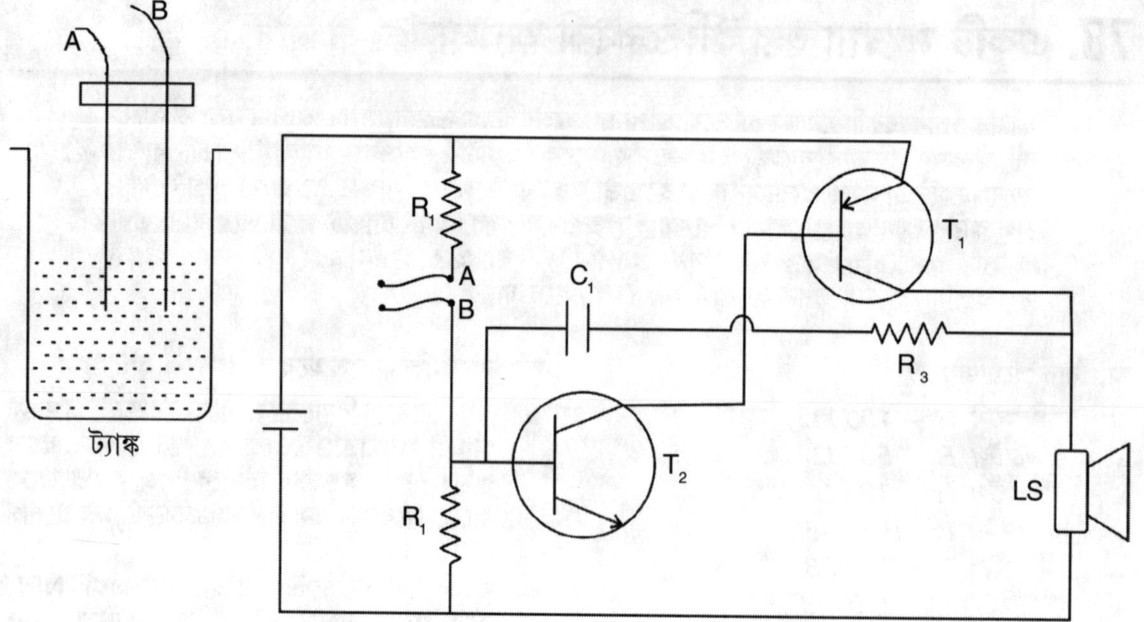

কম্পোনেন্ট

1. রেজিস্টেন্স
   R_1 – 100 kΩ
   R_2 – 56 kΩ
   R_3 – 10 kΩ
2. ক্যাপাসিটার C_1 – 0.05 μF
3. ট্রানজিস্টার T_1 – BC 558
4. ট্রানজিস্টার T_2 – BC 548
5. স্পীকার 2.5″, *8Ω*.
6. 3 vDC (দুটি পেন্সিল সেল)
7. সেল কানেক্টার
8. জলের স্তরের ওয়্যার
9. PCB

■■

78. একটি পাওয়ার ফেলিওর ইন্ডিকেটার তৈরী করা

আজকাল সাপ্লাই ফেলিওর খুবই সাধারণ ব্যাপার। এই সার্কিটটি LED কে জ্বালিয়ে পাওয়ার ফেলিওরকে ইঙ্গিত করে। সঠিক কার্যকরীতাকে নিশ্চিত করার জন্যে কিছু ডিজিটাল সিস্টেমের প্রয়োজন এক ক্রমাগত পাওয়ার সাপ্লাই। একটি ডিজিটাল ক্লক হল একটি উদাহরণ যার প্রয়োজন এক ক্রমাগত সাপ্লাইয়ের। যদি পাওয়ার ফেল করে, তাহলে আমাদের সঠিক সময়ের জন্যে ঘড়িকে রীসেট করতে হবে।

আপনার প্রয়োজন

- *রীসেট ওয়াচ*
- *ডায়োড D_1 – IN 4001*
- *ক্যাপাসিটার – 0.1 μF*
- *রেজিস্টেন্স R_1 – 100 kΩ, R_2 – 10 kΩ*
  R_3 – 10 kΩ, R_4 – 1 kΩ
- *IC – 741*
- *LED – লাল*
- *ব্যাটারী 0.5 to 12 v*
- *PCB*

কম্পোনেন্ট

1. রীসেট ওয়াচ
2. ক্যাপাসিটার – 0.1 μF
3. রেজিস্টেন্স R_1 – 100 kΩ
   R_2 and R_3 – 10 kΩ, R_4 – 1 kΩ
4. IC – 741
5. ডায়োড D_1 – IN 4001
6. LED
7. ব্যাটারী 0.5 থেকে 12v (অ্যাডাপ্টার)

কি করতে হবে

- PCB-এর ওপর সার্কিট ডায়গ্রাম অনুযায়ী কানেকশান গুলি করুন।
- পাওয়ার ফেলিওর হলে LED জ্বলে উঠবে।
- যখন সাপ্লাইকে অন (চালু) করা হয়, তখন 741 এর পিন 2 -তে ভোল্টেজ হয় 0.6 ভোল্ট, যা সাপ্লাই ভোল্টেজ থেকে কম। রীসেট বাটন টিপলে পিন 3 এর ভোল্টেজ, পিন 2 এর থেকে বেশী হয়ে যায় এবং আউটপুট অধিক (হাই) হয়ে যায়। পজিটিভ ফীডব্যাক বনাম R_2 সার্কিট ল্যাচকে এই পরিস্থিতিতে নিয়ে আসে। তাই LED জ্বলে ওঠে না।
- যখন সাপ্লাই বাধাপ্রাপ্ত হয় তখন সমস্ত ভোল্টেজ শূণ্যতে নেমে আসে। সাপ্লাই রীস্টোর করলে, ইনভার্টিং ইনপুট ডায়োড D_1 দ্বারা তৎক্ষণাৎ বেড়ে গিয়ে আগের ভোল্টেজে ফিরে আসে। যদিও, ক্যাপাসিটার C_1 আনচার্জড থাকে, এবং নন-ইনভার্টিং ইনপুটে ভোল্টেজকে কম করে রাখে। সার্কিট এই পরিস্থিতিতে স্থির থাকে যতক্ষণ পর্যন্ত না রীসেট বাটনকে আবার টেপা হচ্ছে।

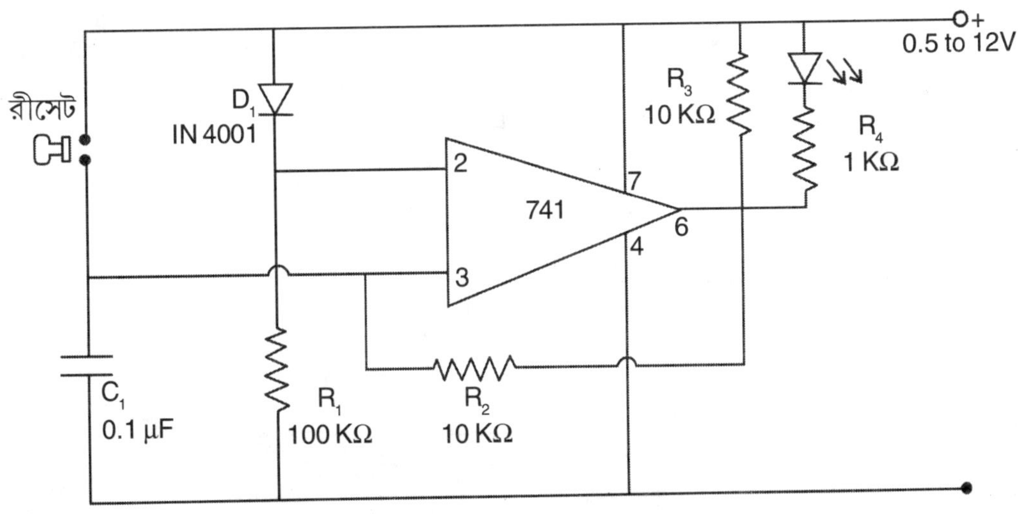

79. ডান্সিং অথবা ডিস্কো লাইট তৈরী করা

এই ধরণের ডান্সিং অথবা ডিস্কো লাইটগুলি সাধারণতঃ মূভী অথবা ক্লাবে দেখা যায়। এই লাইটগুলিতে খুব মনোরম রঙ থাকে যা সম্পাদনকারীর শার্ট অথবা কোটের ওপর নাচতে থাকে। আপনি এই প্রোজেক্টের সাহায্যে ডান্সিং লাইট তৈরী করতে পারেন। এটি একটি খুব কমদামী প্রোজেক্ট এবং সহজেই তৈরী করা যায়।

আপনার প্রয়োজন

- *ট্রানজিস্টার – 2 Nos – BC 148*
- *ক্যাপাসিটার – 2 Nos – 10 µF/12v*
- *রেজিস্টেন্স – 4 Nos – 47 kΩ*
- *ব্যাটারী – 9vDC*
- *LED – 6 নম্বর – 3 লাল এবং 3 সবুজ*
- *PCB*

কম্পোনেন্ট

1. ট্রানজিস্টার – 2 নম্বর – BC 148
2. ক্যাপাসিটার – 2 নম্বর – 10 µF/12
3. রেজিস্টেন্স – 4 nos – 47 kΩ
4. LED – 6 নম্বর – 3 সবুজ, 3 লাল
5. ব্যাটারী 9vDC
6. PCB

কি করতে হবে

- সার্কিট ডায়গ্রামে দেখানো অনুযায়ী PCB এর ওপরে সমস্ত কম্পোনেন্ট গুলিকে যুক্ত করুন।
- প্রতিটি সিরীজে প্রথম LED -এর পজিটিভ ওয়্যার যেন ব্যাটারীর পজিটিভ টার্মিনালের সাথে যুক্ত করা থাকে।
- এটিকে একটি ছোট PCB -এর ওপরে তৈরী করার চেষ্টা করুন যাতে এটিকে শার্টের পকেটের সাথে পিন করে দেওয়া যেতে পারে।
- সার্কিট অনুযায়ী সমস্ত কম্পোনেন্ট গুলিকে জড়ো করার পরে, যখনই আপনি ব্যাটারীকে যুক্ত করবেন, তখনই আপনি দেখতে পাবেন মনোরম সবুজ এবং লাল রঙ। আপনি ব্যাটারী সার্কিটের মধ্যে একটি সুইচও রাখতে পারেন।

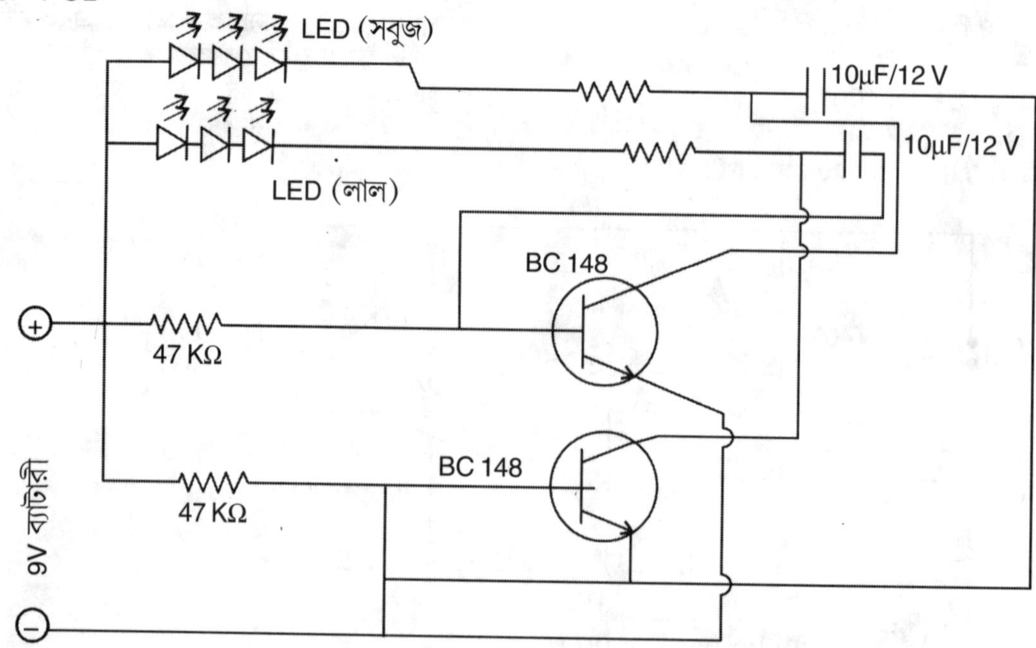

80. একটি ব্যাটারী পরিচালিত টিউব লাইট তৈরী করা

এই প্রোজেক্টটি দিল্লীর মতো শহরগুলির জন্যে খুবই কার্যকরী, যেখানে পাওয়ার ফেলিওর প্রায়ই হতে থাকে। পাওয়ার ফেলিওরের সময় আপনার সার্কিটটি কাজ করবে এবং টিউব লাইট অন (চালু) হয়ে যাবে। একজন পরীক্ষার সময়ে এই টিউব লাইটে পড়াশুনা করতে পারে।

আপনার প্রয়োজন

- *ট্রানজিস্টার – AC 127 NPN*
- *D.C. সোর্স – 4.5 ভোল্ট (ব্যাটারী)*
- *পোটেনশিওমিটার– 5 kΩ*
- *টিউব লাইট – 1.06 মিটার লম্বা (40 ওয়াট)*
- *স্টেপ ডাউন ট্রান্সফরমার*
  প্রাইমারী 220 থেকে 240 ভোল্ট
  সেকেন্ডারী 6 ভোল্ট

কি করতে হবে

- সার্কিট ডায়গ্রামে দেখানো অনুযায়ী কম্পোনেন্টের কানেকশান তৈরী করুন।
- আমরা সোর্সের নেগেটিভ টার্মিনাল থেকে শুরু করছি। আমরা ট্রানজিস্টার AC 127-এর এমিটারের এই টার্মিনালকে যুক্ত করছি।
- ব্যাটারীর পজিটিভ টার্মিনালটি ট্রান্সফরমারের সেকেন্ডারী সার্কিটের মাঝখানে যুক্ত করা আছে।
- ট্রানজিস্টারের বেস, পোটেনশিওমিটারের যে কোন টার্মিনালের সাথে যুক্ত করা আছে। পটের অন্য টার্মিনালটি ট্রান্সফরমারের সেকেন্ডারীর শেষ টার্মিনালের সাথে যুক্ত করা আছে।
- ট্রান্সফরমারের সেকেন্ডারীর প্রথম টার্মিনালটিকে ট্রানজিস্টারের কালেক্টারের সাথে যুক্ত করা হয়েছে।
- এখন ট্রান্সফরমারের প্রাইমারীর দুটি প্রান্তকে টিউব লাইটের দুটি প্রান্তের সাথে যুক্ত করা হয়েছে।
- সঠিকভাবে তাপ বিকীর্ণ করার জন্যে AC 127 এর সাথে একটি হীট সিঙ্ককে ব্যাবহার করতে হবে, নয়ত ট্রানজিস্টারের ক্ষতি হতে পারে। আরোও জোরালো লাইটের জন্যে আমরা ভ্যালু OC 26, OC 27, AD 139, AD 149 ইত্যাদির ট্রানজিস্টার ব্যাবহার করতে পারি।

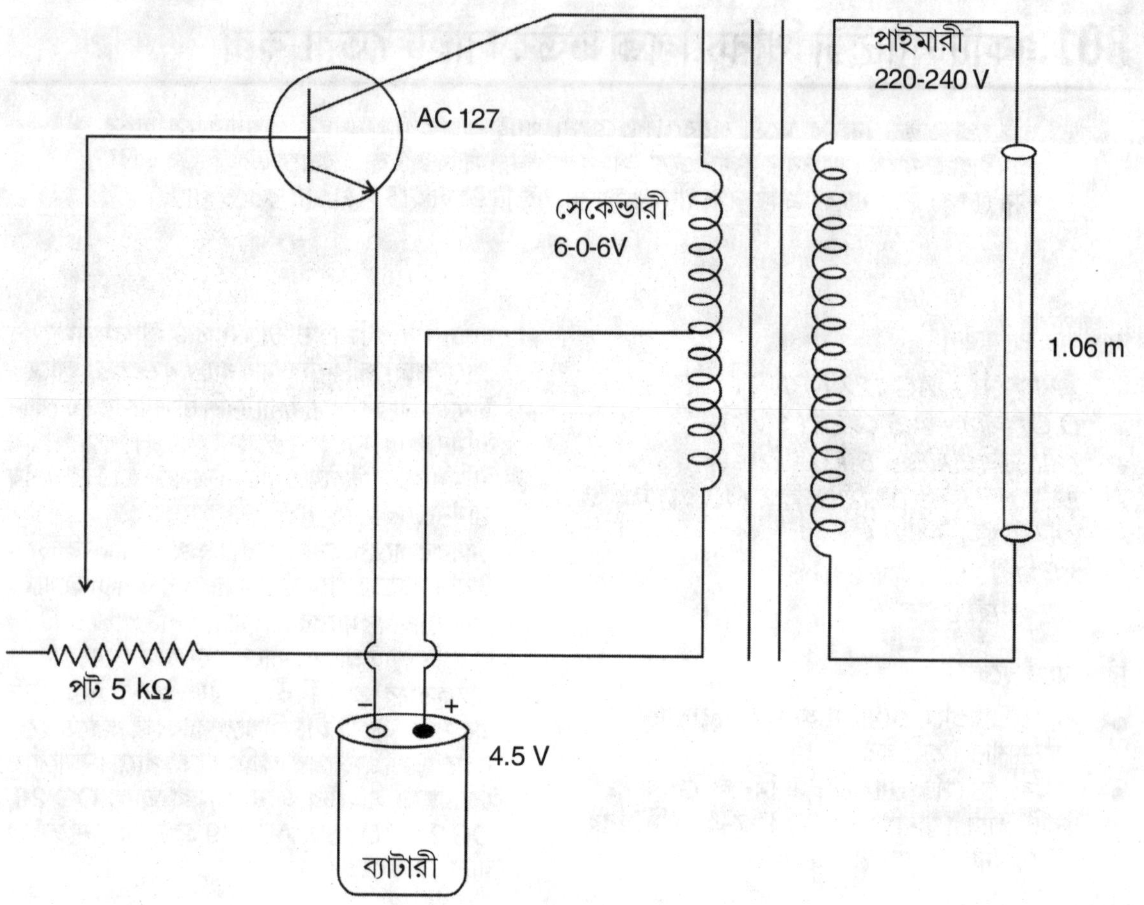

কম্পোনেন্ট

1. ট্রানজিস্টার – AC 127
2. পোটেনশিওমিটার – 5 kΩ
3. ব্যাটারী – 4.5 v
4. টিউব লাইট
5. সেট ডাউন ট্রান্সফরমার
   প্রাইমারী 220 – 240 ভোল্ট
   সেকেন্ডারী 6 – 0 – 6 v
6. PCB অথবা একটি বক্স

■■

81. একটি টু ট্রানজিস্টার রেডিও তৈরী করা

এখানে দেখানো একটি টু ট্রানজিস্টার রেডিও-এর সার্কিটে কয়েকটি কম্পোনেন্টের ব্যাবহার করা হয়েছে কিন্তু তার ব্যাবহার খুব জটিল। আজকালকার ট্রানজিস্টার গুলি খুবই সস্তা কিন্তু কোন একটা সময়ে এগুলি খুবই দামী ছিল। এই সার্কিটের সাহায্যে আপনি একটি সস্তা ট্রানজিস্টার রেডিও তৈরী করতে পারেন।

আপনার প্রয়োজন

- *অ্যান্টেনা কয়েল মিডিয়াম ওয়েভ – L_1*
- *ডায়োড D_1 এবং D_2 – দুটি – IN 4001*
- *ট্রানজিস্টার NPN, T_1 এবং T_2 – 194 B এবং 148 B*
- *VC – 1 2x গ্যাং (Gang)*
- *ক্যাপাসিটার C_1 এবং C_2 – 0.01 μF*
- *ক্যাপাসিটার C_3 – 470 pF*
- *ক্যাপাসিটার C_4 – 1 μF*
- *রেজিস্টেন্স – 3 নম্বর*
  R_1 – 560 Ω
  R_2 – 47 kΩ
  R_3 – 15 kΩ
- *ক্যাপাসিটার C_5 – 0.02 μF*
- *ইনডাক্টেন্স কয়েল*
- *ইয়ারফোন – 8 Ω*
- *PCB*

কি করতে হবে

- সার্কিট ডায়গ্রামে যেরকম দেখানো হয়েছে ঠিক সেইভাবে PCB এর ওপরে কানেকশানগুলি তৈরী করুন।
- PCB-এর ওপরে আগে থেকে লাগানো আগেথেকে আটকানো এনামেল করা কপার ওয়্যারকে পাতলা ওয়্যার (চুলের থেকে একটু মোটা)-এর সাথে 150/200 পাক ঘোরান।
- 8 টি পাকের 4 ইঞ্চি লম্বা একটি ট্যাপের সাথে 5/18 ইঞ্চি ফেরাইট রডের ওপরে 32 swg এর এনামেল করা কপার ওয়্যারের 88 টি পাক থেকে কয়েল L_1 টিকে তৈরী করা হয়েছে।
- VC_1, L_1 -এর 80 টি পাক এবং C_1 থেকে টিউনড্ সার্কিটকে তৈরী করা হয়েছে।
- 8 টি পাক একটি অটো ট্রান্সফরমার হিসাবে কাজ করে এবং T_1 এর বেসে খুব ভাল এক সামঞ্জস্য প্রদান কোরে ট্রানজিস্টার RF কে সম্প্রসারণ করে যা একটি এমিটার ফলোয়ার হিসাবে কাজ কোরে T_2 কে যোগান দেয়।
- একটি ট্রানজিস্টার BC 108, সার্কিটের মধ্যেও কাজ করবে।
- সমস্ত ট্রানজিস্টার টিউনিং টাইপ ক্যাপাসিটার, VC_1 হিসাবে কাজ করবে।

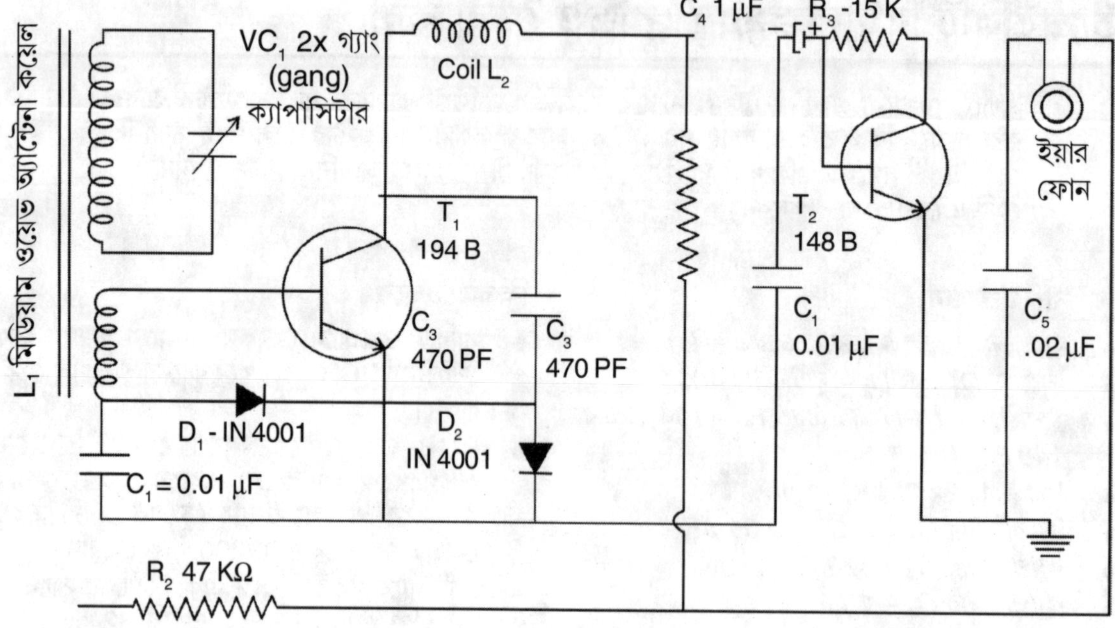

কম্পোনেন্ট

1. মিডিয়াম ওয়েভ অ্যান্টেনা L_1
2. দুটি ডায়োড D_1 এবং D_2 – IN 4001
3. T_1 এবং T_2 ট্রানজিস্টার 194 B এবং 148 B
4. VC1 2x গ্যাং (Gang)
5. ক্যাপাসিটার C_1 এবং C_2 – 0.01 μF
6. ক্যাপাসিটার C_3 এবং C_4 – 470 pF এবং 1 μF
7. রেজিস্টেন্স R_1 – 560 Ω, R_2 – 47 kΩ, R_3 – 15 kΩ
8. ক্যাপাসিটার C_5 – 0.02 μF
9. L_2 – ইন্ডাক্টেন্স কয়েল
10. ইয়ার ফোন 8 Ω

■■

ইলেক্ট্রনিক সার্কিটে ব্যাবহার করা প্রয়োজনীয় সংকেত গুলি

1. রেজিস্টার
2. ক্যাপাসিটার
3. ইন্ডাক্টার
4. লাউডস্পীকার
5. পোটেনশিওমিটার
6. ব্যাটারী
7. ট্রান্সফরমার
8. ভেরিয়েবল ক্যাপাসিটার
9. জেনর ডায়োড
10. সুইচ
11. ট্রানজিস্টার (b, c, e)
12. ডায়োড
13. আর্থ কানেকশান
14. IC
15. কয়েল
16. রেজিস্টেন্স কালার কোড (Black, Red, Orange)

কালো	0
খয়েরী	1
লাল	2
কমলা	3
হলুদ	4
সবুজ	5
নীল	6
বেগুণী	7
ধূসর	8
সাদা	9

■■

নোট: যে কোন প্রোজেক্ট সম্পর্কিত যে কোন বিষয়ের জন্যে অনুগ্রহ করে নিম্নলিখিত ফার্মের সাথে যোগাযোগ করুন:

অপ্টোকেম ইন্টারন্যাশানাল
WZ-30/5, হরি সিং পার্ক
নতুন মূলতান নগর
নতুন দিল্লী-110056

আরও প্রোজেক্ট যা আপনি চেষ্টা করে দেখতে পারেন

1. লেবু, কমলালেবু ইত্যাদির মতো সাইট্রাস ফ্রুটের রস থেকে একটি ব্যাটারী তৈরী করা
2. একটি সোলার কুকার তৈরী করা
3. একটি হীয়ারিং এড তৈরী করা
4. একটি টেলিফোন সেট তৈরী করা
5. একটি কম্পাউন্ড মাইক্রোস্কোপ তৈরী করা
6. অপ্টিকাল কমিউনিকেশনকে ব্যাখ্যা করা
7. জলের জন্যে প্লান্ট অ্যাডাপ্টেশনের অধ্যয়ন করা
8. একটি কোড প্র্যাক্টিস অসিলেটার তৈরী করা
9. একটি ফ্যান্সি টেলিভিশন তৈরী করা
10. একটি টেবিল সিগারেট লাইটার তৈরী করা
11. একটি টয় ট্রান্সমিটার তৈরী করা
12. ফিউয়েলের ক্যালোরিফিক ভ্যালু নির্ধারণ করা
13. LED ডিসপ্লে'র সাথে লজিত NDR তৈরী করা
14. LED ডিসপ্লে'র সাথে লজিক DR তৈরী করা
15. LED ডিসপ্লে'র সাথে AND তৈরী করা
16. LED ডিসপ্লে'র সাথে লজিক NAND তৈরী করা
17. একটি ইলেক্ট্রনিক ফিশ কলার তৈরী করা
18. LED স্ট্রোব লাইট তৈরী করা
19. একটি ইলেক্ট্রনিক উডপেকার তৈরী করা
20. বৃদ্ধির ওপর ম্যাগনেটিজমের প্রভাব
21. উদ্ভিদের বৃদ্ধির ওপর আল্ট্রাসনিক ওয়েভসের প্রভাব
22. উদ্ভিদের বৃদ্ধির ওপর UV লাইটের প্রভাব
23. পেপার ক্রোম্যাটোগ্রাফি
24. ম্যাগনেটিক এবং স্ট্যাটিক ফিল্ডের দ্বারা ওয়াটার ডিসল্ট করা
25. চা পাতা থেকে ক্যাফিন বার করা
26. উজ্জ্বলতা (ফ্লুরোসেন্স) ব্যাখ্যা করা
27. একটি ওয়াটার টাইমার তৈরী করা
28. একটি ড্রাই সেল চার্জার তৈরী করা
29. একটি মসকীটো রেপেলেন্ট তৈরী করা
30. একটি ক্লাসরুম অ্যাড্রেসিং সিস্টেম তৈরী করা
31. চায়ের জলকে কালো কালিতে পরিণত করা
32. একটি ফায়ার ফাউন্টেন তৈরী করা
33. নাইলন ফাইবার তৈরী করা
34. ফটোগ্রাফিক পেপার তৈরী করা
35. রাম, সীতা, রাবণের খেলনা তৈরী করা
36. একটি বাসুদেবা কাপ তৈরী করা
37. থার্মাল এক্সপ্যানসনের দ্বারা একটি হুইল রিভলভিং তৈরী করা
38. একটি অ্যানেরয়েড বেরোমিটার তৈরী করা
39. একটি মিনি-ইলেক্ট্রিক ফ্যান তৈরী করা
40. একটি মাইক্রোফোন তৈরী করা
41. একটি ইলেক্ট্রিক হীটার তৈরী করা
42. সিলভার ইলেক্ট্রোপ্লেটিং
43. নিকেল ইলেক্ট্রোপ্লেটিং
44. ক্রোম-ইলেক্ট্রোপ্লেটিং
45. একটি ডান্সিং ডল তৈরী করা
46. একটি বার্গলার অ্যালার্ম তৈরী করা
47. একটি লিক্যুইড টেম্পারেচার কন্ট্রোল ডিভাইস তৈরী করা
48. ইলেক্ট্রোরাইটিং বর্ণনা করা
49. একটি সাউন্ড ব্যাটারী তৈরী করা
50. একটি পুলিশ সাইরেন তৈরী করা
51. একটি সোলার স্লাইড প্রোজেক্টার তৈরী করা

■■